Verflüssigtes Ammoniak

als Lösungsmittel.

Materialien über die chemischen Eigenschaften
des verflüssigten Ammoniakgases

gesammelt

von

J. Bronn.

Mit Textfiguren.

Berlin.
Verlag von Julius Springer.
1905.

ISBN 978-3-642-50511-9 ISBN 978-3-642-50821-9 (eBook)
DOI 10.1007/978-3-642-50821-9

Softcover reprint of the hardcover 1st edition 1905

Vorwort.

Während vieler Jahre beschäftigte sich der Verfasser mit Substanzen, wie Aluminium, Schwefelaluminium u. a. m., die aus wässerigen Lösungen nicht erhalten werden können oder durch Wasser zersetzt werden. Die Anwendung von wasserfreien organischen Verbindungen als Lösungsmittel für solche mineralische Körper ist nur in seltenen Fällen möglich. Viel eher kommt man zum Ziele, wenn man geschmolzene Salze als Lösungsmittel anwendet; so z. B. machte der Verfasser gelegentlich der Ausarbeitung des Péniakoffschen Aluminumverfahrens recht günstige Erfahrungen mit geschmolzenen Gemischen von Chlorkalium und Chlornatrium als Lösungsmittel für viele Salze. Ähnliche Erfahrungen hatte schon wohl früher W. Ackermann bei der Ausarbeitung der von Grabau patentierten Verfahren zur Darstellung von Aluminium und Alkalimetallen gemacht, und auch bei den anderen noch jetzt üblichen Aluminium- sowie den neuerdings sekannt gewordenen Calciumverfahren sind die Leichtflüssigkeit und das Lösungsvermögen der aus mehreren Salzen zusammengesetzten Schmelzen von wesentlicher Bedeutung.

Systematisch ausgeführte Untersuchungen über solche Schmelzen aus wasserfreien Salzgemischen und über deren Lösungsvermögen sind, soweit dem Verfasser bekannt ist, in nur sehr geringer Zahl zur Veröffentlichung gelangt. So hat Maumené[1]) mit Unterstützung von Etard die Schmelzpunkte vieler Gemische von Nitraten und Le Chatelier[2]) die Schmelzpunkte einiger Chloride und Carbonate bestimmt; in neuerer Zeit taten Ruff und Plato[3]) das gleiche in bezug auf viele Halogensalze und einige Sulfate.

D: Anwendung solcher aus Salzgemischen bestehenden Schmelzen als Lösungsmittel kann jedoch nur eine beschränkte bleiben, da viele

[1]) Compte Rendu de l'Academie de Paris 1883, Bd. 97 S. 45 und 1215.

[2]) Ibidem 1894, Bd. 118 S. 350, 418 und 709.

[3]) Ber. der D. Chem. Ges. 1903, Bd. 36_2 S. 2357—2368.

Substanzen sich auf die Temperatur der Verflüssigung des Bades, welche mindestens einige hundert Grad beträgt, ohne Zersetzung oder Dissoziation gar nicht erhitzen lassen, und weil die die Schmelze bildenden Salze auf die zu lösenden Substanzen oft auch chemisch einwirken.

Durch einige Veröffentlichungen aus dem Gebiete der physikalischen Chemie auf verflüssigtes Ammoniak aufmerksam gemacht, fand der Verfasser bei weiterem Eindringen in den Gegenstand, daß über die Eigenschaften des verflüssigten Ammoniaks eine Fülle wertvollen experimentellen Materials vorliegt, welches jedoch in den zahlreichen, in verschiedenen Sprachen erscheinenden Fachzeitschriften der letzten vierzig Jahre zerstreut, weder von der chemischen Industrie noch von der technischen Literatur in einer der Bedeutung des Stoffes nach Ansicht des Verfassers genügenden Weise gewürdigt wurde.

Bedenkt man, daß sehr große Mengen gasförmigen Ammoniaks bereits seit Jahrzenten in der chemischen Industrie als Reagens zur Herstellung selbst so billiger Produkte wie Soda angewendet werden, und daß die Anwendung von verflüssigtem Ammoniak einen verhältnismäßig geringen, in vielen Fällen kaum ins Gewicht fallenden Mehrverbrauch an Dampf bezw. Brennmaterial für den Verflüssigungskompressor mit sich bringt, so dürfte der Vorschlag, das Lösungsvermögen des verflüssigten Ammoniaks bei Ausarbeitung neuer und Vervollkommnung alter Verfahren mehr, als es bis jetzt geschah, in Betracht zu ziehen, nicht gar zu befremdend erscheinen. Die Ausfindung und Herstellung von zum Arbeiten mit verflüssigtem Ammoniak geeigneten Apparaten dürfte kaum Schwierigkeiten verursachen, da die meisten Schwermetalle, welche beim Apparatenbau in Betracht kommen, von verflüssigtem Ammoniak nicht angegriffen werden und weil beim Arbeiten mit verflüssigtem Ammoniak selbst bei gewöhnlicher Temperatur — also ohne künstliche Kühlung — man nur mit einem in der Technik auch sonst oft üblichem Überdruck von 6 bis 10 Atmosphären zu rechnen hat.

Schon aus dem Obenerwähnten geht hervor, daß die breitere Anwendung des verflüssigten Ammoniaks in der chemischen Industrie nicht als Betreten ganz neuer Bahnen, was mit zeitraubenden und kostspieligen Vorarbeiten verbunden ist und nur von vereinzelten besonders hochentwickelten Betrieben durchgeführt werden kann, sondern als Verwertung der im Laufe von vier Jahrzehnten gesammelten Erfahrungen über die Eigenschaften des uns interessierenden Lösungsmittels in der chemischen Praxis betrachtet werden darf.

Patentrechte stehen diesem Beginnen in nennenswertem Umfange kaum im Wege.

Die vorliegende Schrift bezweckt mithin, ein möglichst vollständiges Bild von dem Stande unserer Kenntnisse über die Eigenschaften des verflüssigten Ammoniaks zu geben, für dieses Lösungsmittel weiteres Interesse zu wecken und durch eingehendere Wiedergabe der Art und Weise, wie die einzelnen Untersuchungsergebnisse gefunden wurden, das Nachschlagen der Originalabhandlungen in den meisten Fällen entbehrlich zu machen.

Der Verfasser möchte nicht schließen, ohne der Lehrerin Frl. Ida Altmann für ihre so oft geleistete Mithilfe sowohl bei der Abfassung als auch der Korrektur dieser Schrift bestens zu danken und, da er Ausländer ist, den geneigten Leser um gütige Nachsicht gegen sprachliche Unbeholfenheiten zu bitten. Gleichzeitig damit fühlt er sich verpflichtet, der Firma Julius Springer für die Übernahme dieser Veröffentlichung in ihren so angesehenen Verlag verbindlich zu danken.

Berlin-Wilmersdorf, Januar 1905.

Der Verfasser.

Inhaltsverzeichnis.

Fünftes Kapitel.

Verflüssigtes Ammoniak als Lösungsmittel.

(Neuere Arbeiten).

Sechstes Kapitel.

Umsetzungen im verflüssigten Ammoniak.

Siebentes Kapitel.

Vorbemerkungen.

Die Literaturangaben über Arbeiten, die dem Verfasser in ihren Originalveröffentlichungen vorlagen, sind im Texte selbst, die aus diesen Veröffentlichungen mitübernommenen Literaturangaben, welche nicht immer weiter geprüft werden konnten, sind unter dem Strich angeführt worden.

Die verschiedenen Zeitschriften sind so bezeichnet, daß ein ausführliches Abkürzungsverzeichnis entbehrlich erscheint.

Nur für die Abhandlungen der Pariser Akademie (Compte Rendu de l'Academie de Paris), auf die hier besonders oft zurückgegriffen werden mußte, ist die Abkürzung C. R. gewählt worden.

Um den Literaturnachweis nicht gar zu umfangreich zu machen, ist von der Anführung der im Chemischen Centralblatte erschienenen Referate Abstand genommen. Das Auffinden derselben dürfte aber, da fast überall auch die Jahreszahl der Veröffentlichungen angeführt worden ist, nicht schwer sein.

Berichtigungen.

Seite 6, Zeile 8 von oben soll heißen „Titherley" und nicht Tithezley.

Seite 48, Zeile 1 von oben soll heißen „Manganhydroxyd" und nicht Manganhydraoxyd.

Seite 60, Zeile 8 von oben soll heißen „BCl_3" und nicht B_0Cl_3.

Seite 71, Zeile 25 von oben soll heißen „Ammoniumamalgam" und nicht Ammoniakamalgam.

Seite 83, Zeile 9 von oben soll heißen „gelbes wie rotbraunes Quecksilberoxyd" und nicht gelbes wie rotbraunes Quecksilber.

Geschichtliche Übersicht.

Für unsere Kenntnisse der physikalischen Eigenschaften des verflüssigten Ammoniaks sind bis jetzt einerseits die Untersuchungen von Regnault über den Siedepunkt und die Dampfspannung des verflüssigten Ammoniaks und andererseits die Arbeiten von Andréeff über das spezifische Gewicht und die Ausdehnung der Flüssigkeit mit steigender Temperatur maßgebend geblieben. Diese Untersuchungen fanden in der zweiten Hälfte der fünfziger Jahre statt. Vorher hat sich Faraday mit ähnlichen Untersuchungen beschäftigt, aber die von ihm herrührenden Werte sind in diesem Falle nicht immer zuverlässig. Die Untersuchungen von Regnault sind später durch Pictet, die von Andréeff durch Lange wiederholt worden und im wesentlichen bestätigt. Lange benutzte für seine Versuche das käufliche flüssige Ammoniak des Handels und die von ihm gewonnenen Resultate dienten zum Teil als Unterlage für die Ausarbeitung der Vorschriften für die Eisenbahnbeförderung der Flüssigkeit.

Gegenstand vielfacher Untersuchungen waren auch die „kalorischen“ Eigenschaften des verflüssigten Ammoniaks, so die Verflüssigungs- und die Erstarrungswärme, die spezifische Wärme usw., welche für die Benutzung von Ammoniak in der Kühltechnik grundlegend sind. Bei der Bestimmung der elektrischen Leitfähigkeit ist merkwürdigerweise ein im Vergleich zu den vorher erwähnten Untersuchungen umgekehrter Weg eingeschlagen worden: die ersten Messungen der elektrischen Leitfähigkeit des verflüssigten Ammoniaks von Cady, aus dem Jahre 1896 stammend, beziehen sich auf käufliches flüssiges Ammoniak des Handels. Goodwin und Kay Thompson wandten bei einer gleichen Untersuchung halb gereinigtes Ammoniak an, und erst Frenzel in Deutschland und Franklin und Kraus in Amerika, deren Arbeiten zur gleichen Zeit (1900) erschienen sind, führten die Versuche mit reinem flüssigem Ammoniak aus.

Die rein chemischen Untersuchungen über das verflüssigte Ammoniak, Mitte der sechziger Jahre begonnen, verliefen in zwei voneinander unabhängigen Strömungen, die, sich immer erweiternd, mit dem Beginn des neuen Jahrhunderts sich zu vermischen begannen. Das Ziel der einen war, das Verhalten der Metalle, namentlich der Alkali- und Erdalkalimetalle, dem verflüssigten Ammoniak gegenüber kennen zu lernen; die andere machte mehr das allgemeine Verhalten des flüssigen Ammoniaks als Reagens und Lösungsmittel verschiedenen Körpern gegenüber zum Gegenstande ihrer Forschungen.

Zur Zeit, als über die Anerkennung der Gruppe NH_4 als selbständiges Radikal noch lebhaft debattiert wurde, unternahm WEYL in RAMMELSBERGS Laboratorium den Versuch, im Ammonium die Wasserstoffatome durch Metallatome zu ersetzen. Seine ersten Versuche führte er mit Quecksilber aus, und als er auf diesem Wege zu keinen unzweideutigen Resultaten gelangte, ging er zur Anwendung von Alkalimetallen über. Schon damals (1864) wußte man, daß Kalium und Natrium, im Ammoniakgase erhitzt, Metallamide (z. B. KNH_2) bilden; um die Entstehung dieser Amide zu vermeiden, versuchte nun WEYL nicht bei erhöhter Temperatur, sondern bei erhöhtem Druck, Ammoniak auf Kalium einwirken zu lassen. Es stellte sich heraus, daß verflüssigtes Ammoniak die Alkalimetalle mit großer Leichtigkeit auflöst, und daß diese Lösungen ein sehr lebhaftes Farbenspiel von intensiv Rot bis Blau aufweisen. WEYL meinte beweisen zu können, daß hierbei sich ganz bestimmte chemische Verbindungen von der Zusammensetzung eines substituierten Ammoniums (z. B. KNH_3) bilden, und ging zur Darstellung von Oxyden und Salzen dieser Verbindungen über; auch seine übrigen Versuche, wie die Behandlung vieler Salze der Schwermetalle und einiger Ammoniumsalze mit den Metallammoniumflüssigkeiten, um durch doppelte Umsetzung metallisches Ammonium oder Ammoniumamalgam zu erhalten, sind sehr lehrreich und bilden auch jetzt noch den Ausgangspunkt für zahlreiche weitere Arbeiten.

Die von WEYL entdeckte Löslichkeit der Alkalimetalle im flüssigen Ammoniak erregte bei seinen Zeitgenossen großes Aufsehen und vielfach wurden solche Metalllösungen als WEYLsche Flüssigkeiten bezeichnet.

Nach WEYLS Ansicht gingen die in diesen Lösungen zuerst vorhandenen Metallammoniumverbindungen nach und nach in Metallamide über:

$$KNH_3 + NH_3 = KNH_2 + NH_4$$

und die Entstehung des freien „Wasserstoffammoniums“ bewirkte den Farbenübergang aus Rot in Blau. In der Tat konnte WEYL die Bildung der Metallamide durch analytischen Befund der sich ausscheidenden Substanz nachweisen, andererseits fand er beim Öffnen der Versuchsröhren neben den Metallamiden stets viel freien Wasserstoff, welcher nach seiner Ansicht als Zersetzungsprodukt des nur unter Druck existenzfähigen Ammoniums zu betrachten war. Dadurch fand nach WEYL auch das sonderbare Farbenspiel der Flüssigkeit seine Erklärung: Solange in der Flüssigkeit das Metallammonium vorwiegt, ist sie rot und mit der fortschreitenden Bildung von freiem „Wasserstoffammonium" geht die Farbe in Blau über.

Diese Ansichten von WEYL stießen nun auf Widerspruch seitens SEELY, der behauptete, daß man hier nicht mit bestimmten chemischen Verbindungen, sondern lediglich mit Lösungen der Metalle im Ammoniak zu tun hat; was aber den Farbenumschlag anbetrifft, so tritt hier die bereits öfters beobachtete Erscheinung auf, daß die verdünnte und konzentrierte Lösung einer und derselben Substanz ganz verschiedene Färbungen aufweist.

Die von WEYL und SEELY beobachteten Erscheinungen sind erst durch die über ein ganzes Jahrzehnt sich erstreckenden Arbeiten JOANNIS aufgeklärt worden. Schon in seiner ersten Veröffentlichung (1889) trat JOANNIS für das Vorhandensein bestimmter Verbindungen zwischen den Alkalimetallen und Ammoniak ein, wobei er sich hauptsächlich auf Messungen der Dampfspannung dieser Verbindungen stützte. In seinen weiteren Arbeiten untersuchte JOANNIS zuerst den Übergang der Metallammoniumverbindungen in Metallamide, was sich nach der Gleichung

$$2\,KNH_3 = 2\,KNH_2 + H_2,$$

also ohne Bildung von Ammonium vollzieht, und dehnte dann die Untersuchungen noch auf das Verhalten des Kalium- und Natriumammoniums gegen Quecksilber, Blei, Wismut, Antimon, Sauerstoff, Kohlenoxyd, Kohlendioxyd, Stickstoffoxyde und Phosphorwasserstoff aus; fast zu gleicher Zeit stellte HUGOT Versuche mit Phosphor, Arsen, Selen, Tellur und Schwefel an.

Ähnliche Untersuchungen über das Verhalten von Lithium, Calcium, Caesium und Rubidium dem flüssigen Ammoniak gegenüber führte MOISSAN durch (1898—1903), wobei er auch die Einwirkung des Acetylengases auf die Ammonium- und Amidoverbindungen sehr eingehend kennen lernte. Diese lange Reihe von Einzeluntersuchungen ist durch die Arbeit von GUNTZ und MENTREL über Baryumammonium, -amid, -nitrid, sowie über das Verhalten der Metallamide in der Hitze zum vorläufigen Abschluß gebracht worden. Auch die Technik zeigte in den letzten Jahren großes Interesse für die Darstellung von Alkalimetallamiden, für die allerdings nicht das Auflösen der Metalle im flüssigen Ammoniak, sondern die Behandlung mit Ammoniakgas in der Glühhitze empfohlen wurde.

Die erste und gleichzeitig grundlegende Arbeit über das Lösungsvermögen von verflüssigtem Ammoniak verdanken wir GORE, der diese Untersuchung im Anschluß an seine gleichartige Untersuchung über verflüssigtes Cyan 1872 ausführte. Er stellte dabei mit 250 Substanzen Versuche an und fand, daß von den Elementen die Alkalimetalle Jod, Schwefel und Phosphor in flüssigem Ammoniak löslich sind. Von den anderen in diesem Lösungsmittel löslichen Substanzen gehören die meisten zu den Nitraten, Chloriden, Bromiden und Jodiden, dagegen sind die Oxyde, Fluoride, Carbonate, Sulfide und Sulfate unlöslich. Manche der Salze quellen im verflüssigten Ammoniak stark auf, ohne sich jedoch darin zu lösen. Unter anderem ließ GORE verschiedene Kohlenstoffverbindungen auf metallisches in Ammoniak gelöstes Kalium einwirken, um auf diesem Wege elementaren Kohlenstoff zu erhalten, welche Versuche jedoch zu keinem befriedigenden Resultate führten.

Die Untersuchungen GORES wurden 25 Jahre später von FRANKLIN und KRAUS wieder aufgenommen, zum Teil wiederholt und auf etwa die doppelte Anzahl von Substanzen ausgedehnt. Neben dieser Untersuchung, die fast alle technisch wichtigen Substanzen umfaßte und bei welcher das Schwergewicht weniger auf die Exaktheit der Einzelbestimmungen als auf die Schaffung allgemeiner Grundlagen gelegt wurde, führten dieselben Forscher zahlreiche und zum Teil außerordentlich minutiöse Arbeiten über die Darstellung des reinen flüssigen Ammoniaks und dessen Leitfähigkeit, über die molekulare Siedepunktserhöhung, über die Abhängigkeit der elektrischen Leitfähigkeit der Lösungen im verflüssigten Ammoniak von der Temperatur usw. aus.

Zu gleicher Zeit mit der von FRANKLIN und KRAUS geführten allgemeinen Untersuchung über das Verhalten verschiedener Substanzen im verflüssigten Ammoniak wurden von verschiedenen Seiten (HUGOT, JOANNIS, MOISSAN) in dasselbe Gebiet fallende Einzeluntersuchungen angestellt. Daß solche nicht überflüssig waren, ersieht man recht deutlich aus der von MOISSAN ausgeführten Untersuchung über den Schwefel, welche trotz dem Umstande, daß GORE, FRANKLIN und KRAUS sowie HUGOT bereits vorher mit dem gleichen Gegenstande sich beschäftigt haben, recht interessante Resultate ergeben hat. Von noch höherem Interesse dürften vielleicht die noch nicht abgeschlossenen Arbeiten über Phosphor (HUGOT, STOCK) sich erweisen.

Manche der in letzter Zeit ausgeführten Versuche mit den Halogen- und Schwefelverbindungen der Metalloide (METZNER, STOCK und BLIX,

Joannis, Stock und Hoffmann, Hugot) erinnern an den Aufbau und Abbau von organischen Verbindungen: Durch Behandlung mit verflüssigtem Ammoniak bei der zwischen dessen Siede- und Erstarrungspunkte liegenden Temperatur (— 80° bis — 35°) entstehen gewöhnlich ammoniakalische Amidoverbindungen von einer zum Teil recht komplizierten Struktur. Durch allmähliche Erhöhung der Temperatur werden ähnlich wie bei der fraktionierten Destillation bei verschiedenen Temperaturen übergehende Ammoniakfraktionen abgetrieben und es hinterbleibt zuerst das reine Amid, dann oft ein Imido-Amid, Imid und schließlich die Stickstoffverbindungen. Beim Arbeiten mit dem vierwertigen Silicium (Lengfeld, Vigouroux und Hugot, Blix und Wirbelauer) entstehen noch zahlreichere Abbauprodukte und vielleicht dürfte gerade die Anwendung des verflüssigten Ammoniaks und anderer komprimierter Gase als Lösungsmittel für die Entwickelung der „Siliciumchemie" besonders förderlich sein.

Über das Verhalten von Metallsalzen für sich allein dem verflüssigten Ammoniak gegenüber sind nur wenige eingehende Untersuchungen angestellt worden; die Versuche mit Silberhaloiden (Jarry) und Kupfersalzen (Bouzat) ergaben, daß man mit verflüssigtem Ammoniak oft an Ammoniak noch reichere ammoniakalische Additionsprodukte erhält, als mit dem Ammoniakgase. Hier dürfte jedoch weniger der Aggregatzustand des Ammoniaks als die Temperatur der Behandlung ausschlaggebend sein. Viel mehr Interesse bietet das Verhalten von Lösungen verschiedener Salze im flüssigen Ammoniak zueinander, worüber Franklin und Kraus mehrere Reihen von Versuchen angestellt haben. Da die gegenseitigen Lösungsverhältnisse hier ganz andere als in wässerigen Lösungen sind, so verlaufen die Reaktionen oft in ganz ungewohnter Weise; so z. B. entsteht beim Versetzen einer Ammoniumchlorid- mit Calciumnitratlösung ein Niederschlag, ein solcher entsteht jedoch nicht beim Vermischen von Silbernitrat mit Jodammonium. Auf solchen Löslichkeitsverhältnissen verschiedener Substanzen im verflüssigten Ammoniak beruhen auch die ersten Versuche, dieses Lösungsmittel in der chemischen Industrie zur Isolierung und Reindarstellung von einigen Salzen und anderen Verbindungen, wie z. B. zur Trennung des Ammoniumnitrats von Ammoniumsulfat, zur Reindarstellung von Anthracen und Alkalicyaniden zu verwerten. Mit dem Fortschreiten der Arbeiten über die doppelte Umsetzung kamen allmählich auch die bis dahin fast völlig voneinander unabhängig gewesenen beiden Untersuchungsrichtungen über das Verhalten des Lösungsmittels zu Metallen einerseits und zu Nichtmetallen und Salzen andererseits miteinander in Berührung.

Ein weites Anwendungsgebiet scheint ein Zersetzungsprodukt der Alkalimetallammoniumverbindungen — die Alkaliamide — gefunden zu haben. Schon in den fünfziger Jahren sehen wir, wie auf Wöhlers Veranlassung Kolb und dann Beilstein und Geuther Kaliumamid, das durch Durchleiten von Ammoniakgas über geschmolzenes Kalium erhalten wurde, zur Synthese organischer Verbindungen zu benutzen beginnen, was Baumert und Landolt im Jahre 1859 mit viel mehr Erfolg fortgesetzt haben. Erst Mitte der neunziger Jahre nahm Tithezley diese Versuche wieder auf und setzte sie unter Anwendung von Benzol als Lösungsmittel weiter fort; eine ähnliche Versuchsreihe über die Synthese organischer Verbindungen mittelst Kaliumamid in verflüssigtem Ammoniak führten Franklin und Kraus aus. Nach Friedländer soll auch bei Herstellung von künstlichem Indigo die Anwendung von Alkaliamiden große Vorteile bieten. Zur Erzeugung dieser Amide lassen sich zwei Wege benutzen: das Durchleiten von wasserfreiem Ammoniakgas über geschmolzene Metalle und das Auflösen der Metalle im verflüssigten Ammoniak, wobei die anfangs sich bildenden Metallammoniumverbindungen nach und nach von selbst (spontan) in Amide übergehen. Im allgemeinen scheint es, daß man bis jetzt dem ersten Verfahren, welches, wie aus den Arbeiten Dennis und Browne (1904) hervorgeht, nur bei Innehaltung ganz bestimmter enger Temperaturgrenzen befriedigende Ausbeuten liefert, den Vorzug gibt. Demgegenüber scheint die Bildung von Kaliumamid aus dem im verflüssigten Ammoniak aufgelösten Kalium doch viel einfacher zu sein, da die Umwandlung des Kaliumammoniums in Kaliumamid sich binnen weniger Stunden von selbst vollzieht. Weniger glatt und viel langsamer geht die Umwandlung des Natriumammoniums in das Amid vor sich; es hat sich jedoch herausgestellt, daß dieselbe beim Zusatz indifferenter Salze, wie z. B. Chlornatrium (Joannis), bedeutend beschleunigt werden kann.

Für den Bau von Apparaten zum Arbeiten mit verflüssigtem Ammoniak dürften die von Lange ausgeführten Untersuchungen über die Transportgefäße, über die Verteilung der Flüssigkeit und des Gases in denselben bei verschiedenen Temperaturen, über die Ventile und über das Verhalten des flüssigen Ammoniaks beim Erwärmen von grundlegender Bedeutung sein. Die Auswahl des Baumaterials für solche Apparate ist nicht schwierig, weil das verflüssigte Ammoniak die meisten der in Betracht kommenden Metalle nicht angreift. Mit mehr Schwierigkeiten ist das Experimentieren mit verflüssigtem Ammoniak im Laboratorium verbunden, falls man die im Versuchsgefäße stattfindenden Vorgänge beobachten will und die Apparate daher aus Glas herstellt.

Recht nützliche Fingerzeige über die Versuchstechnik geben Hempel, Ruff, Stock und Hoffmann für deutsche Verhältnisse, Joannis, Hugot und namentlich Moissan für die Verhältnisse in Frankreich.

Zur gleichen Zeit mit Gores erster Untersuchung über das Lösungsvermögen des verflüssigten Ammoniakgases (1872) stellte Divers ganz analoge Versuche mit einer Flüssigkeit an, die in vielen Beziehungen dem verflüssigten Ammoniakgase ähnlich ist. Divers erhielt seine Flüssigkeit nicht durch Zusammenpressen oder Kühlen des Ammoniakgases, sondern indem er wasserfreies Ammoniumnitrat der Einwirkung des Ammoniakgases bei gewöhnlicher Zimmertemperatur aussetzte. Das Salz „zergeht" dabei unter starker Ammoniakgasabsorption und die entstehende wasserfreie ammoniakalische Ammoniumnitrat- oder, kurz genannt, die Diverssche-Flüssigkeit verhält sich vielen Substanzen gegenüber ganz wie verflüssigtes Ammoniak, hat aber dabei den Vorzug, daß sie bei gewöhnlicher Temperatur und Normaldruck flüssig bleibt. Die ausgedehnten Versuche Divers', welche sich sowohl auf die Zusammensetzung der Flüssigkeit bei verschiedenen Temperaturen wie auf ihre physikalischen und chemischen Eigenschaften bezogen, weckten das Interesse für die Absorption von Ammoniak durch verschiedene Salze und die Bildung ammoniakalischer Additionsprodukte von neuem wach. Es haben sich auch andere Verbindungen, wie z. B. Ammoniumacetat (Troost), Borjodid (Besson) u. a. m. auffinden lassen, die unter Einwirkung von Ammoniakgas sich verflüssigen; und wenn diesen letzten Versuchen nicht die Bedeutung der von Divers ausgeführten Arbeiten beigemessen werden kann, so bieten sie doch sehr wertvolles Material zum Vergleich zwischen dem Verhalten zahlreicher Substanzen dem gasförmigen und verflüssigtem Ammoniak gegenüber.

Erstes Kapitel.

Physikalische Eigenschaften des verflüssigten Ammoniaks. Versendung und Prüfung desselben. Versuchstechnik.

A. Physikalische Eigenschaften des flüssigen Ammoniaks.

Verflüssigtes Ammoniakgas bildet eine wasserhelle, sehr hygroskopische Flüssigkeit, die bei Zimmertemperatur die gleiche Beweglichkeit wie Alkohol aufweist.

Nach einer Zusammenstellung von Lange[1]) entspricht 1 kg des flüssigen Ammoniaks bei 0° und 760 mm Druck 1313 l Ammoniakgas.

Bei der Temperatur von 15° zeigt das flüssige Ammoniakgas das spezifische Gewicht von 0,614 und die Dampfspannung von 7,1 Atm. Die kritische Temperatur des flüssigen Ammoniaks liegt bei 130° C. und der kritische Druck beträgt 113 Atm.

Bei Atmosphärendruck liegt der Siedepunkt des flüssigen Ammoniaks bei — 33,7°.[1])

Der Siedepunkt des flüssigen Ammoniaks wie derjenige des Wassers liegen demnach im Vergleich mit den Siedepunkten anderer einfachen Verbindungen mit geringem Molekulargewicht auffallend hoch, und Franklin und Kraus (American. chem. Journ. 1899, Bd. 21, S. 11) heben hervor, daß die Siedepunkte von Schwefel-, Selen-, Tellur-, Phosphor-, Arsen-, Antimon- und Halogenwasserstoffen, sowie auch von Methan, Äthylen und Acetylen tiefer als der Siedepunkt des flüssigen Ammoniaks liegen.

Landolt und Börnstein führen in ihrem physikalisch-chemischen Tabellenwerk den von Regnault beobachteten Wert von — 38,5° C. an.

[1]) Die hier angeführten abgerundeten Zahlenwerte gelten für das technische flüssige Ammoniak, wie es in Deutschland in den bekannten Stahlflaschen zum Versand kommt, und sind dem Chemiker-Taschenbuche für 1900 des Berliner Bezirksvereins Deutscher Chemiker entnommen.

In bezug auf den Siedepunkt des flüssigen Ammoniaks macht Regnault (Memoires de l'academie des sciences de l'Institut de France 1862, Bd. 26, S. 608) darauf aufmerksam, daß der aus seinen Messungen berechnete Siedepunkt bei — 32,6° (unter 760 mm Druck) sein müsste, daß aber der beobachtete Wert — 38° bei 752 mm Druck betrug. Die Beobachtungen sind mit einem mit absolutem Alkohol gefüllten Thermometer und unter lebhaftem Umrühren der frei in die Luft verdampfenden Ammoniakflüssigkeit ausgeführt worden. Sobald man die Flüssigkeit ruhig stehen ließ, stieg die vom Thermometer angezeigte Temperatur bisweilen bis — 18°, ohne daß das Sieden sich bemerkbar machte. Beim Rühren mit dem Thermometer kochte dann die Flüssigkeit sehr lebhaft auf.

Vergebens versuchte Regnault, mit flüssigem Ammoniak konstante tiefe Temperaturen dadurch zu erzeugen, daß er die Ammoniakflüssigkeit frei in die Luft oder sogar unter Vakuum verdampfen ließ. Infolge der bedeutenden molekularen Kohäsion bietet flüssiges Ammoniak dem Verdampfen so viel Widerstand, daß das Kochen unter starken Aufwallungen stattfindet und daß die Temperatur meistens stark über den wahren Siedepunkt steigt. Schließlich gelang es Regnault, nach Belieben Temperaturen von — 40 bis — 80° zu erhalten, indem er einen fein verteilten Luftstrom durch die Flüssigkeit aufsteigen ließ, wodurch die Viskosität derselben aufgehoben wurde. Die Schnelligkeit bezw. die Stärke, mit welcher der Luftstrom durchgeschickt wurde, gestattete, die Temperatur der Flüssigkeit genau zu regulieren. Wurde diese Anordnung noch mit einem Vakuum kombiniert, so gelang es, noch tiefere als — 80° Temperaturen zu erzeugen.

Von anderen Beobachtern werden, wie aus folgender Zusammenstellung ersichtlich ist, etwas geringere Werte angegeben.

Siedepunkt des flüssigen Ammoniaks nach:

Bunsen bei 749,3 mm Druck bei . . .	— 33,7° C.
Regnault bei 760 mm Druck bei . . .	— 38,5 „
Loir und Drion bei 760 mm Druck bei .	— 35,7 „
Ladenburg bei 760 mm Druck um . . .	— 35,0 „
Lange bei	— 33,7 „
Dickerson[1]) bei	— 33,0 „
bezw.	— 27,0° Fahrenh.
Joannis[2]) bei	— 38,2° C.

[1]) Diese und die noch weiter mitgeteilten Angaben von Dickerson sind aus einer von ihm verfaßten Beilage zum Werke von T. O'Connor Sloane, „Liquide Air and the Liquefaction of Gases. Ed. London 1900" (inzwischen übersetzt von Traube) entnommen worden.

[2]) Compte Rendu 1893, Bd. 115 S. 820.

Auch für die Dampfspannung des flüssigen Ammoniaks sind die von REGNAULT angegebenen Werte bis jetzt als maßgebend geblieben. In der nachstehenden Tabelle sind die von verschiedenen Beobachtern gefundenen Werte zusammengestellt, und zwar sind die Werte der Spalte 2 der Veröffentlichung von REGNAULT (Memoires de l'Academie 1862, Bd. 26 S. 607), die anderen Werte, mit Ausnahme des von BUNSEN herrührenden, dem Tabellenwerke von LANDOLT und BÖRNSTEIN entnommmen worden.

Dampfspannung des flüssigen Ammoniaks nach:

1.	2.	3.	4.	5.	6.
Temperatur	REGNAULT in mm Quecksilber	REGNAULT in Atmosphären nach Angaben von LANDOLT und BÖRNSTEIN	PICTET[1]) in Atmosphären	FARADAY[2]) in Atmosphären	BLÜMKE[3]) in Atmosphären
— 78,2[4])	157,95	—	—	—	—
— 40[4])	528,61	—	—	—	—
— 35[4])	684,19	—	—	—	—
— 30	866,09	1,14	1,14	—	—
— 25	1 104,28	1,45	1,45	—	—
— 20	1 392,13	1,83	1,83	—	—
— 18,5	1 495,6	—	—	—	1,91
— 17,8	—	—	—	2,48	—
— 15	1 736,48	2,24	2,28	—	—
— 10	2 144,62	2,82	2,82	—	—
— 5	2 624,22	3,45	3,45	—	4 (BUNS.)[5])
— 3,3	—	—	—	4,04	—
0	3 183,34	4,19	4,19	4,44	4,22
5	3 830,34	5,04	5,00	5,10	4,8 (BUNS.)

[1]) PICTET, Nouvelles machines frigoriques, Genève 1885, oder WIED. Beibl. 1887, Bd. 11 S. 629.

[2]) FARADAY, Philosoph. Trans. of Roy. Soc. 1845, Bd. I S. 155.

[3]) BLÜMKE, WIED. Ann. 1888, Bd. 34 S. 10.

[4]) Diese Werte sind dem „Dictionnaire de Chimie par WURTZ" Bd. I entnommen und beruhen wie auch die anderen bei WURTZ angeführten Zahlen auf den ersten Berechnungen von REGNAULT, die etwas niedrig ausgefallen sind und die REGNAULT selbst 6 Seiten weiter in seiner bereits erwähnten Arbeit durch die hier in der Spalte 2 angeführten Werte ersetzte.

[5]) Die mit BUNS. bezeichneten Werte rühren von BUNSEN (POGG. Ann. Bd. 46, S. 95) her.

1.	2.	3.	4.	5.	6.
	REGNAULT		PICTET	FARADAY	BLÜMKE
Temperatur	in mm Quecksilber	in Atmosphären nach Angaben von LANDOLT und BÖRNSTEIN	in Atmosphären		
9,4	—	—	—	5,83	—
10	4 574,03	6,02	6,02	—	6,5 (BUNS.)
15	5 423,40	7,14	7,12	—	—
20	6 387,78	8,41	8,40	—	8,8 (BUNS.)
25	7 477,00	9,84	9,80	—	—
28,3	—	—	—	10,00	—
30	8 700,97	11,45	11,44	—	—
34	—	—	—	—	12,80
35	10 070,18	13,25	13,08	—	—
40	11 595,30	15,26	15,29	—	—
45	13 287,31	17,48	17,38	—	—
50	15 158,33	19,95	19,98	—	—
55	17 219,78	22,66	—	—	—
60	19 482,10	25,63	—	—	—
63,5	—	—	—	—	28,04
65	21 965,13	28,90	—	—	—
70	24 675,55	32,47	—	—	—
75	27 629,98	36,35	—	—	—
80	30 843,09	40,59	—	—	—
85	34 330,87	45,17	—	—	—
90	38 109,22	50,14	—	—	—
95	42 195,71	55,52	—	—	—
100	46 608,24	61,32	—	—	—

Die kritische Temperatur beträgt nach DEWAR[1]) + 130° C. bezw. + 266° Fahrenheit, nach VINCENT und CHAPPUIS[2]) + 131° C.

Der kritische Druck beträgt nach DEWAR 115 und nach den Letztgenannten 113 Atmosphären.

Die latente Verdampfungswärme für 1 kg flüssiges Ammoniak in großen Kalorien berechnet beträgt (nach LANDOLT und BÖRNSTEIN, Physikal.-chem. Tab.):

[1]) Phil. Mag. 1884 (5), Bd. 18 S. 210.

[2]) Journ. de Phys. 1886 (2), Bd. 5 S. 158.

Temperatur der Verdampfung	Kalorien	Beobachter
7,8°	294,21	REGNAULT[1])
11°	291,32	
16°	297,38	
17°	296,50	v. STROMBECK.[2])

Bestimmungen der Verdampfungswärme des flüssigen Ammoniaks bei seiner Siedetemperatur machten erst FRANKLIN und KRAUS (Amer. chem. Journ. 1899, Bd. 21 S. 12). Als Resultat ihrer provisorischen Bestimmungen geben sie die Werte 326—332 und als Mittelwert 329 an.

Auf Grund der in der Kälteerzeugungstechnik oft angewandten Formel $h_e = 360 - 0{,}8\,t^0$ und der Annahme der Siedetemperatur von — 38° berechnen FRANKLIN und KRAUS die Verdampfungswärme auf 330 Kalorien. Die molekulare Verdampfungswärme bezw. Verflüchtigungswärme beträgt nach den von REGNAULT ermittelten und von DE FORCRAND (C. R. 1902, Bd. 134 S. 768) umgerechneten Werten bei — 33° C. 5,73 grosse Kalorien (und nicht 4,55, wie viele Lehrbücher angeben), was etwa 337 Kalorien pro Kilogramm Ammoniak entspricht.

Die spezifische Wärme des verflüssigten Ammoniaks[3]) beträgt nach v. STROMBECK[4]) bei 45° — 1,22876, nach LÜDECKING und STARR[5]) bei 40° C. — 0,8857 und nach ELLEAU und ENNIS[6]) bei Temperaturen zwischen 0° und 30° den Durchschnittswert 1,0206 (Z. f. Physikal. Chem. 1901, Bd. 36 S. 127). FRANKLIN und KRAUS[7]) fanden bei Berechnung der spezifischen Wärme nach einer Formel von WOOD für die Temperatur + 10° die Werte 0,98 bis 1,14. MASSOL und DE FORERAND schätzen den Angaben von LÜDECKING und STARR entsprechend die spezifische Wärme des flüssigen Ammoniaks auf 0,886 (C. R. 1902, Bd. 134 S. 744).

Gefrier- und Schmelzpunkt. Im Vakuum erstarrt das verflüssigte Ammoniak zu weißen durchscheinenden Kristallen, welche (nach FARADAY) bei — 75° schmelzen und bei dieser Temperatur in flüssigem Ammoniak untersinken.

---

1) Ann. de Chim. 1871 (4), Bd. 24 S. 375.

2) Journ. FRANKLIN Inst. 1891, Bd. 131; außerdem vergl. Bd. 130, wo für die Temperaturen 14—18° die Kalorienzahl 292,4 angegeben ist.

3) DENIZOT, Zeitschr. f. Kälteindustrie, München, Bd. 6 S. 1—9.

4) Journ. FRANKLIN Inst. Dez. 1890 u. Jan. 1891; dieser Wert ist auch bei LANDOLT u. BÖRNSTEIN angeführt.

5) Americ. Journ. Sci. (3), Bd. 45, 200 (1893).

6) Journ. FRANKLIN Inst. 145, S. 189—214 u. 280—294.

7) Amer. Chem. Journ. 1899, Bd. 21 S. 11.

Nach DICKERSON liegt der Erstarrungspunkt unter Normaldruck bei — 77° C. oder — 107° Fahrenheit.

LADENBURG und KRÜGEL bestimmten gelegentlich ihrer Arbeiten über die Messung tiefer Temperaturen den Schmelzpunkt von Ammoniak und fanden zuerst (Ber. D. Chem. Ges. 1899, Bd. 32_2 S. 1818) 77,05° und dann (Ber. D. Chem. Ges. 1900, Bd. 33_1 S. 637) — 75,5°. Die letzte Zahl wird als die zuverlässigste erachtet. Die Messungen wurden mit einem Thermoelement, welches die Autoren selbst mit Hilfe eines Wasserstoffthermometers eingestellt haben, ausgeführt. Als Eichungspunkte dienten:

	Erste Messung	Zweite Messung
Siedepunkt der flüssigen Luft . . .	— 187°	— 191,25°
Siedepunkt des Äthylens	— 102,65°	— 102,9°
Sublimationspunkt von fester Kohlensäure und absolutem Alkohol . . .	— 78,6°	— 77°
Schmelzpunkt des Äthers	— 112,6°	— 113,1°.

Die Thermoelementmethode wurde zuerst durch VON HOLBORN und WIEN[1]) ausgearbeitet; außerdem kann man auch mittelst eines Platin- bezw. Platin-Rhodiumwiderstandes nach DEWAR[2]) diese Bestimmungen ausführen.

Die Schmelzwärme des festen Ammoniaks bestimmte MASSOL. Zu diesem Zwecke wurde die Lösungswärme von dem auf — 75° abgekühlten flüssigen Ammoniak und diejenige des — 76° bis — 80° zeigenden festen Ammoniaks bei Eintragung in viel Wasser gemessen (C. R. 1902, Bd. 134 S. 653).

Als Mittelwert ergab sich für ein Gramm-Molekül flüssiges Ammoniak bei — 75° und 94 Molek. Wasser von + 10° eine Entwickelung von 1,77 Kal. und für ein Molekül festes Ammoniak von — 76 bis — 80° und 102 Molek. Wasser von + 10° — 0,068 Kal. Mithin ist die molekulare Schmelzwärme des festen Ammoniaks — 1,838 Kal., ein Wert, der sehr nahe demjenigen des Wassers (— 1,43) ist.

Die Erstarrungswärme von 17 g (= ein Gramm-Molekül) Ammoniakgas beträgt nach DE FORCRAND und MASSOL (C. R. 1902, Bd. 134 S. 743) + 1,95 Kal. bei — 77°.

Über die Wärmeleitfähigkeit des flüssigen Ammoniaks konnten keine Angaben, die auf Beobachtung beruhen, gefunden werden.

---

[1]) WIEDEMANNS Annalen Bd. 59 S. 213. Die dort beschriebene Thermoelementmethode ist auch von LANDOLT und BÖRNSTEIN übernommen worden.

[2]) Proceedings Chem. Soc. Bd. 15. S. 70.

Die Wärmeleitfähigkeit des gasförmigen Ammoniaks ist, wie aus dem Tabellenwerke von LANDOLT und BÖRNSTEIN ersichtlich, 91,7, wenn diejenige der atmosphärischen Luft mit 100 bezeichnet wird.[1])

Das spezifische Gewicht des flüssigen Ammoniaks ist in zuverlässiger Weise zuerst von ANDRÉEFF (LIEBIGS Ann. Chem. Pharm. 1859, Bd. 110 S. 9—16) in BUNSENS Laboratorium in Heidelberg bestimmt worden. Das scheinbare spezifische Gewicht (bei welchem auf die Ausdehnung des Glases keine Rücksicht genommen war), bezogen auf Wasser bei 0° C. = 1, beträgt für flüssiges Ammoniak:

Temperatur	beobachtet	berechnet
— 10,73	0,6502	0,6497
— 8,92	0,6479	0,6475
— 6,55	0,6439	0,6445
— 4,19	0,6413	0,6416
— 1,43	0,6381	0,6381
+ 1,11	0,6347	0,6348
4,21	0,6312	0,6307
5,44	0,6288	0,6291
7,65	0,6257	0,6251
10,40	0,6228	0,6224
12,60	0,6197	0,6196
14,36	0,6171	0,6170
16,54	0,6134	0,6138

In der folgenden Tabelle sind in der Spalte 2 die spezifischen Gewichte[2]) für flüssiges Ammoniak, auf Wasser von 4° C. bezogen, angegeben, wobei auf die Glasausdehnung der Versuchsapparate Rücksicht genommen worden ist.

In der Spalte 3 ist die Ausdehnung eines Volumens flüssigen Ammoniaks angeführt, welches bei 0° eine Raumeinheit ausfüllt.

Die Spalte 4 enthält die Ausdehnungskoeffizienten für flüssiges Ammoniak für Temperaturunterschiede von 5° und bezogen auf das Volumen bei 0° = 1.

---

[1]) Plank. Wien. Akad. Anz. 1876, No. 17.

[2]) Schon ANDRÉEFF machte darauf aufmerksam, daß die von FARADAY veröffentlichten Bestimmungen des spezifischen Gewichts des flüssigen Ammoniaks

1. (1823) bei + 10° spez. Gew. 0,76
2. (1845) „ + 15,5 „ „ 0,731

viel zu hoch sind. Und trotzdem, wie auch LANGE in seinen letzten Veröffentlichungen hervorhebt, wird noch in vielen Hand- und Lehrbüchern an den FARADAYschen Zahlen festgehalten.

Temperatur	Spez. Gew.	Ausdehnung	Ausdehnungs-koeffizient
— 10	0,6492	0,9805	
			0,00190
— 5	0,6429	0,9900	
			0,00200
— 0	0,6364	1,0000	
			0,00210
5	0,6298	1,0105	
			0,00220
10	0,6231	1,0215	
			0,00230
15	0,6160	1,0330	
			0,00240
20	0,6089	1,0450	

Landolt und Börnstein führen für das spezifische Gewicht des flüssigen Ammoniaks außer den Angaben von Andréeff noch die von Jolly[1]) an, nach welchen das spezifische Gewicht bei 0°, bezogen auf Wasser von 0°, gleich dem Mittelwerte 0,6234 ist.

Eine Explosion einer mit flüssigem Ammoniak gefüllten Stahlflasche gab A. Lange Veranlassung, eine weitgehende Untersuchung über die Ausdehnung des flüssigen Ammoniaks aufzustellen (Chem. Industrie 1898, Bd. 21 S. 191—198). Für die Versuche wurde technisches, durch ein umständliches Umdestillieren nach Möglichkeit von Luft befreites, jedoch nicht ganz luftfreies flüssiges Ammoniak angewendet. Dasselbe enthielt einige Verunreinigungen (meistens Pyridinbasen) und hinterließ bei freiwilligem Verdunsten 0,05 % Rückstand.

Aus den erhaltenen Versuchsergebnissen[2]) sind folgende Werte berechnet worden:

Temperatur	Spez. Gew.	Volumänderung	Mittlerer Ausdehnungskoeffizient
— 50	0,6954	0,9119	—
— 45	0,6895	0,9197	0,00171
— 40	0,6835	0,9277	0,00174
— 35	0,6775	0,9359	0,00177
— 30	0,6715	0,9443	0,00180
— 25	0,6654	0,9529	0,00182
— 20	0,6593	0,9617	0,00185
— 15	0,6532	0,9708	0,00189
— 10	0,6469	0,9802	0,00194
— 5	0,6405	0,9899	0,00198

[1]) Jahresber. über Fortschritte der Chemie 1861 und Ann. Chem. Pharm. Bd. 117 S. 181.

[2]) Vergl. außerdem Lange, Spezifisches Gewicht des flüssigen Ammoniaks (Zeitschr. für Kälteindustrie, Bd. 5 S. 39—47, München).

Temperatur	Spez. Gew.	Volumänderung	Mittlerer Ausdehnungskoeffizient
0	0,6341	1,0000	0,00204
5	0,6275	1,0105	0,00210
10	0,6207	1,0215	0,00217
15	0,6138	1,0330	0,00225
20	0,6067	1,0451	0,00234
25	0,5993	1,0579	0,00245
30	0,5918	1,0715	0,00257
35	0,5839	1,0860	0,00271
40	0,5756	1,1015	0,00285
45	0,5671	1,1180	0,00299
50	0,5584	1,1355	0,00313
55	0,5495	1,1540	0,00326
60	0,5404	1,1735	0,00338
65	0,5310	1,1942	0,00353
70	0,5213	1,2164	0,00380
75	0,5111	1,2407	0,00399
80	0,5004	1,2673	0,00428
85	0,4892	1,2963	0,00458
90	0,4774	1,3281	0,00491
95	0,4632	1,3631	0,00527
100	0,4522	1,4021	0,00572

Für die Zusammendrückbarkeit des technischen (aber luftarmen) flüssigen Ammoniaks hat LANGE folgende Werte ermittelt:

Temperatur	Zusammendrückung für 1 Atm.[1])	Druck, unter welchem der Versuch durchgeführt wurde
14,6	0,000130	85
36,8	0,000183	36
65,7	0,000315	45

Für das relative Volumen[2]) des Ammoniakgases bei verschiedenen Druck- und Temperaturverhältnissen werden in LANDOLT und BÖRNSTEINS Tabellen folgende Werte angegeben:

---

[1]) Die in der Abhandlung von LANGE (Chem. Industrie 1898, Bd. 21 S. 191—198) angeführten Werte 0,000128, 0,000178 und 0,000304 sind von LANGE nachträglich korrigiert (Z. f. angew. Chem. 1899, S. 302) und durch die oben angeführten Zahlen ersetzt worden.

[2]) ROTH. WIEDEM. Ann. 1880, Bd. 11 S. 1.

Druck in Atmosphären	Bei 99,6° C.	Bei 183,0° C.
20	4645	4875
25	3560	3835
30	2875	3185
35	2440	2680
40	2080	2345
45	1795	2035
50	1490	1775
55	1250	1590
60	975	1450

Die Zähigkeit des flüssigen Ammoniaks bei Zimmertemperatur ist nur etwas grösser als die des Wassers und entspricht ungefähr derjenigen des Alkohols.

Der innere Reibungskoeffizient oder die absolute Zähigkeit η der Flüssigkeit wird berechnet (nach LANDOLT und BÖRNSTEIN) nach der Anzahl v der Kubikzentimeter einer Flüssigkeit vom spezifischen Gewicht s, welche in der Sekunde aus einer Kapillare von L cm Länge und r cm Halbmesser unter dem Druck einer Flüssigkeitssäule von H in einer Sekunde herausfließen; nach POISEUILLE[1]) ist dann $\eta = \frac{\pi H r^4 s}{8 v L}$.

	Zähigkeitskoeffiziente bei 11,9° C.	bei 14,5° C.
Flüssiges Ammoniak . .	0,01598	0,01486
Äthylalkohol	0,01477	—
Wasser	0,01241	0,011853
Flüssige Kohlensäure . .	—	ca. 0,000790

Die Zähigkeit des gasförmigen Ammoniaks[2]) ist

bei 0° . . . . $957 . 10^7$
20° . . . . $1080 . 10^7$.

In reinem Zustande ist das flüssige Ammoniak ein sehr schlechter elektrischer Leiter.

Die ersten Messungen der elektrischen Leitfähigkeit, die von CADY mit technischem flüssigem Ammoniak, wie es in Amerika im Handel vorkommt, ausgeführt worden sind, ergaben den Wert $71 . 10^{-7}$ (wahrscheinlich in alten Quecksilbereinheiten).

---

[1]) Ann. Chim. Phys. 1847 (3), Bd. 21 S. 76, oder LIEB. Ann. 1848, Bd. 64 S. 129.

[2]) GRAHAM, Phil. Trans. 1861 S. 373, oder LIEB. Ann. 1862, Bd. 123 S. 90.

Goodwin und Kay Thompson wiederholten die Versuche mit dem amerikanischen Handelsprodukt, nachdem sie es über ungelöschtem Kalk destilliert haben, und fanden für die Leitfähigkeit die Werte (in cm^{-1} ohm^{-1} Einheiten) $1{,}392 . 10^{-4}$ bei $-29{,}5^0$ C. und $1{,}688 . 10^{-4}$ bei -13^0 C.

Frenzel fand für das von ihm selbst im Laboratorium von Nernst dargestellte und gereinigte flüssige Ammoniak, welches als chemisch rein angesehen werden kann, den Wert $1{,}33 . 10^{-7}$ bei $-79{,}3^0$ C. in cm^{-1} ohm^{-1} Einheiten.

Durch Destillation des amerikanischen Handelsproduktes über metallisches Natrium und Natriumamid konnten Franklin und Kraus flüssiges Ammoniak erhalten, welches die Leitfähigkeit $0{,}01 . 10^{-6}$ in cm^{-1} ohm^{-1} Einheiten (wahrscheinlich bei -38^0 C.) aufwies.

Im übrigen soll das Verhalten des flüssigen Ammoniaks dem elektrischen Strom gegenüber in einem besonderen Kapitel noch eingehend behandelt und die einschlägige Literatur angegeben werden.

B. Versendung und Prüfung des flüssigen Ammoniaks.

Das flüssige Ammoniak kommt zum Versand in Stahlflaschen, die einen Prüfungsdruck von 100 Atmosphären aushalten müssen. Auf je 1 kg Ammoniak soll in den Flaschen 1,86 l Raum sein; die Flasche darf mithin bei gewöhnlicher Temperatur nicht ganz mit Flüssigkeit gefüllt werden. Nach Berechnungen von Lange (Chem. Industrie 1898, Bd. 21 S. 191—198) wird der Druck in den vorschriftsmäßig[1]) gefüllten Bomben erst bei $68{,}5^0$ den Prüfungsdruck von 100 Atmosphären übersteigen.

[1]) Der deutsche Eisenbahn-Güter-Tarif enthält folgende Bestimmungen unter „Vorschriften für die bedingungsweise zur Beförderung zugelassenen Gegenstände No. 46", die seit dem 1. April 1891 in Kraft sind:

„Verflüssigtes Ammoniak darf nur in Behältern aus Schweißeisen, Flußeisen oder Gußstahl zur Beförderung ausgeliefert werden. Diese Behälter müssen nach amtlicher Prüfung einen Druck von 100 Atmosphären aushalten, ohne bleibende Veränderungen ihrer Form und ohne Undichtigkeit zu zeigen; alle drei Jahre muß diese Probe wiederholt werden. Die höchste zulässige Füllung soll 1 kg Ammoniak für je 1,86 l Fassungsraum des Behälters betragen. Die Behälter sollen einen amtlichen, in dauerhafter Weise an leicht sichtbarer Stelle angebrachten Vermerk tragen, welcher das Gewicht des leeren Behälters einschließlich des Ventils nebst Schutzkappe, sowie die zulässige Füllung in Kilogramm und den Tag der letzten Druckprobe angibt."

Im Jahre 1901 wurde seitens der chemischen Großindustrie Deutschlands bei der Eisenbahnverwaltung beantragt, verflüssigtes Ammoniak auch zur Beförderung in Kesselwagen zuzulassen (Chem. Industrie 1901, Bd. 24 S. 97). Diesem Antrag sei folgendes entnommen:

„Flüssiges Ammoniak greift in reinem oder nur in geringem Maße verunreinigtem Zustande Eisen nicht an und ist unter genügenden Vorsichtsmaßregeln für den Transport in Kessel- und Gefäßwagen völlig ungefährlich, da es bei 65° C. erst $^2/_3$ des Prüfungsdruckes seines Versandgefäßes erreicht."

„Verwendung findet das flüssige Ammoniak hauptsächlich für die Zwecke der Kälteindustrie, in Eisfabriken, Schlachthäusern, Brauereien usf. Für diesen Kleinverbrauch genügt die jetzt übliche Versendung in Stahlflaschen von je 20 kg Füllung mit einem Bruttogewicht von 60 kg. Über den Verbrauch von flüssigem Ammoniak (derzeitiger Preis Mk. 100 pro 100 kg) stehen zuverlässige Angaben nicht zur Verfügung; jedenfalls ist mit Sicherheit vorauszusehen, daß, wenn flüssiges Ammoniak in chemischen Fabriken, wie jetzt schon vereinzelt geschieht, erst im großen verbraucht wird, an die Stelle der jetzt üblichen Versendungsart in Stahlflaschen eine solche in großen Behältern treten muß. Wir glauben daher die Zulassung von flüssigem Ammoniak zur Beförderung in Kessel- und Gefäßwagen dringend befürworten zu müssen."

In der daraufhin erfolgten Beschlußfassung der Eisenbahnverwaltung wurde nun angeführt (l. c. S. 99):

„Unter den verflüssigten Gasen nimmt dem Verkehrsumfange nach flüssiges Ammoniak die dritte Stelle ein.[1]) Indes sind seine Verbrauchsmengen verhältnismäßig gering. Selbst in großen Etablissements genügt ein Quantum von einigen tausend Kilogramm für den Jahresbedarf. Der Versand geschieht in Stahlflaschen. An sich wäre die Herstellung von Gefäßwagen zum Transport des Ammoniaks ähnlich denjenigen der Kohlensäure, die eine Vereinigung von mehreren (36 bis 39) größeren Stahlflaschen darstellen, sehr wohl denkbar. Denn das flüssige Ammoniakgas steht unter einem geringeren Druck als die verflüssigte Kohlensäure. Für diese Transportgefäße schreibt demgemäß die Verkehrsordnung nur eine Druckfestigkeit von 100 Atmo-

[1]) Die erste Stelle nimmt Kohlensäure ein, deren Verbrauch in Deutschland ca. 15000 Tonnen beträgt; zum Transport sind 20 Kesselwagen vorhanden. An zweiter Stelle ist Schwefeldioxyd zu bezeichnen, von dem ca. 2500 Tonnen pro Jahr befördert werden. An Kesselwagen für Schwefeldioxyd waren 15 Stück vorhanden.

sphären gegen 250 der Kohlensäurebehälter vor, so daß das Mehrgewicht der Behälter, welches durch das größere Volumen des Ammoniaks (0,62 spez. Gew. gegen 0,83 der Kohlensäure) bedingt ist, durch die aus der geringeren Wandstärke der Ammoniakbehälter sich ergebende Gewichtsersparnis ausgeglichen wird."

Der Antrag wurde abgelehnt und auf Grund des § 35 der Tarifvorschriften werden vorläufig wenigstens nur Kohlensäure und wasserfreie schweflige Säure in Gefäßwagen befördert.

Über die Art der Verteilung von Flüssigkeit und Gas in einer solchen Stahlflasche von 18,6 l, die mit 10 kg flüssigem Ammoniak gefüllt ist, liegen Angaben von LANGE vor (Z. f. angew. Chem. 1903, S. 511—513).

Temperatur in °C.	Flüssigkeit	Gas	Flüssigkeit	Gas	Der Gasraum beträgt vom Gesamtraum Proz.
	Gewicht in Kilogr.		Volumen in Liter		
— 30	9,9975	0,0025	14,89	3,71	20,0
— 25	9,997	0,003	15,02	3,58	19,2
— 20	9,996	0,004	15,16	3,44	18,5
— 15	9,995	0,005	15,30	3,30	17,7
— 10	9,994	0,006	15,45	3,15	16,9
— 5	9,9925	0,0075	15,60	3,00	16,1
0	9,991	0,009	15,76	2,84	15,3
5	9,9895	0,0105	15,92	2,68	14,4
10	9,987	0,013	16,09	2,51	13,5
15	9,9855	0,0145	16,27	2,33	12,5
20	9,983	0,017	16,45	2,15	11,5
25	9,980	0,020	16,65	1,95	10,5
30	9,977	0,023	16,86	1,74	9,4
35	9,973	0,027	17,08	1,52	8,2
40	9,9695	0,0305	17,32	1,28	6,9

Der Gasraum der Transportflasche verkleinert sich mit steigender Temperatur, bis die Flasche bei ca. 62° mit Flüssigkeit ganz angefüllt ist. Das Gewicht des im Gasraum erhaltenen Ammoniaks nimmt mit steigender Temperatur bis 40° zu: zwischen 40 und 60° muß aber ein Punkt liegen, von dem ab eine Abnahme des Gewichtes des gasförmigen Ammoniaks eintritt. Zwischen — 30° und 0° ist die Verkleinerung des Gasraumes ganz gleichmäßig und beträgt für jeden Grad Temperaturerhöhung 0,16 % des Flaschenraumes. Über 0° verkleinert sich der Gasraum etwas rascher, immerhin aber beträgt die Verkleinerung zwischen 0 und 40° für jeden Grad nur 0,21 % des Flaschenraumes; bei den Temperaturen bis + 40° ist mithin mindestens 99,7 % des Füllungsgewichtes der Flasche als Flüssigkeit darin enthalten.

Recht anschaulich sind diese Verhältnisse durch eine von Lange herrührende graphische Darstellung der Abhängigkeit des Gasraumes von der Temperatur in Stahlflaschen, die mit verschiedenen verflüssigten Gasen gefüllt sind, zum Ausdruck gebracht worden:

Flasche	I,	von 13,4 l	Inhalt,	gefüllt mit	10	kg	flüssiger Kohlensäure.
„	II,	„ 18,6 „	„	„	„ 10	„	flüssigem Ammoniak.
„	III,	„ 8,0 „	„	„	„ 10	„	flüssig. Schwefeldioxyd.
„	IV,	„ 9,0 „	„	„	„ 10	„	flüssigem Chlor.

In dem beigefügten Diagramm bezeichnen die Ordinaten, wieviel Prozent des Gesamtraumes der Flaschen durch Gas eingenommen ist, und die Abszissen die zugehörigen Temperaturen. Die Kurven zeigen, daß die mit Kohlensäure gefüllten Flaschen bei — 30° den größten Gasraum haben, daß sich dieser aber im Verhältnis zu den übrigen verflüssigten Gasen außerordentlich schnell verkleinert. Bei SO_2, NH_3 und Cl_2 zeigt sich eine fast ganz gleichmäßige Verkleinerung.

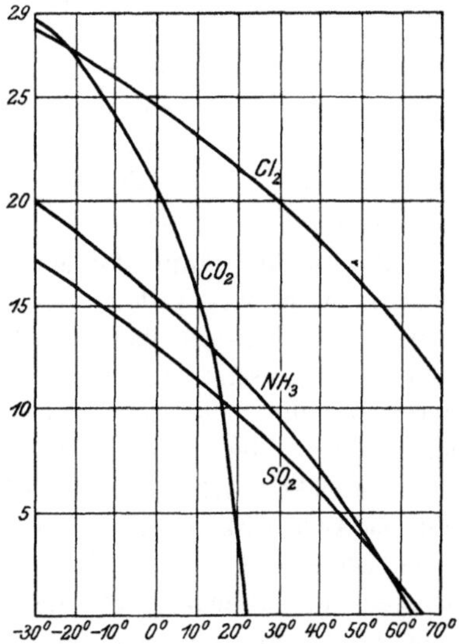

Da die Zusammendrückbarkeit des flüssigen Ammoniaks, wie jeder Flüssigkeit, sehr gering ist, so ist zur Verhütung der Explosionsgefahr zu vermeiden, es darauf ankommen zu lassen, daß der ganze Flaschenraum mit Flüssigkeit gefüllt wird.

Die folgende Zusammenstellung der Zahlen für die Zusammendrückbarkeit des Ammoniaks, Schwefeldioxyds und Chlors im flüssigen Zustande sei einer Veröffentlichung von Lange (Z. f. angew. Chem. 1900, S. 685) entnommen.

Schweflige Säure:		Ammoniak:		Chlor:	
Temperatur	Zusammendrückbarkeits-Koeffizient	Temperatur	Zusammendrückbarkeits-Koeffizient	Temperatur	Zusammendrückbarkeits-Koeffizient
14,4	0,000 132	14,6	0,000 130	—	—
—	—	36,8	0,000 183	35,4	0,000 225
66,8	0,000 271	65,7	0,000 317	64,9	0,000 366
90,0	0,000 467	—	—	91,4	0,000 637

Nach Messungen von LANGE[1]) (Chem. Industrie 1898, Bd. 21 S. 191) beträgt die Drucksteigerung des technischen flüssigen Ammoniaks in einer Stahlflasche, wenn sie ganz mit flüssigem Ammoniak gefüllt ist:

Temperatur	Beobachteter Druck in Atmosphären	Temperatur	Beobachteter Druck in Atmosphären
65,7	31	68,7	70
66,2	39	69,2	76
66,7	46	69,7	82
67,2	52,5	70,2	88
67,7	58,5	70,5	91
68,2	64	70,7	94

Wird dafür gesorgt, daß die Stahlflaschen unter keinen Umständen mit mehr Ammoniak gefüllt werden, als es den oben erwähnten Vorschriften entspricht, und daß sie nicht der direkten Hitze (Sonnen-, Ofenstrahlung) ausgesetzt bleiben, so bietet die Hantierung mit denselben keinerlei Gefahr. Von den 24 Explosionen von Flaschen mit komprimierten Gasen, die in den sieben Jahren 1895—1902 zur Kenntnis der Öffentlichkeit gelangten, entfällt nur eine Explosion auf eine mit flüssigem Ammoniak gefüllte Flasche, die bei geschlossenem Ventil im Wasserbade erhitzt wurde. Über die Beschaffenheit der Ventile, Zweckmäßigkeit der Anwendung von Sicherungsvorrichtungen, sowie über die Explosion von Flaschen mit verflüssigtem Ammoniak bei absichtlicher Erhitzung derselben liegen ausgedehnte Untersuchungen und reich illustrierte Veröffentlichungen von LANGE (Z. f. angew. Chem. 1902, S. 523 und S. 1307—1317) vor, in welchen auch die Sprengversuche mit Ammoniakflaschen, die die staatlich eingesetzte Parlamentskommission in England im Jahre 1895 ausführte, berücksichtigt sind, auf die jedoch hier nicht näher eingegangen werden kann.

[1]) Vergl. außerdem LANGE, Zeitschr. f. komprimierte und flüssige Gase Bd. 3 S. 105—108.

Wie aus den an anderer Stelle erwähnten Arbeiten von GOODWIN und THOMPSON, von FRENZEL, von FRANKLIN und KRAUS hervorgeht, bedarf das käufliche flüssige Ammoniak des Handels eines umständlichen Reinigungsverfahrens, um von den verschiedenen mitgeführten Verunreinigungen befreit zu werden.

Nach LANGE und HERTZ[1]) (Zeitschr. f. angew. Chem. 1897, Bd. 10 S. 224—228) hinterläßt das flüssige Ammoniak, wie es in Deutschland zum Verkaufe gelangt, beim ruhigen Verdunsten an der Luft 0,9 bis 1 % Rückstand; außerdem enthält es einige gasförmige oder leichtflüssige Verunreinigungen, die von dem verdunstenden Ammoniak fortgeführt werden. Der Rückstand besteht aus einer braunen Flüssigkeit vom spezifischen Gewicht 0,87; der fraktionierten Destillation unterworfen, ergibt dieselbe außer einem Rückstand von Eisenoxyd zwei Hauptfraktionen, von denen die eine zwischen 70 und 90° und die andere zwischen 116 und 130° übergeht.

Die erzielten Destillate sind keine einheitlichen Körper, sondern Gemenge von Wasser, Pyridinen, Acetonitril, Äthylalkohol und ein wenig Maschinenöl; auch Ammoniumcarbonat, Benzol und Naphtalin sind gelegentlich darin enthalten. Für das amerikanische Ammoniak hat v. STROMBECK[2]) als Verunreinigungen — allerdings ohne genaue Identifizierung — angegeben: Methylalkohol, Aceton, Äthyl- und Isopropylalkohol, ferner Ammoniumcarbonat, -sulfat, -chlorid und -sulfid.

Zur Untersuchung des flüssigen Ammoniaks empfehlen LANGE und HERTZ die Versandflasche, deren Inhalt untersucht werden soll, horizontal auf einen Bock zu legen und an das Ventil ein offenes Stahlröhrchen anzuschrauben. Durch Öffnen des Ventils läßt man etwa 20 bis 50 g in einen darunter gestellten Erlenmeyer-Kolben einfließen. Der vorher tarierte Kolben wird dann mit dem Ammoniak und dem aufgesetzten Stopfen rasch gewogen. Der Stopfen ist zweimal durchbohrt und trägt ein Kaliröhrchen und ein rechtwinkelig gebogenes Glaßrohr; letzteres ist geschlossen, ersteres geöffnet, so daß das verdunstende Ammoniak das Kalirohr passieren muß. Bei gewöhnlicher Zimmertemperatur ist in 2 bis 3 Stunden der ganze Kolbeninhalt verdunstet, event. wird die Verdunstung durch gelegentliches Umschütteln etwas beschleunigt. Der Rückstand, der je nach seiner Zusammensetzung größere oder geringere Mengen Ammoniak gelöst enthält, wird

---

[1]) Wochenschrift f. Brauerei, Berlin, Bd. 15 S. 93.

[2]) Journal of the FRANKLIN Institute 1892, Bd. 134 S. 58 und 165.

auf höchstens 40° erwärmt und dann wird trockene Luft durch den Kolben hindurchgeleitet. Nach Zupfropfen der beiden Rohre wird der Apparat wieder gewogen und so der Rückstand bestimmt.

Durch eine Reihe von Stichproben sowie durch besonders angestellte Versuche konnten sich LANGE und HERTZ überzeugen, daß der Inhalt der Stahlflaschen recht homogen ist. So ergaben drei der liegenden Flasche entnommene Proben 0,9, 0,9 und 1,0 % Rückstand, 2 Proben aus derselben auf den Kopf gestellten und längere Zeit der Ruhe überlassenen Flasche ergaben beide 0,9 % Rückstand. Zum weiteren Beweise wurden Salmiak, Alkohol und Pyridin, die hauptsächlichsten nachgewiesenen Verunreinigungen, im stark gekühlten Zustande und in wechselnden Verhältnissen mit flüssigem Ammoniak in offenem Glase versetzt. Stets entstanden gleichmäßige Flüssigkeitsgemische bezw. Lösungen, niemals trat eine Schichtung ein. Bei dem Versuche, Benzol mit flüssigem Ammoniak im offenen Gefäße zu versetzen, wurde ein Teil des Benzols fest; in der klar abgegossenen Flüssigkeit waren 6 % Benzol gelöst. Nur Maschinenöl löste sich in flüssigem Ammoniak nicht. LANGE und HERTZ weisen ferner auf die folgende Eigentümlichkeit hin: Den bei der soeben beschriebenen Bestimmung des Rückstandes erhaltenen Resultaten kann doch nur relativer Wert beigemessen werden, da ja in der Zeit, während welcher man die benötigten 20 bis 50 g auffing, eine nicht unbeträchtliche Menge Ammoniak gasförmig werden mußte, damit der flüssig aufgefangene Teil die für sein Bestehen ohne Überdruck nötige Temperatur von — 38° erlangen konnte. Da nun durch Versuche festgestellt wurde, daß bei der gew. Manipulation etwa das Doppelte von der Menge, welche man in dem Erlenmeyer-Kolben wog, der Stahlflasche entnommen wurde, so könnte man annehmen, daß die Ergebnisse der Rückstandbestimmung infolgedessen doppelt so hoch ausfallen, als es den eigentlichen Verunreinigungsmengen entspricht. In der Wirklichkeit scheint es jedoch nicht zuzutreffen. Aus derselben Versandflasche wurden Proben von je 33 g in $^1/_4$, in 1 und in 5 Minuten entnommen und 0,9, 0,9 und 1 % Rückstand gefunden; dann ließ man den gesamten Inhalt der Flasche (19,5 kg) innerhalb von etwa 36 Stunden freiwillig verdunsten und es hinterblieb ein Rückstand von 185 ccm mit dem spezifischen Gewicht 0,84, was 0,84 % entspricht. Der Rückstand enthielt noch 3 % Ammoniak. Nicht ausgeschlossen ist es, daß bei freiwilliger Verdunstung ein Teil der Verunreinigungen mitfortgerissen wird.

Auf Grund der zur Kontrolle ausgeführten Verdunstungsversuche mit flüssigem Ammoniak, dem bestimmte Mengen von Wasser, Alkohol,

Benzol, Kompressoröl zugeführt wurden, und der der wirklichen Zusammensetzung entsprechenden Resultate, sowie des bereits erbrachten Beweises, daß das flüssige Ammoniak mit etwaigen darin vorhandenen Verunreinigungen in der Versandflasche eine durchaus einheitliche Flüssigkeit bildet, gelangen LANGE und HERTZ zu dem Schluß, daß man in diesem Falle die Gewichtsanalyse durch die volumetrische Bestimmung ersetzen kann.

Für die volumetrische Bestimmung, welche speziell in Hinsicht auf Ingenieure und Maschinenführer der Kühlanlagen ausgearbeitet worden ist, wird ein 30—40 mm weites Glasrohr verwendet, an welches ein anderes, mindestens 1,1 ccm fassendes enges Rohr von ca. 5 mm lichter Weite angeschmolzen ist. Im ganzen faßt der Apparat ca. 100 ccm; bis zur Marke faßt er aber nur 49 ccm, entsprechend 33,3 g flüssiges Ammoniak vom spezifischen Gewicht 0,68. Der engere untere Teil des Apparates mit einem Hohlraum von 1,1 ccm ist in 15 Teile graduiert, so daß bei Annahme des spezifischen Gewichts des Rückstandes zu 0,9 jede Teilung 0,2 $^0/_0$ Rückstand entspricht.

Nachdem das Rohr bis zur Marke mit flüssigem Ammoniak gefüllt ist, wird ein mit einem Kerb versehener Korkstöpsel aufgesetzt und dann der Inhalt der freiwilligen Verdunstung überlassen. Es tritt ein meist ganz gleichmäßiges Aufkochen vom unteren Teil heraus durch die Flüssigkeitsschicht ein und in etwa 3 Stunden ist der Versuch beendet. Man kann durch Einsetzen des Rohres mit seinem engen Teile ins Wasser die Verdunstung ohne Gefahr für die Genauigkeit so beschleunigen, daß schon in $^1/_2$ Stunde die ganze Flüssigkeitsmenge verdunstet ist.

Ein Fehler der Methode liegt darin, daß in dem Rückstande Ammoniak gelöst bleibt, was jedoch nur dann in Frage kommt, wenn das untersuchte flüssige Ammoniak stark wasserhaltig war, weil dann der Rückstand ca. 25 $^0/_0$ Ammoniak zurückhalten kann. Die in demselben Jahre veröffentlichten Untersuchungsmethoden für flüssiges Ammoniak von BUNTE und EITNER[1]) und von URBAN[2]) wurden von LANGE und HEFTER (Chem. Industrie 1898, Bd. 21 S. 2—7) durch eine größere Reihe von Parallelbestimmungen mit der soeben geschilderten Methode verglichen.

Nach BUNTE und EITNER wird eine Glaspipette, die an jeder Seite durch einen Hahn verschlossen wird, mit Ammoniak aus der Stahlflasche

---

[1]) Journ. Gasbeleuchtung und Wasserversorgung 1897, S. 174.

[2]) Chemiker-Zeitung 1897, S. 720.

beschickt und gewogen. Man stellt die Pipette senkrecht, verbindet sie mit drei hintereinander geschalteten, mit festem Ätzkali gefüllten, genau gewogenen Trockenröhren und öffnet den oberen Hahn der Pipette so weit, daß das gasförmige Ammoniak im langsamen Strome durch die Kaliröhren entweicht. Nachdem das flüssige Ammoniak verdunstet ist, legt man die Pipette horizontal in ein Luftbad, welches allmählich auf 70—80° erhitzt wird, und läßt einige Zeit einen getrockneten und von Kohlensäure befreiten Luftstrom durch den Apparat treten.

Urban hat diese Methode insofern vereinfacht, als er einerseits die Kaliröhren und den Luftstrom fortließ und andererseits den Verdunstungsrückstand von der unter Druck abgelassenen Ammoniakprobe auf 30° erwärmte und abwog. Lange und Hefter sehen in dieser Vereinfachung der Bunte-Eitnerschen Methode schon insofern eine wesentliche Verbesserung derselben, als beim Erwärmen auf 70—80° ein bedeutender Teil der Verunreinigungen mitfortgeführt wird. Aber auch die Urbansche Methode ergab viel zu geringe Werte und erwies sich namentlich, wo es sich um kleine Verunreinigungsmengen handelte, als nicht zuverlässig. Ihrer eigenen Methode, welche etwas zu hohe Werte ergibt, geben Lange und Hefter schon deshalb den Vorzug, weil ihr Apparat recht einfach ist und keine Glashähne, die beim Arbeiten mit verflüssigten Gasen sehr hinderlich sind, aufweist; denn sind die Hähne etwas stark gefettet, so fliegen sie unter dem Druck des flüssigen Ammoniaks leicht heraus, und haben sie zu wenig Fett, so ist die Regulierung schwer.

In der Kühltechnik in Australien und Amerika[1]) begnügt man sich mit der Prüfung des Siedepunktes des flüssigen Ammoniaks. Zur Untersuchung sollen etwa 200 g flüssigen Ammoniaks direkt aus der Flasche in ein offenes Glas abgelassen werden und das Thermometer soll möglichst wenig bewegt werden. Es wird verlangt, daß der Siedepunkt höchstens —28,6° Fahrenheit oder —33,7° C. betrage; niedrigere Siedepunkte weisen auf ein reineres, höhere auf ein unreineres Ammoniak hin. Diese Methode muß schon auf Grund der Beobachtungen, die Regnault[2]) über das sehr unruhige und unregelmäßige Sieden der sich selbst überlassenen Ammoniakflüssigkeit machte, als recht unzuverlässig betrachtet werden, und Lange wies nach, daß man bei Ammoniakproben von 0,1 und 1,0 % Verunreinigung bei Prüfung nach amerikanischer Art keine Unterschiede findet.

[1]) Faurot, Ice and Refrigeration 1897, S. 180.
[2]) Mem. de l'acad. 1862, Bd. 26 S. 608; vgl. S. 9 dieses Kapitels.

Zur genauen Untersuchung des flüssigen Ammoniaks empfiehlt Lange, eine Probe aus der Versandflasche in ein stark gekühltes Glasrohr übertreten zu lassen, dasselbe zuzuschmelzen, abzuwägen und nach bekannten Methoden das Ammoniak in der abgewogenen Menge zu bestimmen.

C. Versuchstechnik.

Einige beim Arbeiten unter niedrigen Temperaturen sehr nützliche Ratschläge gibt Walther Hempel (Ber. d. D. Chem. Ges. 1898, Bd. 31 S. 2993—2997).

Da die Anwendung von Dewarschen doppelwandigen evakuierten Glasgefäßen sehr kostspielig ist, stellte Hempel Versuche mit anderen Isolierungen an und fand, daß trockene, bei 100° getrocknete Schafwolle sowie Baumwolle und Seide hierbei sehr gute Dienste erweisen. Reagenzröhren von 40 mm Durchmesser mit einer Kältemischung, welche ursprünglich die Temperatur von — 79° C. zeigte, wiesen nach einer Stunde noch — 58 bis — 60° und nach $1^1/_2$ Stunden — 43 bis — 50° auf.

Zur Erhaltung von fester Kohlensäure wird der Zylinder mit Kohlensäure schief gelegt, das Verschlußstück nach unten gerichtet (es ist unzweckmäßig, die Flasche ganz senkrecht zu stellen, da sonst beim Öffnen des Ventils leicht etwas Eisenschlamm in das Ventil kommt) und ein passendes Endstück an das Ventil angeschraubt. Hierauf faltet man einen Leinwandsack um das Rohrstück und umfaßt Sack und Rohrstück fest mit der linken Hand, die man gegen die Einwirkung der Kälte mit einem Handschuh geschützt hat. Die feste Kohlensäure läßt sich aus dem Sack leicht durch Schütteln entfernen und man erhält auf diese Weise 270—300 g feste Kohlensäure aus einem Kilogramm flüssiger. Ein Kilogramm fester Kohlensäure stellt sich mithin auf ca. 2 Mk. Die stärksten Temperaturerniedrigungen erhält man, wenn man auf die feste Kohlensäure so viel Äther gießt, daß ein nicht zu steifer Brei entsteht. Die niedrige Temperatur erhält sich selbst dann, wenn nur ganz wenig von der festen Kohlensäure im Äther zurückbleibt.

Unter dem Hinweis, daß man jetzt Versuche auf einem Gebiete von + 3500° (Temperatur des Lichtbogens) bis — 225° (Siedepunkt des Wasserstoffs) ausführen kann, macht Moissan (C. R. 1901, Bd. 133 S. 768—771 und Bullet. de Soc. Chim. [3], Bd. 27 S. 420—429) einige Mitteilungen über seine Arbeitsweise bei niedrigen Temperaturen:

Cailletet und Gallardeau teilten 1888 mit, daß man mittels eines Gemisches von fester Kohlensäure und Schwefeläther eine Temperatur von — 77°, mit Chlormethyl — 82°, mit Schwefeldioxyd — 81°, mit Acetamylester — 78°, mit Phosphortrichlorid — 76°, mit absolutem Alkohol — 72° erhalten kann. Wendet man dabei, wie es FARADAY vorgeschlagen hat, noch ein Vakuum an, so lassen sich mit Chlormethyl — 106° erhalten.

MOISSAN wiederholte einige dieser Versuche in einem Glase mit doppelten Wänden und luftleerem Zwischenraum (DEWARS Gefäße). In das Glas wurde ein Gemisch von fester Kohlensäure und der zu untersuchenden Flüssigkeit hineingebracht, und um die Verdunstung zu beschleunigen, wurde durch die Mischung ein starker Luftstrom durchgeleitet. Durch Einschaltung von Röhren, von denen die erste mit Schwefelsäure getränkten Bimsstein, die zweite Chlorcalcium enthält, wird der Luftstrom scharf getrocknet.

Wird dabei der Luftstrom vorher nicht gekühlt, so erhält man bei Anwendung von Gemischen von fester Kohlensäure mit:

Äthyl oder Methylalkohol die konstante Temperatur von — 85°,
Methylchlorid oder noch besser Äthylaldehyd von . . . — 90°,
Acetessigäther, welcher mit fester Kohlensäure eine Art Verbindung einzugehen scheint, von . . . . — 95°,
Aceton von . . . . — 98°.

Kühlt man aber den Luftstrom mittels einer Acetonmischung auf — 80° ab und läßt die so abgekühlte Luft durch ein zweites Gefäß mit Aceton und flüssiger Kohlensäure passieren, so erhält man eine Temperatur von — 110°. Noch niedrigere Temperaturen lassen sich mittels verflüssigter Luft oder noch besser mittels verflüssigtem Sauerstoff erhalten und man kann auf diese Weise Temperaturen von — 182,5° erzeugen.

Für Versuche unter Druck werden meistens zugeschmolzene Röhren aus Kristallglas angewandt. Um einem Druck von 200 Atmosphären zu widerstehen, genügen Röhren bei 6 mm lichter Weite von 10 mm äußerem Durchmesser; für stärkeren Druck wendet MOISSAN Glasröhren von ca. 7 mm äußerem Durchmesser und 3 mm lichter Weite an. Für einen Druck von 300 Atmosphären werden Röhren von 6 mm äußerem Durchmesser und 1,5 lichter Weite genommen. In solchen Röhren lassen sich die Gase (wie z. B. verflüssigtes Acetylen, verflüssigtes Jodwasserstoffgas usw.) aufbewahren und trocknen.

Die Ausführung solcher Reaktionen, bei welchen das Freiwerden von Wasserstoff zu erwarten ist, darf in zugeschmolzenen Röhren nicht unternommen werden, weil sie dem Wasserstoffdrucke meistens nicht widerstehen. Ist ein Glasrohr auf sehr niedrige Temperaturen (— 180°)

gebracht worden, so hält es meistens nur dann das Zurückgehen auf die gewöhnliche Temperatur aus, wenn die Anwärmung äußerst langsam vorgenommen wird. Daß überhaupt beim Arbeiten mit geschlossenen Röhren, die hochgespannte Gase enthalten, die äußerste Vorsicht geboten ist, ist naheliegend.

Was speziell das Arbeiten mit verflüssigtem Ammoniak anbetrifft, so kann man sich nach Stock und Hoffmann (Ber. D. Chem. Ges. 1903, Bd. 36 S. 895—900) entweder gewöhnlichen Biegrohres oder sogenanten „doppeltgekühlten" leicht schmelzbaren Glasrohres bedienen. Diese beiden Glassorten werden von den meisten verflüssigten Gasen (Schwefeldioxyd, Ammoniak, chlorwasserfreie Halogenwasserstoffsäuren, Schwefelwasserstoff, Phosphor- und Arsenwasserstoff) nicht oder fast gar nicht angegriffen, was für Ammoniak von Franklin und Kraus durch Messung der Leitfähigkeit experimentell nachgewiesen wurde; auch halten die aus diesem Glas angefertigten Röhren hohen Druck gut aus, sobald man bei ihrer Auswahl mit einiger Vorsicht verfährt. „Man verwerfe Stücke mit Blasen im Glas oder mit Schrammen auf der Oberfläche; in Anbetracht des hohen Druckes, um den es sich hier meistens handelt, verwende man auf das Zuschmelzen und Kühlen besondere Sorgfalt; Boden und Kapillare seien vollständig gleichmäßig in der Stärke, am zweckmäßigsten nicht dicker als die übrige Röhre."

„Was nun die Dicke und Weite der zu verwendenden Röhren betrifft, so soll man die Wandstärke so gering als möglich wählen, weil dadurch dann die Gefahr des Springens beim Abkühlen bedeutend vermindert wird. Röhren von 1,2 mm Wandstärke und 10 mm lichter Weite hielten flüssigem Ammoniak bei 100° (etwa 60 Atmosphären Druck) stets stand. Bei größerer innerer Weite — bis 20 mm — vergrößere man die Wandstärke auf 2 mm; über 20 mm lichte Weite hinauszugehen, empfiehlt sich nur dann, wenn die Röhren nicht erhitzt werden sollen; zur Verarbeitung größerer Substanzmengen wähle man lieber längere Röhren. Die von Moissan empfohlene Anwendung von sehr starkwandigen Röhren ist wahrscheinlich auf die geringere Widerstandskraft des gewöhnlichen französischen Glases zurückzuführen."

Zur Kondensation bedienen sich Stock und Hoffmann als Kühlmittel eines mit flüssiger Luft gekühlten Alkoholbades oder aber eines von Ruff und Fischer (Ber. D. Chem. Ges. 1903, Bd. 36 S. 429) beschriebenen Bades mit Petroläther von dem Siedepunkt + 35° (um eine Trübung infolge Ausscheidung leichter erstarrender Kohlenwasserstoffe zu verhüten); in den Petroläther wird ein mehrfach hin und her gebogenes, sich stetig erweiterndes Rohr *B* (Fig. 1) eingehängt, durch welches mit Hilfe eines Stromes trockener Luft aus einem Gasometer die flüssige Luft durchgetrieben wird. *A* ist eine Vorratsflasche für flüssige Luft, *c* ein Chlorcalciumrohr. Nach RUFF und FISCHER ist diese Kühlung die weitaus bequemste und sparsamste Art zur Erzeugung tiefer Temperaturen in allen Fällen, wo die flüssige Luft nicht direkt Verwendung finden kann; sie erlaubt auch beliebig tiefe Temperaturen innerhalb einiger Grade beliebig lange konstant zu erhalten.

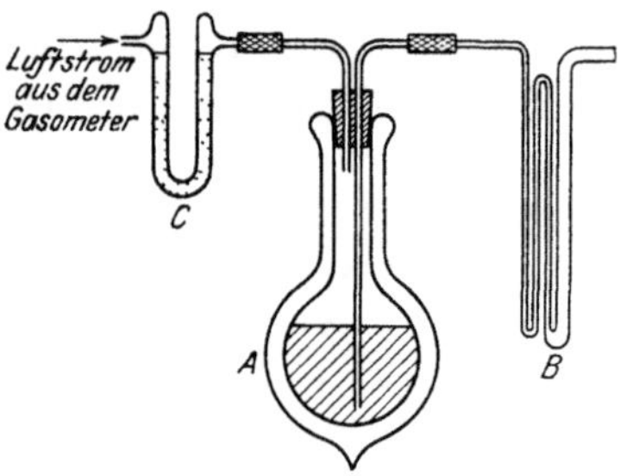

Fig. 1.

Als Bad wird ein hohlwandiges Gefäß (nach DEWAR oder WEINHOLD, vergl. Fig. 2),[1]) dessen Rand durch eine Gummikappe[2]) vor Berührung mit flüssiger Luft und Springen geschützt wird, benutzt. Das zu kondensierende Gas wird durch ein langes, an seinem unteren bis auf den Boden des Rohres reichenden Ende kapillar ausgezogenes Rohr zugeleitet.

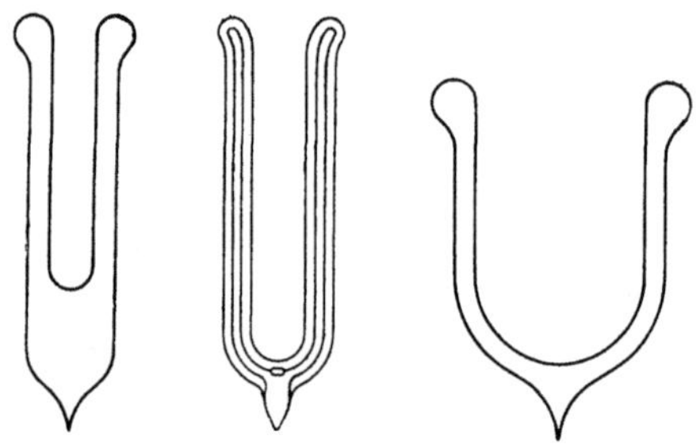

Fig. 2.

Die Verflüssigung erfolgt am vollständigsten, wenn das Rohr in bereits kondensiertes Gas eintaucht. Das Nachfüllen von flüssiger Luft in

[1]) Doppelwandige und auch vierwandige Glasgefäße werden u. a. von R. BURGER, Berlin N, Chausseestr. 2 E, geliefert.

Außerdem sei hier noch die zur Auslegung gelangte Patentanmeldung [34 e St 8467, ausgelegt am 29. 8. 04] von STOCK erwähnt, die sich auf „wärmeisolierendes Gefäß nach der Art der WEINHOLD-DEWARschen Gefäße aus Metall hergestellt" bezieht.

[2]) Nach STOCK und HOFFMANN kann durch die Anwendung dieser Gummikappen (bezogen von H. WENDT, Berlin SW., Zimmerstraße 79) an den teuren WEINHOLD-Gläsern bedeutend gespart werden.

das Alkoholbad ist bei raschem Gasstrom ungefähr alle Stunden erforderlich. Ist man genötigt, die Verflüssigung — etwa über Nacht — zu unterbrechen, so bringe man den Alkohol durch eine größere Schicht flüssiger Luft zum Gefrieren, überschichte ihn mit flüssiger Luft und verstopfe die obere Öffnung des Weinhold-Zylinders um das Rohr herum mit Watte. So hält sich verflüssigtes Ammoniak über 24 Stunden. Das Zuschmelzen des beschickten Rohres gelingt leicht, wenn man mit der linken Hand das Rohr samt dem Weinholdschen Gefäße hält, mit der rechten die Kapillare auszieht.

„Ist der Inhalt des Rohres nicht einheitlich, so muß es oft stark geschüttelt werden; in vielen Fällen ist die Verwendung von Glasperlen und Schrotkugeln zur Durchführung des Reaktionsgemisches empfehlenswert."

„Sind die Wände eines erhitzt gewesenen Rohres nach dem Erkalten mit Substanz bedeckt, die man lieber innerhalb des verflüssigten Gases sähe, so gießt man, wenn die Substanz in der Flüssigkeit löslich ist, etwas Äther auf den oberen Teil des aufrecht gestellten Rohres. Der Äther bewirkt durch seine Verdunstungskälte, daß etwas von dem verflüssigten Gase hinaufdestilliert und die Wandungen abspült. Ist die an den Glaswänden festsitzende Substanz aber unlöslich, so kann man sich oft dadurch helfen, daß man das Rohr in flüssige Luft taucht: die Temperaturerniedrigung veranlaßt meist Abspringen der Substanzkrusten von den Rohrwandungen."

Zur Vermeidung von Unfällen ist es zweckmäßig, vor dem Öffnen der Einschmelzröhren den Rohrinhalt in flüssiger Luft zum Erstarren zu bringen; je nachdem man dann das offene Rohr in einen einfachen leeren Glaszylinder oder in ein doppelwandiges Glasgefäß stellt, erfolgt die Verdampfung mehr oder weniger rasch.

Zum Filtrieren verwendet Ruff ein mit Glaswolle oder anderem Filtriermaterial beschicktes Röhrchen, welches in ein mit Ausfluß versehenes hohlwandiges Gefäß (Fig. 3 auf der nächsten Seite) eingesetzt ist.

In vielen Fällen empfiehlt sich die Anwendung der von Walden und Centnerszwer, Stock und Hoffmann u. a. beschriebenen „Filtrierröhren" (Fig. 4), in denen getrocknete Watte als Filtriermaterial angewandt werden kann. Indem man das eine oder andere Ende eines solchen Rohres wärmt oder kühlt, kann das Lösungsmittel von einer Rohrabteilung in die andere abdestilliert oder abgesaugt werden.

Um ein ununterbrochenes Auswaschen oder Extrahieren von Substanzen mit verflüssigten Gasen zu bewerkstelligen, wenden Stock und HOFFMANN ein schwach eingeschnürtes Rohr nach Fig. 5 an; in der Einschnürung befindet sich eine Schicht Filtrierwatte mit einem etwa 4 mm weiten, unten abgeschrägten Röhrchen. Der untere Teil des Apparates wird nun durch warmes Wasser oder wärmende Bleischlange zum Sieden gebracht und die durch das Röhrchen in den oberen Teil gelangenden Dämpfe werden durch eine Kühlschlange aus Blei kondensiert und laugen die auf der Filtrierwatte sich befindende Substanz, die extrahiert werden soll, aus.

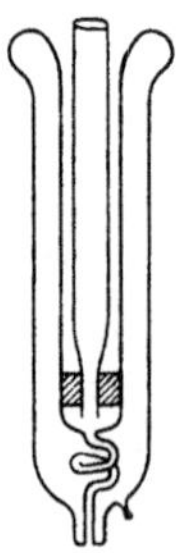

Fig. 3.

Fig. 4.

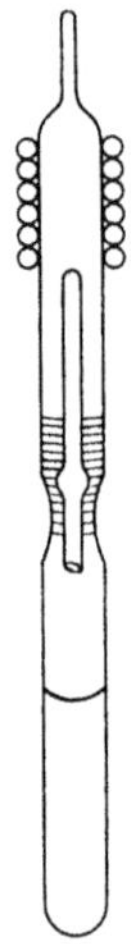

Fig. 5.

„Alle beschriebenen Manipulationen werden hinter mindestens 7 mm starken Glasscheiben von 60 cm Breite und 90 cm Höhe unter dem Abzuge ausgeführt. Starke Lederhandschuhe und Stulpen gewähren den Händen selbst dann hinreichenden Schutz, wenn ein gerade in der Hand gehaltenes Rohr explodiert. Man vermeide beim Halten eines gefüllten Rohres, mit der Hand über die Spitze zu kommen, weil diese bei einer Explosion die größte Durchschlagskraft zu haben und das gefährlichste Sprengstück zu sein pflegt. Ist man genötigt, ein mit einem verflüssigten Gase gefülltes Rohr hinter der schützenden Scheibe hervorzuholen, so versäume man niemals, Schutzbrille und Drahtmaske anzulegen."

Zweites Kapitel.

Verflüssigende Wirkung des Ammoniakgases und die Absorption des Ammoniaks durch verschiedene Körper.

A. Diverssche Flüssigkeit.

Das flüssige Ammoniak, dessen wichtigste physikalische Eigenschaften im vorhergehenden Abschnitt besprochen worden sind, kann durch starken Druck bei gewöhnlicher Temperatur, durch starke Abkühlung oder auch durch gleichzeitige Anwendung dieser beiden Faktoren aus Ammoniakgas erhalten werden.

Beim Arbeiten mit flüssigem Ammoniak darf nie außer acht gelassen werden, daß die Flüssigkeit unter normalem Druck bereits bei ca. 35° C. unter 0 siedet, was vielleicht das Haupthindernis zu dessen weiterer industrieller Verwendung als chemisches Reagens bis jetzt bildete.

Es gibt aber eine Art von flüssigem, wasserfreiem Ammoniak, welche viele der wertvollen chemischen Eigenschaften des gewöhnlichen flüssigen Ammoniaks zeigt, die aber viel haltbarer ist und mit der sich selbst bei Zimmertemperatur hantieren läßt. Diese Flüssigkeit entsteht durch Absorption von wasserfreiem Ammoniakgas durch einige wasserfreie Salze und ist von Divers (Proceedings of Roy. Soc. of London, Bd. 21 S. 109 und Philosophic. Transact. of Roy. Soc. of London 1873, Bd. 163 S. 359—377) näher untersucht worden.

Im folgenden sind die von ihm gemachten Beobachtungen, soweit sie chemischer Natur sind, unverkürzt wiedergegeben.

Wird trocknes Ammoniakgas über salpetersaures Ammoniak geleitet, so absorbiert das Salz sehr beträchtliche Mengen des Gases und bildet dabei eine Flüssigkeit, deren Zusammensetzung je nach der Temperatur und Druck, bei welchen die Absorption stattfand, verschieden ist. Die Flüssigkeit ist ihrem Verhalten nach ganz analog einer wässerigen Salzlösung und das ganze Phänomen läßt sich mit dem „Zergehen", Flüssigwerden von gewissen Salzen in einer feuchten Atmosphäre vergleichen. Die Versuche wurden mit wasserfreien Präparaten ausgeführt und das Ammoniakgas wurde mittels Ätzkali getrocknet.

Die Verflüssigung findet schon bei gewöhnlicher Temperatur statt; allerdings geht dieselbe viel rascher vor sich, falls die Gefäße mit Eis gekühlt werden. Zuerst zergeht das Salz, dann bildet sich eine homogene Flüssigkeit, die noch weitere Mengen von Gas absorbieren bezw. verflüssigen kann. Andererseits kann eine solche mit Ammoniakgas gesättigte Flüssigkeit weitere Mengen Ammoniumnitrat auflösen. Eine Temperaturerhöhung der Lösung erhöht ihr Lösungsvermögen für das Ammoniumnitrat und bewirkt die Abnahme des Absorptionsvermögens dieses Salzes für das Ammoniakgas. Kühlt man dagegen eine solche mit Ammoniumnitrat gesättigte oder beinahe gesättigte Lösung ab, so kristallisiert das Salz in langen Prismen aus. Erhöht man die Temperatur, so lösen sich die Kristalle wieder — das Ganze verhält sich mithin wie eine wässerige Lösung. Wird nun die genannte Flüssigkeit warm, so entweicht das Ammoniakgas, wobei die Lösung aussieht, als ob sie siedet, ohne aber dabei aufzuwallen. Auch die Überhitzungs- sowie die Überkühlungs-Phänomene lassen sich an dieser Flüssigkeit beobachten. Läßt man die Flüssigkeit in einem offenen flachen Gefäß stehen, so bedeckt sie sich sehr rasch mit einem zusammenhängenden, durchsichtigen Häutchen, so daß das Ganze wie eine Gallerte aussieht. Das Häutchen schließt die Flüssigkeit dicht ab, so daß dieselbe selbst zu trockenen Zeiten nur sehr langsam verdunstet. Die Lösung ist farblos und beweglich wie eine wässerige Salzlösung und riecht, falls sie durch das Häutchen nicht bedeckt ist, stark nach Ammoniak. Jedoch greift sie die Finger nicht an, wie es bei anderen alkalischen Lösungen der Fall ist, und scheint keine ätzende Kraft zu haben. Kommen ein paar Tropfen davon auf unsere Haut, so verdampft die Flüssigkeit, ruft ein leise knisterndes Gefühl hervor, hinterläßt aber keine Empfindung der Kälte.

Die Menge des durch das Ammoniumnitrat kondensierbaren Ammoniakgases hängt von Temperatur und Druck ab und scheint in keinem Zusammenhange mit den Molekulargewichten dieser Verbindungen zu stehen.

Unter normalem Luftdruck und bei 0^{0} kann das Nitrat genau die Hälfte seines Gewichtes an Ammoniakgas kondensieren, d. h. mehr, als Wasser unter denselben Bedingungen absorbieren kann. Das Gewichtsverhältnis von 2 Teilen Salz und 1 Teile Gas entspricht etwa der Formel $3\,NH_4NO_3 \,.\, 7\,NH_3$. Zur Bestimmung der Absorptions- und Verflüssigungsfähigkeiten in bezug auf die Temperatur wurde eine mit Ammoniumnitrat etwa bei Zimmertemperatur gesättigte Ammoniakflüssigkeit langsam auf 0° abgekühlt. Durch die Beobachtung des Momentes des Beginnes der Kristallisation konnte bestimmt werden, daß, um eine gegebene Menge Ammoniumnitrat bei 0° zu verflüssigen, man mindestens etwas über 25 % (der Gewichtsmenge nach) davon an Ammoniakgas anwenden muß.

Bei Temperaturen über 23° C. hört die Absorption von Ammoniakgas durch Ammoniumnitrat auf; bei 23° C. waren zur Verflüssigung von 26 Teilen Ammoniumnitrat 100 Gewichtsteile Ammoniakgas nötig.

Der Übergang des gasförmigen Ammoniaks zu einer Flüssigkeit ist mit einer Wärmeentwickelung, dagegen die Verflüssigung des festen Ammoniumnitrates mit einer Wärmeabsorption verbunden; die freiwerdende Wärme ist jedoch größer als die absorbierte, so daß die Entstehung der in Frage kommenden Flüssigkeit stets mit einem Freiwerden von Wärme verbunden ist. Dagegen ist die Aufhebung des flüssigen Zustandes („das Zersetzen" der Flüssigkeit) mit Wärmeaufnahme verbunden, was durch die folgende Versuchsanordnung bewiesen wird. Wie schon erwähnt, hört die Verflüssigung bei 23—24° C. auf; bringt man aber das Nitrat und das Ammoniakgas bei einer Temperatur unter 23° zusammen, so steigt plötzlich die Temperatur und die Flüssigkeit zeigt 23—24° (je nach dem Barometerstand der Atmosphäre), was darauf hinweist, daß bei der Verflüssigung sich genügend Wärme entwickelt hat, um die Temperatur der Lösung auf 23° zu bringen. Leitet man dagegen durch eine solche auf 23° gebrachte Lösung Ammoniakgas, welches auf etwas über 24° vorgewärmt worden ist, durch, so steigt trotzdem die Temperatur der Lösung nicht, und ein Teil der Flüssigkeit wird auf Kosten der vom Ammoniakgas zugeleiteten Wärme zersetzt. Der Siedepunkt der bei 23° mit Nitrat gesättigten Flüssigkeit wurde als etwas über 26° liegend befunden, aber da die Flüssigkeit unregelmäßig siedet, so wird wohl der wahre Siedepunkt einige Grade tiefer liegen. Die Bestimmung des spezifischen Gewichts dieser Lösungen geschah bei 15,5° mittels eines speziell hergestellten Aräometers, dessen graduierter Teil über 7 cm lang und 6,5 mm lichter Weite war:

No.	Gewichtsteile des Ammonium-nitrates	Gewichtsteile des Ammoniak-gases	Spezifisches Gewicht der Flüssigkeit: gefunden	Spezifisches Gewicht der Flüssigkeit: berechnet	Ausdehnung von 0°—100°
1	1000	495,5	1072,5	—	etwa 1/16
2	1000	392,5	1119,95	1122,0	„ 1/17 —
3	1000	385,0	1126,05	1126,3	„ 1/17 +
4	1000	334,0	1155,9	1156,1	„ 1/17 +
5	1000	316,5	1167,05	1167,35	„ 1/18
6	1000	281,5	1191,65	1191,45	—
7	1000	272,0	1199,0	1198,55	—

Die Bestimmung No. 7 konnte nur annähernd ausgeführt werden, da das Nitrat aus dieser Lösung auszukristallisieren anfing. Die „berechneten" Werte wurden in der Weise ermittelt, daß aus den gefundenen Werten der Lösungen No. 1 und 6 das spezifische Gewicht des verflüssigten Ammoniaks (die Nitratmenge ist bei allen Versuchen dieselbe geblieben) berechnet wurde. Auf diese Weise kam Divers zu den Werten für das spezifische Gewicht von Ammoniumnitrat 1,5245 und für dasjenige des verflüssigten Ammoniaks 0,671.

Divers weist noch darauf hin, daß das von ihm berechnete spezifische Gewicht für verflüssigtes Ammoniak (0,671) größer als die von Andréeff (0,6155 bei 15,5°) und von Jolly (0,6234 bei 0°) gefundenen ist; Griffin[1]) berechnet diesen Wert unter der Annahme, daß die Dichte des Wassers konstant bleibt, zu 0,708; diese Zahl nähert sich dem von Faraday[2]) aufgestellten Werte (0,731) für verflüssigtes Ammoniak unter Druck.

Auch das aus den obigen Lösungen berechnete spezifische Gewicht für Ammoniumnitrat (1,5245) ist niedriger als die Werte, die Karsten[3]) (1,740) sowie Kopp[4]) (1,707) für festes Salz und Playfair und Joule[5]) (1,635) für in Wasser aufgelöstes Salz fanden. Divers selbst fand das

[1]) Mem. Chem. Soc. Bd. 3 S. 155.

[2]) Philos. Transactions 1845, S. 169.

[3]) Ber. Abhandlungen 1840, S. 95.

[4]) Ann. Chem. u. Pharm. 1840, Bd. 36 S. 1. Vergl. auch Thomsen (Pogg. Ann. Bd. 142 S. 337), aus dessen Veröffentlichung hervorgeht, daß das spez. Gew. für Ammoniumnitrat in wässerigen Lösungen von dem Werte 1,635 bis zu 1,5655 bei 18° (8 Teile Salz in 9 Teilen Wasser) zu variieren scheint.

[5]) Mem. Chem. Soc. Bd. 2 S. 436.

spezifische Gewicht für Ammoniumnitrat in wässeriger Lösung (12 Teile Salz in 7 Teilen Wasser) bei 15,5° zu 1,5725.

Die Ausdehnung der betreffenden Flüssigkeiten wurde aus den Werten, die bei 0° und 15° experimentell gefunden wurden, mit der Annahme berechnet, daß die Ausdehnung auch von 15,5°—100° gleichmäßig weiter verläuft.

Was die chemische Wirkung dieser Flüssigkeit anbetrifft, so verhält sich die letztere ganz wie eine einfache Lösung von Ammoniumnitrat im verflüssigten Ammoniakgas und zeigt als Lösungsmittel im großen und ganzen dasselbe Verhalten, wie das von Gore (vergl. Kapitel 3) geschilderte Verhalten des unter Druck verflüssigten Ammoniakgases.

Die quantitative Untersuchung des Verhaltens der ammoniakalischen Ammoniumnitratflüssigkeit zu den verschiedenen Reagentien bot mancherlei Schwierigkeiten, von denen besonders die oft eintretende Zersetzung der erhaltenen Verbindungen beim Zusammentreffen mit Wasser hervorgehoben sei; Divers begnügte sich mit qualitativen Versuchen.

Die hierbei zur Anwendung gelangten Substanzen waren mit nur wenigen, besonders vermerkten, Ausnahmen wasserfrei.

Brom wirkt auf die Diverssche Flüssigkeit sehr energisch ein und löst sich darin unter gleichzeitiger Stickstoffentwickelung und Bildung eines aus Ammoniumbromid bestehenden Niederschlages rasch auf. Bromsaures Salz bildet sich hierbei nicht; die Flüssigkeit bleibt farblos.

Mit Chlor wurden keine Versuche angestellt.

Jod löst sich nur langsam, aber in ziemlich großen Mengen auf, wobei Wärme frei wird. Eine Gasentwickelung findet nicht statt. Ganz kleine Mengen von Jod färben die Flüssigkeit nicht, bei Auflösung von größeren Mengen wird die Flüssigkeit undurchsichtig und tief rotbraun. Gleich beim Auflösen beginnt ein kristallinischer, scheinbar weißer Körper auszuscheiden; diese Ausscheidung schreitet immer weiter fort, bis das Ganze beinahe zu einer festen Masse erstarrt. Das Jod scheint hierbei sich entweder einfach aufzulösen oder die Millonsche[1]) Verbindung $N_2H_6J_2$ zu bilden. Bei Behandlung mit Wasser geht das Nitrat mit etwas Jodid in die Lösung über, wobei Jod mit etwas „Jodamin" vermengt zurückbleibt.

---

[1]) Ann. Chim. Phys. Bd. 69 S. 78.

Wird dieser Niederschlag der Einwirkung der Luft ausgesetzt, so bekommt er analog der MILLONschen Verbindung das Aussehen von Jod, da das Ammoniak sich verflüchtigt. Dieser Vorgang wird noch durch das Erwärmen des Niederschlages auf dem Wasserbade beschleunigt, allerdings entweichen dabei geringe Mengen von Joddämpfen. Die zurückbleibende Masse besteht aus einem Gemische von Salzen und Jod, welches durch Behandlung mit Schwefelkohlenstoff zum größeren Teil aus dem Niederschlage entfernt werden kann. Arbeitet man bei erhöhter Temperatur, so macht sich zeitweise eine Gasentwickelung bemerkbar. Der von freiem Jod befreite Rückstand besteht nur aus Ammoniumnitrat, welches mit recht bedeutenden Mengen von „Hydrojodide“ (Jodwasserstoft) vermengt ist. Da hierbei keine Bildung von jodsaurem Salz stattfand, so ist anzunehmen, daß während der verschiedenen Phasen der Behandlung der Substanz der Stickstoff in ähnlicher Weise, wie es MILLON bei seinen Untersuchungen über Jod und Ammoniak fand, entwichen sei.

Phosphor wird durch die Flüssigkeit aus Ammoniumnitrat und Ammoniakgas sehr langsam, aber durch und durch in eine braungefärbte Masse umgewandelt; an der Oberfläche derselben bildet sich eine braune, flockige, durch Salzsäure sich scheinbar nicht verändernde Substanz. Neutralisiert man die Säure, so riecht die Flüssigkeit nach Phosphorwasserstoff und enthält unwägbare Spuren von Phosphor aufgelöst. Ähnliches berichtet COMMAILLE[1]) über alkoholische Ammoniaklösung, die das Phosphor unter gleichzeitiger Bildung von Ammoniumphosphit und -hypophosphit braun färbte.

Kalium, Natrium, Zink und Kadmium lösen sich in der DIVERSschen Flüssigkeit ohne Gasentwickelung auf und reduzieren das Ammoniumnitrat zu Ammoniumnitrit. Die Alkalimetalle verhalten sich dabei ganz so, als ob sie mit Wasser in Berührung kämen; sie schmelzen und schwimmen auf der Flüssigkeit; Kalium verbrennt unter Feuererscheinung. Die sich dabei abspielenden Reaktionen lassen sich bequemer verfolgen, wenn man mit Amalgamen der Alkalimetalle arbeitet.

Beim Auflösen von Zink scheidet sich eine kristallinische, anscheinend aus ammoniakhaltigem Zinknitrat bestehende Substanz in reichlichen Mengen aus.

Kadmium löst sich in der DIVERSschen Flüssigkeit nur langsam auf; dagegen wirkt freies Ammoniak so fördernd auf die Reaktion zwischen Zink bezw. Kadmium und wässerigen Lösungen von Ammoniak-

[1]) Journ. Pharm. Chem. [4]. Bd. 14 S. 184.

nitrat, daß Stahlschmidt dies Verfahren zur Darstellung von Nitriten benutzte.[1])

Magnesium geht nur langsam und unter gleichzeitiger Wasserstoffentwickelung und Bildung von Nitrit in die Lösung über. Die Metalloberfläche bedeckt sich mit einem schwarzen Niederschlag, der jedoch in Berührung mit der Luft sofort weiß wird; die schwarze Substanz ist wahrscheinlich ein Suboxyd des Magnesiums, wie es nach Beobachtungen von Beetz[2]) bei der Elektrolyse einer Salzlösung mit Magnesiumelektroden sich bildet.

Wasserstoff, Sauerstoff, Stickstoff, Kohlenstoff, Schwefel, Eisen, Aluminium, Nickel, Zinn, Blei, Wismut, Kupfer, Quecksilber, Silber und Platin blieben unangriffen zurück. In der Lösung konnten zwar Spuren von Blei und Wismut nachgewiesen werden, aber wahrscheinlich waren es aufgelöste Oxyde. Kupfer löst sich zwar in Gegenwart von Luft in der untersuchten Flüssigkeit auf, aber weniger leicht, als es in wässeriger Ammoniaklösung der Fall ist.

Salmiak löst sich nur langsam und nur bis zu einem gewissen Grade auf. Die meisten anderen Chloride sind entweder löslich oder setzen sich in Salmiak und unlösliche bezw. nahezu unlösliche Verbindungen von Ammoniak mit den Salzbasen um.

Kaliumchlorid ist nur wenig löslich.

Natriumchlorid ballt sich zusammen und ist nur wenig löslich.

Baryum- sowie Silberchlorid lösen sich nur langsam und mäßig auf.

Bleichlorid löst sich leicht auf. Die Lösung kann man mit mehreren Volumina Wasser verdünnen, ehe das Salz sich auszuscheiden beginnt.

Calcium- sowie Kupferchlorid sind unter gleichzeitiger Abscheidung einer kristallinischen Substanz ebenfalls leicht löslich. Die Kupferchloridlösung zeigt die bekannte tiefblaue Farbe.

Magnesium- und Zinkchlorid sowie Kupferchlorür sind nur in mäßigem Umfange löslich und das überschüssige Salz bildet einen weißen, voluminösen, kristallinischen Niederschlag, der in Wasser löslich ist. Die Kupferlösung sowie der Kupferniederschlag färben sich blau, sobald sie mit der Luft in Berührung kommen.

Quecksilberchlorid ist nur wenig löslich und wird aus der Lösung bei Zusatz von Wasser wieder ausgeschieden.

---

[1]) Pogg. Ann. Bd. 128 S. 466. Vergl. außerdem die Arbeiten von Schönbein, Morin und Arth (dieses Kapitel S. 53).

[2]) Pogg. Ann. Bd. 127 S. 45.

Quecksilberchlorür zersetzt sich in metallisches Quecksilber (grauer Niederschlag, der nach dem Auswaschen und Trocknen sich zu Kügelchen vereinigt) und in ammoniakalisches Merkurisalz, das in die Lösung übergeht.

Gelbes Nickelchlorid geht unter geringer Wärmeentwickelung in eine voluminöse lilafarbige Substanz über. Die Flüssigkeit bleibt farblos und weist auch keine Nickelverbindungen, wohl aber die Anwesenheit von Chlorid (Salmiak) auf. Der lilagefärbte Niederschlag ist in Wasser mit der gleichen Farbe löslich.

Kobaltchlorid geht sehr langsam in eine voluminöse rotbraune Substanz über, die in Wasser mit gleicher Farbe löslich ist. Auch in diesem Fall bleibt die Diverssche Flüssigkeit farblos und enthält kein Kobalt-, wohl aber eine Chlorverbindung.

Manganchlorid quillt zu einer weißen Masse auf. Die Flüssigkeit enthält nur sehr wenig Mangan-, wohl aber ein Chlorsalz gelöst. Der weiße Niederschlag ist in Wasser löslich und wird aus der Lösung durch Schwefelammonium nur sehr langsam ausgefällt.

Eisenchlorür in Stücken oder Kristallen geht ebenfalls in eine beinahe ganz weiße voluminöse Masse über; in der Flüssigkeit lassen sich wie von einer Eisen-, so auch von einer Chlorverbindung nur ganz geringe Mengen nachweisen. Der weiße Niederschlag ist zwar in Wasser löslich, die Lösung oxydiert sich aber sehr schnell und scheidet Eisenhydroxyd aus.

Eisenchlorid zeigt mit der Diversschen Flüssigkeit eine lebhafte Reaktion und geht in eine voluminöse hellbraune Masse über. Die Flüssigkeit bleibt farblos, weist kaum Spuren von Eisen-, aber recht viel von einer Chlorverbindung auf. Die unlösliche Substanz geht in Wasser in Eisenhydroxyd über.

Das violette Chromchlorid wird von der Flüssigkeit nur sehr langsam angegriffen, geht dabei in eine voluminöse weiß- und rotfleckige Masse über und teilt der Flüssigkeit eine kobaltnitratrote Färbung mit. Die Flüssigkeit verträgt das Ansäuern und das Verdünnen mit Wasser, ohne sich dabei in der Farbe oder sonstwie zu verändern; erst wenn sie unter Zusatz von Salzsäure erhitzt wird, dann nimmt sie eine blasse Chromalaunfarbe an und es scheidet sich ammoniakhaltiges Chromhydroxyd aus; um also aus der Lösung das Chromhydroxyd auszuscheiden, muß dieselbe mit Salzsäure fast ganz neutralisiert und dann bis zum Sieden erhitzt werden.

Aluminiumchlorid geht nach und nach in eine voluminöse im Wasser unlösliche Substanz über. In der Flüssigkeit läßt sich viel Chlor, aber nur Spuren von Aluminium nachweisen.

Phosphortrichlorid reagiert heftig unter Bildung eines weißen voluminösen Niederschlages. In der Flüssigkeit läßt sich ebenfalls viel Chlor, aber nur Spuren einer Phosphorverbindung nachweisen. Der Niederschlag ist in Wasser löslich und weist die Reaktionen der phosphorigsauren Salze auf.

Phosphorpentachlorid in Stücken zeigte bei Berührung mit der Diversschen Flüssigkeit eine sehr heftige Reaktion, die wohl nur dadurch verursacht wurde, daß die untersuchten Phosphorpentachloridstücke an ihrer Oberfläche etwas Feuchtigkeit angezogen hatten. Sonst zerfällt es nur langsam in einen voluminösen, weißen, im Wasser löslichen Niederschlag. In der Flüssigkeit läßt sich viel Chlor und nur ganz wenig Phosphor nachweisen.

Arsentrichlorid verursacht unter Bildung eines weißen voluminösen Niederschlages eine lebhafte Reaktion. Die Lösung enthält viel Chlor, aber wenig Arsen. Der Niederschlag ist im Wasser löslich.

Antimontrichlorid geht nur langsam in eine dichte weiße, im Wasser unlösliche, aber in warmer Salzsäure lösliche Substanz über. Auch in diesem Falle enthält die Flüssigkeit viel Chlor und kein Antimon.

Antimonpentachlorid geht in einen voluminösen, nur sehr langsam zu Boden sinkenden Niederschlag über. Die Flüssigkeit enthält viel Chlor und kein Antimon.

Wismutchlorid gibt eine voluminöse Masse. Die Flüssigkeit enthält in der Lösung kein Wismut, aber viel Chlor.

Zinnchlorid reagiert mit der Diversschen Flüssigkeit recht langsam und unter Bildung eines flockigen Niederschlages. Wird das Zinnchlorid nur nach und nach unter stetem Rühren in die Flüssigkeit eingetragen, so ist der dabei entstehende Niederschlag vollkommen wasserlöslich, die wässerige Lösung trübt sich jedoch beim Erwärmen. Die Diverssche Flüssigkeit enthält hierbei Chlor- und etwas Zinnverbindungen aufgelöst und trübt sich beim Vermischen mit Wasser entweder sofort oder erst beim Erwärmen.

Platinchlorür geht zuerst in das grüne Magnussche Salz über, verbindet sich aber dann mit mehr Ammoniak zu Tetraammoniumplatinchlorür, von welchem ein großer Teil sich in der Flüssigkeit auflöst; der andere Teil bildet einen voluminösen vollkommen weißen Niederschlag, der in Wasser so gut wie ganz unlöslich ist und wahrscheinlich aus Diammoniumplatinchlorür besteht.

Platinchlorid (wie im gewöhnlichen trocknen Zustande, so auch nachdem das ganze Wasser und Salzsäure durch Erhitzung ausgetrieben worden sind) wirkt auf die Flüssigkeit nur wenig ein. Das Salz wird an der Oberfläche etwas blasser und Spuren davon werden von der Flüssigkeit aufgelöst.

Goldchlorid in Kristallen (wie sie im Handel vorkommen) ging in eine voluminöse, orangegefärbte, kristallinische Masse über, die zwar die Flüssigkeit stark gelb färbte, aber nur in geringen Mengen sich darin löste. Beim Vermischen mit Wasser scheidet sich aus der Flüssigkeit etwas Goldhydroxyd aus. Der orangegefärbte Niederschlag wird mithin durch Wasser in das Hydrat übergeführt.

Das gelbe Schwefelchlorid reagiert recht energisch unter Entwickelung von braungefärbten Gasen, die an den herausragenden Rohrteilen sich in Form eines braunen Pulvers niederschlagen „(N_2S?)“. Wird die Flüssigkeit während des Hinzufügens von Schwefelchlorid kalt gehalten, so erscheint sie zuerst violett, bald danach gelb gefärbt und schließlich verblaßt die Färbung gänzlich unter gleichzeitiger Ausscheidung von Schwefel; anscheinend enthält die Flüssigkeit eine oder mehrere Thionsäuren. Nachdem das ganze Schwefelchlorid eingetragen worden ist, scheidet sich ein nicht homogener Niederschlag aus, der wahrscheinlich aus plastischem Schwefel und weißen Thionsäuresalzen besteht.

Tetrachlorkohlenstoff ist unlöslich.

Ammonium- und Kaliumjodid sowie Kaliumbromid verhalten sich ganz wie die entsprechenden Chloride.

Bleijodid ist leicht löslich. Wie bei dem Chlorid läßt sich auch in diesem Falle viel Wasser zur Diversschen Flüssigkeit zugießen, bis eine Trübung zum Vorschein kommt; der dabei entstehende Niederschlag ist weiß.

Gelbes wie rotes Quecksilberjodid wurden ganz weiß und lösten sich schnell und in größeren Mengen auf. Bein Zusatz von Wasser entsteht sofort ein käsiger weißer Niederschlag, welcher fast die Gesamtmenge des Quecksilbers und des Jods enthält. Beim Auswaschen wird der Niederschlag blaßgelb und dann ganz plötzlich scharlachrot. Im allgemeinen verhält sich die Diverssche Flüssigkeit den Jodiden gegenüber ganz anders als wässerige Lösungen von Ammoniak und Ammoniumnitrat.

Flußspat ist in der Diversschen Flüssigkeit unlöslich.

Kaliumcyanid ist darin beinahe unlöslich.

Kaliumeisencyanür ist in der Diversschen Flüssigkeit fast ganz unlöslich, quillt aber zu einer voluminösen Masse auf.

Durch Kaliumeisencyanid wird die Flüssigkeit fast sofort stark gelb gefärbt und das Salz geht nach und nach in eine blaßgelbe Masse über. Wie die Lösung, so auch die halbfeste gelbliche Masse zeigen die Ferricyanidreaktion.

Natriumsulfid zeigt eine ziemlich energische Reaktion und erzeugt einen voluminösen Niederschlag (Natriumnitrat). In der Lösung ist viel Ammoniumhydrosulfid enthalten und die Flüssigkeit raucht stark, wenn sie der Luft ausgesetzt wird.

Die Sulfide von Zink, Kadmium, Blei (Bleiglanz), Quecksilber (Zinnober) und Antimon (Antimonglanz) sind unlöslich und verändern sich in der Diversschen Flüssigkeit nicht. Falls das Zinksulfid oxydhaltig ist, so werden auch die letzten Spuren des Zinkoxydes herausgelöst.

Eisen- und Mangansulfid (erhalten durch zweimaliges Schmelzen der betreffenden Sulfate mit Schwefel und Erkaltenlassen im Wasserstoffstrome)[1]) verleihen der Flüssigkeit eine hellgelbe Färbung. Das Mangansulfid geht dabei zum Teil in eine voluminöse wasserlösliche Substanz über. Beim Vermischen mit Wasser entsteht ein leichter Niederschlag von Schwefel (Schwefel für sich allein ist in der Diversschen Flüssigkeit, wie erwähnt, unlöslich). Mit Bleiacetat und mit Essigsäure gibt die mangansulfidhaltige Diverssche Flüssigkeit einen leichten braunschwarzen Niederschlag. Auch bei Zusatz von Bleisuperoxyd und Salpetersäure zu dieser Flüssigkeit findet eine Reaktion statt; setzt man andererseits zu einer eisensulfidhaltigen Diversschen Flüssigkeit Ammoniumhydrosulfid zu, so scheidet sich in geringen Mengen ein schwarzer Niederschlag aus.

Bleiglätte (Litharge) ist löslich; beim Vermischen mit Wasser entsteht ein reichlicher weißer Niederschlag (Bleiglätte wirkt auf Ammoniumsalze in gleicher Weise wie Baryt oder Kalk, indem sie das Ammoniak frei macht).

Sobald gebrannter Kalk mit der Diversschen Flüssigkeit in Berührung kommt, macht sich ein Zischen sowie eine lebhafte Ammoniakgasentwickelung bemerkbar und der Kalk löst sich unter Bildung eines weißen Niederschlages (ammonikalisches Calciumnitrat) auf.

Magnesia geht zum größten Teil in eine gelatinöse Masse über und nur ein geringer Teil löst sich auf; die Wirkung der Magnesia ist hier wahrscheinlich derjenigen des Ätzkalkes ähnlich.

---

[1]) Auch Divers bezweifelt jedoch, daß auf diese Weise sich sauerstofffreie Sulfide erhalten lassen.

Kadmium-, Kupfer- und Zinkoxyde sind löslich.

Quecksilberoxyd ist löslich. Die Lösung läßt sich mit Wasser stark verdünnen, ohne daß hierbei ein Niederschlag entsteht; auch Salzsäure kann man zur Lösung von Quecksilberoxyd in der Diversschen Flüssigkeit in größeren Mengen zusetzen, wobei ein Niederschlag erst dann entsteht, wenn die Flüssigkeit sauer zu werden beginnt. Ein Zusatz von Schwefelsäure oder von Salpetersäure verursacht keinen Niederschlag. Natronhydrat wie Kaliumjodid rufen einen hellgelben Niederschlag hervor, der durch Säuren scharlachrot wird.

Kobaltoxyd ist nur wenig löslich und färbt die Flüssigkeit hell nelkenrot; ein Zusatz von Ammoniumhydrosulfid verursacht einen geringen, jedoch beim Stehen sich vermehrenden Niederschlag.

Von Eisenoxyd sind nur ganz minimale Mengen löslich, die bei Zusatz von Wasser als Eisenhydroxyd niedergeschlagen werden.

Chromsäure reagiert ziemlich heftig und verwandelt sich in eine gelbe Substanz („Ammoniumchromamat"), welche in der Flüssigkeit unlöslich, aber in Wasser löslich ist.

Das Arsentrioxyd verwandelt sich in eine zusammenhängende Substanz, die in der Diversschen Flüssigkeit unlöslich, in Wasser aber löslich ist.

Molybdäntrioxyd geht in eine voluminöse weiße Substanz („Ammoniummolybdamat") über, die in der Flüssigkeit unlöslich, in Wasser aber löslich ist.

Phosphorpentoxyd zeigte an seinen Oberflächen eine ziemlich heftige Reaktion, die ohne Zweifel durch das absorbierte Wasser verursacht wurde (vergl. das bei Phosphorpentachlorid Gesagte).

Der Rest des Pentoxydes reagiert mit der Flüssigkeit nur sehr langsam und sinkt zu Boden, ohne sich scheinbar zu verändern. Ein nicht unbedeutender Teil davon löste sich (wahrscheinlich als „Phosphamat") auf, da die Phosphate so gut wie ganz unlöslich sind. Das veränderte Oxyd löst sich ohne Schwierigkeiten in Wasser auf und zeigt die Reaktionen der Phosphate.

Borsäureanhydrid ist sehr wenig löslich. Der ungelöst gebliebene Rest weist keine sichtbaren Veränderungen auf, jedoch erscheinen die glasartigen Splitter beim Eintragen ins Wasser opalisierend.

Kohlendioxyd bildet eine feste Substanz, die zum Teil sich in der Flüssigkeit auflöst.

Kieselsäure, Tonerde, Wolframtrioxyd, Zinndioxyd, Mangandioxyd und Bleidioxyd blieben unverändert.

Schwefelkohlenstoff ist zwar unlöslich, tritt aber nach und nach mit Ammoniak in Verbindung auf.

Kalihydrat verursacht eine Ammoniakentwickelung und löst sich schnell auf, wobei aber der größte Teil des Kaliums (wahrscheinlich als Nitrat) wieder ausfällt.

Natronhydrat wird nur wenig angegriffen. Von dem Gelösten scheidet sich ein Teil als Nitrat aus und die Flüssigkeit wird ammoniakreicher.

Kalisalze sind sehr schwer löslich und nur vereinzelte von ihnen gehen eine Umsetzung mit Ammoniumnitrat ein.

Natriumsalze sind nur in geringem Maße und meistens unter Zersetzung löslich, wobei in der Lösung Natriumnitrat sich bildet.

Von den Ammoniumsalzen sind manche löslich, manche wiederum unlöslich.

Über das Verhalten anderer Salze läßt sich, soweit die Salzbasen in Betracht kommen, aus dem Verhalten der entsprechenden Chloride schließen.

Kaliumchlorat ist schwer löslich.

Die Nitrate sind im allgemeinen löslich.

Kaliumnitrat ist schwer löslich.

Natriumnitrat ist nur mäßig löslich.

Silbernitrat ist ebenfalls nur mäßig löslich; der ungelöst gebliebene Rest ballt sich zusammen.

Bleinitrat ist leicht löslich, die Lösung verhält sich wie die des Bleichlorides.

Baryumnitrat ist nur wenig löslich.

Salpetrigsaures Kalium und Natrium sind nur mäßig löslich.

Ammoniumortophosphat ist beinahe unlöslich und geht nur sehr langsam in eine voluminöse Masse über (ammoniakalisches Ammoniumphosphat?).

Natrium- und Calciumortophosphat sind unlöslich.

Dasselbe trifft auch für Natriumpyrophosphat zu.

Natriummetaphosphat ist beinahe unlöslich.

Die Metaphosphorsäure ist fast unlöslich.

Borax löst sich langsam bis zu einem gewissen Grade auf.

Ammoniumsulfat ist ganz unlöslich. Andere Sulfate sind entweder ganz oder beinahe ganz unlöslich, aber fast alle erleiden eine Zersetzung, wobei, wie es scheint, sich unlösliches Ammoniumsulfat bildet. Wenn ein Gemisch von Ammoniumnitrat und -sulfat mit Ammoniakgas behandelt wird, so bleibt das Ammoniumsulfat ungelöst bezw. unverflüssigt zurück.

Kaliumsulfat zersetzt sich nur recht schwierig unter Bildung von Ammoniumsulfat, das ausfällt, und von Kaliumnitrat, welches in der Lösung verbleibt. Vom Ammoniumsulfat gehen dabei nur Spuren in die Lösung über.

Natriumsulfat zersetzt sich nur langsam und nur an den Oberflächen der Kristalle oder der Stücke unter Bildung einer voluminösen, kristallinischen Masse, die wahrscheinlich aus ammoniakalischem Ammoniumsulfat besteht. Nur Spuren von dem gebildeten Sulfat und ein wenig Natrium (als Nitrat) bleiben gelöst.

Die Sulfate von Silber, Blei, Magnesium, Zink, Kupfer und Quecksilber scheinen ammoniakalisches Ammoniumsulfat und mehr oder weniger vollständig lösliche ammoniakalische Metallsalze zu bilden.

Baryumsulfat ist unlöslich.

Calciumsulfat bildet Kristallprismen. Die Kristalle bestehen wahrscheinlich aus ammoniakalischem Calciumsulfat. Nur ganz geringe Mengen von Sulfat und der neu entstandenen Calciumverbindung gehen in die Lösung über.

Manganosulfat geht in eine sehr voluminöse Substanz über. Die Lösung enthält Spuren von Mangan, aber nichts vom Sulfat.

Ferrosulfat, durch Erhitzen des grünen Vitriols bei Rotglut in einem Wasserstoffstrom erhalten und welches nun anscheinend rein ist, geht in eine recht voluminöse, hellbraun gefärbte Masse über. Die Flüssigkeit enthält nur ganz geringe Mengen von Ferroverbindungen und kein Sulfat. (Die Färbung des Rückstandes ist zweifelsohne durch die Gegenwart von geringen Mengen Ferrisalze verursacht, vergl. Eisenchlorid und -chlorür.)

Alaun geht ganz langsam in eine voluminöse Masse über. Die Flüssigkeit löst sehr geringe Mengen von dem Aluminiumsalz auf und beim Verdünnen mit Wasser fällt Tonerdehydrat, mit wenigen Spuren von Sulfat vermischt, aus.

Chromalaun färbt sich sofort tiefgrün, während die Flüssigkeit nur langsam eine Nelkenrosafärbung annimmt, und nach und nach sich ein ähnlich gefärbter Niederschlag bildet. Die Flüssigkeit löst etwas vom Kaliumsalz und Spuren von Sulfat auf. Der Niederschlag ist mit nelken-violetter Farbe in Wasser löslich. Wie diese Lösung, so kann auch die mit Wasser verdünnte gefärbte Flüssigkeit bis zum Sieden erhitzt oder mit Salzsäure versetzt werden, ohne daß dabei die Färbung verschwindet oder sonst welche Änderung sich bemerkbar macht. Beim Kochen mit Ätzkali verliert die Flüssigkeit die Färbung und es entsteht ein geringer Niederschlag von Chromoxydhydrat (vergl. Chromchlorid).

Kaliumsulfit sowie Natriumbisulfit werden sehr wenig angegriffen und nur Spuren von den Sulfiten gehen in die Lösung über.

Kristallinisches gelbes Ammoniumchromat geht in eine viel voluminösere amorphe gelbe Masse über, die in der Flüssigkeit gänzlich unlöslich, aber in Wasser löslich ist. War das Ammoniumchromat nicht ganz trocken, so nimmt die Flüssigkeit eine gelbe Färbung an, die aber nach einer gewissen Zeit gleichzeitig mit der vollständigen Abscheidung der gelöst gewesenen Chromsalze verschwindet.

Rotes Ammoniumchromat (Anhydrid) wird sehr langsam in einen gelben, aber nicht voluminösen (wie es mit dem gelben Ammoniumchromat der Fall war) Niederschlag verwandelt. Die Flüssigkeit wird durch das Salz nicht gefärbt.

Gelbes und rotes Kaliumchromat wird von der Flüssigkeit langsam und nur an der Oberfläche unter Bildung einer gelben amorphen Substanz angegriffen. Das gelbe Chromat verleiht auch der Flüssigkeit eine schwache Färbung, und die Flüssigkeit enthält ein Kaliumsalz gelöst. Das beim Versetzen der DIVERSschen Flüssigkeit entstehende Ammoniumchromat ist offenbar ein ammoniakalisches Ammoniumchromat. In analoger Weise erhält man in Gegenwart von Sulfaten ammoniakalische Ammoniumsulfate.

Bleichromat verursacht einen gelben, voluminösen Niederschlag, der aber bei Behandlung mit Wasser wieder zu Bleichromat wird. Die Flüssigkeit färbt sich kaum, enthält aber etwas Blei in der Lösung.

Übermangansaures Kali ist leicht löslich. Die Färbung der Lösung ist auffallend schön; nach der stattgefundenen Auflösung beginnt eine langsame, aber anhaltende Gasentwickelung, die einen bis zwei Tage andauert, wobei die Flüssigkeit ihre Farbe wechselt und sich tief gelbbraun färbt. Während der ganzen Zeit bleibt die Lösung durchsichtig und klar und erst nach und nach bildet sich ein brauner Niederschlag. Die Flüssigkeit färbt sich allmählich purpurrot und scheint diese Färbung auch endgültig zu behalten; in dieser Phase enthält die DIVERSsche Flüssigkeit nicht viel Mangan. Die volle Färbung der Flüssigkeit leidet durch Zusatz von Wasser und wird durch Säuren zum Verschwinden gebracht. Der braune Niederschlag quillt bei Behandlung mit Wasser zu einer voluminösen, flockigen

Substanz, wahrscheinlich Manganhydraoxyd, auf. Das in wässerigem Ammoniak aufgelöste Kaliumpermanganat zersetzt sich während der gleichen Versuchsdauer vollständig; noch rascher geht die Zersetzung vor sich, wenn die wässerige Ammoniaklösung noch Ammoniumnitrat enthält, da sich hierbei wahrscheinlich noch zuerst übermangansaures Ammonium bildet.

Kohlensaures Kalium verschwindet nach und nach in der Flüssigkeit und es entsteht Kaliumnitrat. Da dabei ein Teil des Ammoniumnitrates, welches das Ammoniakgas verflüssigt hält, zerstört wird, so ist das ganze Reaktionsgemisch mit Ammoniak übersättigt, das infolgedessen aus der Flüssigkeit entweicht. Etwas von einem Kaliumsalz und von einem Carbonat bleibt in der Flüssigkeit gelöst.

Kohlensaures Natrium reagiert in ganz ähnlicher Weise wie das entsprechende Kaliumsalz, wenn auch etwas weniger energisch. Ein gleicher Unterschied in der Einwirkungsintensität wurde bereits bei Kali- und Natronhydraten hervorgehoben.

Kohlensaures Calcium bleibt ohne Wirkung.

Kohlensaures Ammonium ist in der Diversschen Flüssigkeit ziemlich löslich.

Oxalsaures Ammonium ist gänzlich unlöslich.

Essigsaures Ammonium; feucht gewordene Kristalle dieses Salzes sind leicht löslich.

Benzol, Terpentinöl, Indigo, Strychnin, Wachs und Olivenöl sind unlöslich; Rohrzucker, Gummiarabikum, Lackmus, Tannin, Phenol und Anilin sind löslich.

Gelatine geht in eine flockige Substanz über.

Butyläther ist schwer, aber ohne Zersetzung löslich.

Methyljodid ist unlöslich, erleidet aber dabei eine langsame Zersetzung; es entweicht ein Gas, wahrscheinlich Methylamin.

Schwefeläther (Äthyläther) ist unlöslich, verursacht aber eine Zersetzung der Diversschen Flüssigkeit, indem das Ammoniak unter Siedeerscheinungen und gleichzeitiger Zurücklassung von Ammoniumnitrat entweicht und das Äther mitführt.

Chloroform löst sich in geringen Mengen auf und scheidet sich bei Zusatz von Wasser unverändert aus.

Die Flüssigkeit, die aus Ammoniumnitrat und Ammoniakgas besteht, ist ein gutes Elektrolyt. Bei Anwendung von zwei Bunsen-Elementen findet, wie bei der Elektrolyse von wässeriger Ammoniaklösung, an der Kathode eine lebhafte Wasserstoffentwickelung statt, während an der Anode ein dreimal geringeres Volumen Stickstoff frei wird. Die entweichenden Gase ziehen größere Mengen Ammoniakgas mit sich, so daß die Elektrolyse scheinbar viel schneller verläuft, als es tatsächlich der Fall ist. Der Ammoniakverlust verursacht das Ausfallen von Ammoniumnitrat; die an den beiden Elektroden abgeschiedenen Salzmengen sind aber recht verschieden: an der Anode, wo eine verhältnismäßig geringe Gasentwickelung stattfindet, fängt die Salzabscheidung gleich nach dem Beginn der Elektrolyse an und bildet an der Oberfläche der Flüssigkeit um die Anode eine Salzkruste; an der Kathode dagegen beginnt das Salz erst viel später und nur langsam sich abzuscheiden, so daß man sagen kann, bei der Elektrolyse wandert das Ammoniumnitrat der Anode und das Ammoniak der Kathode zu. Was den Verlauf der Elektrolyse selbst und die sekundär eintretende Zersetzung des Ammoniaks anbetrifft, so gibt darüber Divers folgenden Aufschluß: Bei der Spaltung von $NH_4 . NO_3$ geht das Ammoniak und der Wasserstoff nach der Kathode und das NO_3 nach der Anode, wo es sich mit Ammoniak zu Ammoniumnitrat unter Freiwerden von Stickstoff nach folgendem Schema verbindet:

$$3\,NO_3 + 4\,NH_3 = 3\,NO_3NH_4 + \mathrm{N},$$

und währenddem hier ein Volumen Stickstoff entweicht, entweicht an der Kathode das äquivalente (dreifache) Volumen Wasserstoff.

Auffallend ist, daß an der Kathode keine Reduktion von Nitrat zu einer sauerstoffärmeren Verbindung sich bemerkbar macht, was der Hypothese widerspricht, daß naszierende Elemente aktivere Eigenschaften als im gewöhnlichen Zustande besitzen: tritt doch hier der elektropositive Wasserstoff im Momente seines Freiwerdens auf und übt trotzdem keine Wirkung auf das Nitrat aus, welches sich doch mit Leichtigkeit durch Zink und andere Metalle unter verschiedenen Verhältnissen und selbst in ammoniakalischer Lösung[1]) reduzieren läßt.

Falls die Kathode aus Platin oder Eisen ist, so bleibt sie während der Elektrolyse unverändert; dagegen wird die Kathode, wenn sie aus Silber, Blei, Quecksilber, Kupfer, Zink oder Magnesium besteht, angegriffen und dann findet keine Stickstoffentwickelung statt. Die Silber-, Blei- und Kupferelektroden gehen mit Leichtigkeit als Nitrate in die Lösung über und an das Kupfer hängt sich bald ein schön blauer Niederschlag an. Das Quecksilber löst sich nur schwer auf, aber seine

[1]) Auch das sehr unbeständige Ammoniumamalgam reduziert das Nitrat nicht, was sich jedoch eher erklären läßt, denn in Wirklichkeit ist dieses Amalgam keine „wahre“ Ammoniumverbindung.

Oberfläche bedeckt sich mit einem grauen Niederschlage. Das Auflösen von Zink und Magnesium geht während der Elektrolyse viel langsamer als bei anderen der erwähnten Metallen vor sich, und DIVERS vermutete, daß hierbei irgend welche Reaktionen zwischen diesen Metallen und dem Ammoniumnitrat stattfinden.

Die Vorgänge, die bei der Bildung der DIVERSschen Flüssigkeit sich abspielen, beschreibt ausführlich RAOULT (C. R. 1873, Bd. 76 S. 1261). Seine Beobachtungen stimmen im großen und ganzen mit denjenigen von DIVERS überein. Die Verflüssigung des Ammoniakgases durch das Ammoniumnitrat findet bei allen Temperaturen zwischen — 15° und + 25° statt. 100 g trocknes Ammoniumnitrat absorbieren nach RAOULT an Ammoniakgas bei 760 mm Druck:

Temperatur in ° C.	Absorbiertes Gas in Gramm	Zustand des erhaltenen Produktes	Das erhaltene Produkt entspricht der Formel:
— 10	42,50	flüssig	—
0	35,00	„	$NH_4NO_3 . 2 NH_3$
+ 12	33,00	„	—
+ 18	31,50	„	—
+ 28	23,25	„	—
+ 28,5	21,25	wird fest	$NH_4NO_3 . NH_3$
+ 29	20,90	fest	—
+ 30,5	17,50	„	—
+ 40,5	6,00	„	—
+ 79	0,50	„	—

Das bei 10° erhaltene Produkt, welches der Zusammensetzung $NH_4NO_3 . 2 NH_3$ entspricht, erstarrt in einer Kältemischung aus Salz und Schnee nicht, zeigt das spezifische Gewicht 1,05 und läßt selbst beim gelinden Erwärmen nur wenig Ammoniak entweichen. Bei 28,5° C. entweicht das Ammoniakgas unter Siedeerscheinungen und gleichzeitiger Abscheidung von ammoniakhaltigem Ammoniumnitrat. Beim stärkeren Erwärmen verliert dies Salz noch mehr Ammoniak und wird bei 80° frei von überschüssigem Ammoniak. Aus der Tatsache, daß eine wässerige Lösung von Ammoniumnitrat mehr Ammoniakgas absorbiert, als reines Wasser es tut, schließt RAOULT, daß in solchem Falle das reine Wasser wie das reine Ammoniumnitrat jedes für sich Ammoniakgas absorbiere. Zwischen 0 und 20° ist der Löslichkeitskoeffizient von

Ammoniakgas, wie in wässeriger Ammoniumnitratlösung, so auch in reinem Wasser der gleiche. Auffallend ist, daß in den beiden Fällen auch die Wärmetönungen bei der Absorption bis auf ein Hundertstel übereinstimmen.

Schon RAOULT weist auf die wasserfreie ammoniakalische Nitratflüssigkeit als auf ein neues wohlfeiles und leicht zu hantierendes Lösungsmittel hin, welches auch das ammoniakalische Chlorsilber in den FARADAYschen Röhren ersetzen kann, da beim Erwärmen diese Flüssigkeit Ammoniakgas entweichen läßt; drei Volumina der DIVERSschen Flüssigkeit enthalten ungefähr ein Volumen verflüssigten Ammoniakgases.

Anläßlich seiner Versuche mit Ammoniakgas und wasserfreier Salpetersäure kommt TROOST (C. R. 1882, Bd. 94 S. 789—791) auf die Beobachtungen von DIVERS zurück. Bei der Verflüssigung von Ammoniakgas durch Ammoniumnitrat konnte DIVERS keine bestimmte Verbindung isolieren. TROOST meint durch die Messung der Dissoziationstension die Existenz der Verbindung $2NH_4NO_3 + 3NH_3$ oder, wie er schreibt, $NO_5HO, NH_3 + \frac{3}{2}NH_3$ nachweisen zu können. Diese Verbindung schmilzt bei -22^0 zu einer sehr beweglichen Flüssigkeit. Die Dissoziationstension dieser Flüssigkeit beträgt bei:

-30^0	90 mm,	$+10{,}1^0$	525 mm,
-26^0	115 „	$+14^0$	600 „
-18^0	170 „	$+18{,}4^0$	715 „
-10^0	250 „	$+20{,}8^0$	765 „
0^0	365 „	$+25_0$	930 „ .

Außerdem meint TROOST noch die Existenz einer Verbindung $NH_4NO_3 + 3NH_3$ bezw. $NO_5HO, NH_3 + 3NH_3$, die erst bei -55^0 erstarrt, beweisen zu können.

Die analog gebildeten ammoniakalischen Ammoniumacetate zeigen folgendes Verhalten: Das $C_2H_3O_2NH_4 + 3NH_3$ schmilzt bei -18^0, kann aber durch Überkühlung bis -40^0 flüssig erhalten werden, und die Verbindung $C_2H_3O_2NH_4 + 6NH_3$ schmilzt bei etwa -30^0, kann aber bis -50^0 flüssig erhalten werden.

RAOULT (C. R. 1882, Bd. 94 S. 1117—1118), der im Gegensatz zu DIVERS schon früher die Existenz von bestimmten ammoniakalischen Ammoniumnitraten annahm, sieht seine Ansichten durch die Arbeiten von TROOST bestätigt und stellt im Anschluß daran folgende Betrachtung auf:

Bei 0^0	absorbieren	100 g	Ammoniumnitrat	48,1 g	Ammoniak.
„ 6^0	„	100 „	„	42,0 „	„
„ 12^0	„	100 „	„	32,8 „	„

Bei 18° absorbieren 100 g Ammoniumnitrat 32,0 g Ammoniak.
„ 24° „ 100 „ „ 28,0 „ „
„ 30° „ 100 „ „ 18,0 „ „

Das Höchstgewicht des verflüssigbaren Ammoniakgases sinkt rapid zwischen 0° bis 12° und zwischen 18° bis 30°, dagegen bleibt es ziemlich konstant zwischen 12° und 18°, so daß man annehmen kann, daß zwischen diesen Temperaturen man tatsächlich mit einer bestimmten chemischen Verbindung und zwar mit der von Troost beschriebenen Gruppe $2NH_4NO_3 . 3NH_3$, die auf 100 Teile Ammoniumnitrat 32,4 Teile Ammoniak enthält, zu tun hat.

Aus neuerer Zeit liegt eine eingehende Arbeit über die Gleichgewichtsverhältnisse zwischen Ammoniumnitrat und Ammoniak in der Diversschen Flüssigkeit bei Temperaturen zwischen 109,3° und —60° seitens Kuriloff (Zeitschr. f. physikal. Chem. 1898, Bd. 25 S. 107) vor.

Die Resultate seiner Bestimmungen sind tabellarisch zusammengestellt, wobei die erste Spalte der Tabelle die Mengen von Ammoniumnitrat in Gramm, die zweite die des Ammoniaks, die dritte die prozentuale Anzahl der NH_4NO_3-Moleküle in der Flüssigkeit, die vierte die Temperaturen, bei welchen die Lösungen mit der festen Phase sich im Gleichgewicht befinden, angeben.

No.	I. NH_4NO_3 in Gramm	II. NH_3 in Gramm	III. % Molek. NH_4NO_3	IV.
1	—	0	100,0	etwa 168,0° (bei 170° tritt Zersetzung ein.)
2	0,7578	0,0588	74,2	109,8°
3	0,6439	0,0665	67,3	94,0°
4	4,2615	0,7747	53,8	68,8° (bei gew. Temp. fast halb flüssig)
5	0,7746	0,1857	47,0	35,9°
6	0,9358	0,2352	45,9	33,3°
7	0,7600	0,2607	38,3	0°
8	0,9675	0,3515	36,9	—10,5°
9	0,8308	0,3700	32,3	—30,0°
10	0,9526	1,2457	13,9	—44,5°
11	1,3918	4,4327	6,25	—60,0°
12	0	100	0	etwa —80,0°

Auf Grund dieser sowie aus seiner früheren Arbeit[1]) über die Dissoziationsdrucke der ammoniakalischen Ammoniumnitratflüssigkeit schließt Kuriloff, daß Ammoniumnitrat durch Absorption von trocknem

[1]) Memoires de l'Académie Impériale de St. Petersburg, classe Physico-Math. 1895 (6), Bd. 1 S. 54; Jahrbuch d. Chem. Bd. 5 S. 24—25.

Ammoniakgase nur ein einziges Ammoniakat (d. h. Additionsprodukt zwischen gasförmigem Ammoniak und Salzen) gibt. Die Zusammensetzung dieses Ammoniakats entspricht mit großer Wahrscheinlichkeit der Formel $NH_4NO_3 . 3NH_3$ und dessen Existenzgebiet liegt bei sehr niedrigen Temperaturen etwa von -40^0 abwärts. Bei höheren Temperaturen bis zur Schmelztemperatur von NH_4NO_3 tritt als feste Phase nur Ammoniumnitrat selbst auf.

Divers (Zeitschr. f. physikal. Chem. 1898, Bd. 26 S. 430) weist nun darauf hin, daß diese Arbeit Kuriloffs seine eigenen Ansichten bestätigen, daß das durch Absorption von Ammoniakgas sich verflüssigende Ammoniumnitrat nur eine Lösung des Salzes in verflüssigtem Ammoniakgase von wechselnder Zusammensetzung und keinesfalls eine bestimmte chemische Verbindung ist, wie es Raoult und Troost meinten.

Der Nachweis, daß man hier mit einer Lösung zu tun hat, besteht sowohl in dem Umstande, daß bei 0^0 C. und Atmosphärendruck 100 Gewichtsteile Ammoniumnitrat mindestens 34 Teile Ammoniak erfordern, um sich zu verflüssigen oder sich aufzulösen, daß sie aber beinahe 50 Teile Ammoniak kondensieren können, als auch darin, daß bei Erhöhung der Temperatur auf 23^0 (oberhalb dieser Temperatur wird Ammoniak durch Ammoniumnitrat nicht mehr kondensiert) 100 Teile des Salzes zwar nur 26 Teile Ammoniak erfordern, um gelöst zu bleiben, vermögen aber nicht mehr als diese Menge aufzunehmen. Nach dem Verhältnis der Moleküle ausgedrückt, ergeben sich also Werte von $24 NH_4NO_3$ zu 39, resp. zu 56, resp. zu $30 NH_3$, sowie von jedem beliebigen dazwischenliegenden Verhältnis. Divers schließt diese Ausführungen mit dem Hinweis darauf, daß seine noch im Jahre 1872 gemachten Beobachtungen, daß Ammoniumnitrat bei $+23^0$ unter gegewöhnlichem Druck in weit weniger Ammoniak als bei 0^0 gelöst werden kann, ein sehr wesentliches Moment zur Unterstützung der Kuriloffschen Schlußfolgerungen hinzufügen.

In einer Arbeit von Schönbein[1]) wird erwähnt, daß, wenn man einen Kadmiumstab in einer Lösung von Ammoniumnitrat eine Zeit lang hält, sich in der Lösung salpetrigsaures Kadmium nachweisen läßt.[2]) Morin (C. R. 1885, Bd. 100 S. 1497—1499) untersuchte diese Reaktion näher.

Salpetersäure vom spezifischen Gewicht 1,3 wurde mit reiner konzentrierter wässeriger Ammoniaklösung neutralisiert, so daß die

---

[1]) Journal für Praktische Chemie 1861, LXXXIV, 193.

[2]) Vergl. auch die Arbeiten von Divers, dieses Kapitel S. 39.

Flüssigkeit eine schwache alkalische Reaktion zeigte. Mit dieser heißen Nitratlösung wurde granuliertes im Überschuß genommenes Kadmium allmählich übergossen, so daß das ganze Kadmium mit der Lösung bedeckt wurde. Es trat dabei ein heftiges Kochen ein, und die Temperatur der Flüssigkeit stieg bis 110°. Eine Gasentwickelung fand nicht statt. Nach dem Erkalten wurde die Flüssigkeit filtriert und man erhielt eine gelbliche, sirupartige Lösung, die bei Wasserzusatz sich trübte; sie reagierte alkalisch und roch schwach nach Ammoniak. Dem direkten Sonnenlicht ausgesetzt, zersetzte sich die Lösung. Beim Aufbewahren im Exsikkator über Chlorcalcium schieden sich nach und nach aus der Lösung durchsichtige Kristalle in Form von rhombischen Prismen aus, die, nachdem sie abgetrocknet wurden, luftbeständig blieben. Wasser zersetzte diese Kristalle unter reichlicher Abscheidung eines flockigen Niederschlages von Kadmiumoxyd. Beim Zusatz von Ammoniak bilden sich die Kristalle wieder; erwärmt man die lufttrocknen Kristalle, so schmelzen sie zuerst unter Ammoniakentwickelung, dann tritt, sobald der Rückstand fest geworden ist, eine rasche „Verbrennung" ein und zuletzt entwickeln sich salpetrige Dämpfe unter Hinterlassung von freiem CdO. Kadmium wirkt mithin auf NH_4NO_3 reduzierend ein und geht dabei in das Oxyd über, welches die Eigenschaft hat, Ammonium aus dessen Salzen zu substituieren und Doppelsalze zu bilden. Auch hier entsteht ein Doppelnitrit des Kadmiums und Ammoniums. Da jedoch das in Freiheit gesetzte Ammoniak neue Mengen CdO auflöst und als ammoniakalisches Kadmiumoxyd sich an das Doppelnitrit anlagert, so sind die obenerwähnten Kristalle von etwas komplizierter Zusammensetzung $Cd(NO_2)_2 . H_2O + 2\,NH_4NO_2 + CdO . 2\,NH_3$, für die Morin eine Reihe gut übereinstimmender Analysenbelege mitteilt.

Anknüpfend an die Ausführungen von Morin berichtet Arth (C. R. 1885, Bd. 100 S. 1588—1589) über analoge Versuche, die er mit Zink, Eisen, Kupfer und Zinn ausgeführt hat. Er benutzte dazu eine Röhre in Form eines W; in eine Abzweigung kam das zu untersuchende Metall, z. B. Zink, in die andere wasserfreies geschmolzenes Ammoniumnitrat; durch den auf 0° abgekühlten Apparat wurde dann Ammoniakgas so lange durchgeleitet, als es von dem sich dabei verflüssigenden Nitrat noch absorbiert wurde. Nach dem Zuschmelzen der beiden Rohrenden brachte Arth die ammoniakalische Nitratflüssigkeit durch Neigung der Röhre mit dem zu untersuchenden Metall in Berührung. Schon bei Zimmertemperatur löste sich das Zink nach und nach in dieser Flüssigkeit bis zum vollständigen Verschwinden auf, falls nur die Nitratmenge in genügendem Überschuß vorhanden war.

Gleichzeitig hiermit erstarrte das ganze Gemisch. Beim Öffnen der Röhre entwich viel Ammoniak. Das Endprodukt wurde auf 48 Stunden im Exsikkator über Schwefelsäure stehen gelassen, um das ganze Ammoniak zu entfernen, und dann mit wenig Wasser behandelt; je nach dem jeweiligen Mengenverhältnis ging alles in die Lösung über oder es blieb etwas Zinkoxyd ungelöst. In der filtrierten Lösung ließen sich mit Bestimmtheit Nitrite sowie bedeutende Mengen Zinkoxyd nachweisen. Beim starken Verdünnen der klaren wässerigen Lösung findet eine Zinkoxydausscheidung statt.

Genau wie Zink verhält sich auch das Eisen, dagegen blieben Kupfer und Zinn unter gleichen Bedingungen unverändert.

Die Veröffentlichung von ARTH veranlaßte DIVERS (C. R. 1885, Bd. 101 S. 847), darauf hinzuweisen, daß die Beobachtungen seitens ARTH mit den von ihm selbst gemachten und bereits vorher veröffentlichten übereinstimmen.

Im Anschluß an die oben erwähnten Versuche von SCHÖNBEIN über Verhalten von Kadmium in wässerigen Ammoniumnitratlösungen sei hier noch auf eine Arbeit von HODGKINSON und COOTE (Chem. News 1904, Bd. 90 S. 142) über Reaktionen zwischen geschmolzenem sowie in Wasser gelöstem Ammoniumnitrat und Metallen (Kadmium; Zink und Mangan; Nickel, Kupfer und Blei; Aluminium, Eisen, Quecksilber und Silber) hingewiesen.

Am reaktionsfähigsten erwies sich auch hier das Kadmium; die zweite und dritte Gruppe verhielten sich bedeutend passiver und die vier letztgenannten Metalle blieben ganz indifferent.

Die Leitfähigkeit der DIVERSschen Flüssigkeit ist von SCHRÖDER (Journ. Russ. Phys.-chem. Ges. 1898, Bd. 30 S. 333) untersucht worden, und er berechnete für verschiedene Konzentrationen folgende Werte:

t	$^0/_0$ NH_4NO_3 (in DIVERSscher Flüssigkeit)	Berechnetes spez. Gew. des verflüssigten Ammoniaks	v	μ
18°	12,25	0,6971	936,8	110,6
17,8°	18,75	0,7285	587	100,8
17,8°	26,20	0,7865	388,3	83,17

Da SCHRÖDER in seiner „vorläufigen" Veröffentlichung die Versuchsergebnisse unerörtert läßt, so ist vielleicht die Wiedergabe der von ihm vergleichshalber gemachten Aufstellung der Messungen von KOHLRAUSCH für wässerige Ammoniumnitratlösungen von Nutzen:

t	% NH_4NO_3 (in wässeriger Lösung)	Spez. Gew.	v	μ
15°	5	1,0201	1568,5	86,73
—	10	1,0419	768,5	80,46
—	20	1,0860	368,3	71,08

B. Absorption des Ammoniakgases.

Die Absorption von Ammoniakgas durch verschiedene Lösungen[1]) nach Raoult (Ann. de Chim. et de Phys. 1874 [5], Bd. 1 S. 262):

100 g Wasser absorbieren bei	0°	99,00 g	Ammoniak.
	16°	59,75 „	„
	28°	45,5 „	„
100 ccm Kalilauge mit 11,25 g K_2O (wasserfrei) absorbiert bei	0°	72,0 „	„
	16°	46,0 „	„
100 ccm Kalilauge mit 25,25 g K_2O absorbieren bei	0°	49,5 „	„
	16°	28,5 „	„

Titrimetrisch gleich starke Natron- und Kalilaugen haben für Ammoniak gleiches Absorptionsvermögen.

Wässerige Lösungen von Ammonium- und Natriumnitrat, selbst in größten Konzentrationen, absorbieren Ammoniak im selben Maße, wie reines Wasser.

Wässerige Calciumnitratlösung kann noch mehr Ammoniak absorbieren als reines Wasser; so absorbieren:

100 ccm einer Lösung mit 28,38 g $Ca(NO_3)_2$ bei	0°	96,25 g	Ammoniak.
	16°	65,00 „	„
100 ccm einer Lösung mit 59,03 g $Ca(NO_3)_2$ bei	0°	104,50 „	„
	16°	70,50 „	„

1 Volumen Wasser absorbiert bei t^0 und unter Atmosphärendruck Volumina Ammoniakgas, reduziert auf 0° und 760 mm Druck (aus Landolt und Börnsteins Tabellen):

Temperatur	Nach Carius	Nach Raoult
0°	1049,60	1299,6
5°	917,90	1025,2
10°	812,76	867,7
15°	727,22	784,9
20°	653,99	712,2
25°	585,94	635,6

[1]) Vergl. Abegg und Riesenfeld, Lösungsvermögen von Salzlösungen für Ammoniak nach Messungen seines Partialdruckes (Zeitschr. f. physikal. Chem. 1902, Bd. 40 S. 84—108), wo auch die neuere Literatur darüber zusammengestellt ist.

Mallet (Z. f. physik. Chem. 1901, Bd. 36 S. 107 und Am. Chem. Journ. 1897, Bd. 19 S. 804—809) bestimmte die Löslichkeit von Ammoniak in Wasser unter 0° und fand, daß 1 g Wasser bei 743 mm Druck auflöst: bei

	Ammoniak in Gramm
— 3,9°	0,947
— 10,0°	1,115
— 20,0°	1,768
— 25,0°	2,554
— 30,0°	2,781
— 40,0°	2,946

1 Volumen Äthylalkohol[1]) absorbiert beim Druck p in Millimeter Quecksilber Volumina Ammoniakgas:

Temperatur	Druck in Millim. Quecksilber	Volumina Ammoniakgas
20,40°	457,00	70,9
21,32°	443,78	68,5
22,70°	525,49	75,2
23,16°	613,23	91,4
Absorptionsvermögen von Propylalkohol:		
19,60°	456,59	56,6
20,90°	538,08	67,5
21,36°	722,88	78,3
Dasselbe für Isobutylalkohol:		
20,18°	523,11	59,1
21,00°	587,99	55,7
21,25°	733,86	67,1

Aus den zahlreichen Versuchen von Favre (Ann. Chim. et Phys. 1874 [5], Bd. 1 S. 240) geht hervor, daß 1 ccm Holzkohle 178 ccm Ammoniak absorbiert; nach Hunter absorbiert 1 ccm Kokosnußkohle bei 0° und 760 mm Druck 170 ccm Ammoniak. Melsens wendet mit Ammoniakgas gesättigte Holzkohle zur Erzeugung von flüssigem Ammoniak in Faradayschen Röhren an (C. R. 1873, Bd. 77 S. 781).

Nach Messungeu von Vignon (Recherches sur la Soie, Lyon 1892) kann ein Kilogramm Seide bis 30 l Ammoniakgas zurückhalten. Auch viele andere Substanzen besitzen in hohem Grade die Fähigkeit, Ammoniak zurückzuhalten. Bei dieser Gelegenheit sei hier noch das Verfahren von Marquart und Schulz (D. R.-P. 124976), „festes Am-

[1]) Pagliani und Emo, Atti. d. R. Acc. d. Torino 1882, Bd. 18 S. 167; Wied. Beibl. 1884, Bd. 8 S. 18.

moniak“ darzustellen, erwähnt. Danach sollen 3—5 Teile stearinsauren Natrons bei 40° C. ca. 100 Teile 30prozentiger wässeriger Ammoniaklösung aufnehmen können. Die gesamte Flüssigkeit erstarrt beim Abkühlen und erhält die Konsistenz von festem Paraffin. Schon beim Liegen an der Luft, schneller bei schwachem Erwärmen, gibt das „feste Ammoniak“ seinen gesamten Ammoniakgehalt wieder ab, und es hinterbleibt ein nur geringer Rückstand (3—5 %) von stearinsaurem Natron. Dem stearinsauren Kali kommt diese Eigentümlichkeit in weit geringerem Maße zu.

C. Ammoniakalische Additionsprodukte.

Die Versuche von Troost (C. R. 1879, Bd. 88 S. 578—581) mit trockenen Salzsäure- und Ammoniakgasen ergaben, daß dabei außer Ammoniumchlorid noch eine Reihe anderer Verbindungen, zum Teil Chlorhydrate des Salmiaks, zum Teil ammoniakalische Salze entstehen. Näher wurden untersucht die Verbindungen $HCl . 4\,NH_3$ bezw. $NH_4Cl + 3\,NH_3$ und $HCl . 7\,NH_3$ bezw $NH_4Cl + 6\,NH_3$. Die Verbindung $NH_4Cl + 3\,NH_3$ schmilzt bei $+ 7^0$; die Kristalle wirken stark depolarisierend, sie sind wasserfrei. An der Luft verliert diese Verbindung das Ammoniak, und zwar desto schneller, je höher die Temperatur ist. Die Dissoziationstension beträgt bei

$-36{,}0^0$	140 mm,	$-10{,}8^0$	555 mm,
$-28{,}6^0$	165 „	$-6{,}0^0$	730 „
$-27{,}0^0$	180 „	$0{,}0^0$	1035 „
$-23{,}0^0$	240 „	$+3{,}0^0$	1255 „
$-20{,}0^0$	310 „	$+5{,}0^0$	1415 „
$-17{,}7^0$	360 „	$+6{,}0^0$	1480 „
$-16{,}0^0$	395 „	$+7{,}0^0$	1660 „
$-13{,}0^0$	485 „	$+8{,}0^0$	1800 „ .

Die Verbindung $NH_4Cl + 6\,NH_3$ bezw. $NH_4Cl + 2\,(NH_3)_3$ schmilzt bei $- 18^0$. Die Dissoziationstension beträgt bei

$-36{,}0^0$	580 mm,	$-25{,}0^0$	980 mm,
$-31{,}5^0$	750 „	$-23{,}0^0$	1060 „
$-27{,}0^0$	895 „	$-21{,}0^0$	1130 „ .

Mit Schwefelwasserstoff erhielt Troost bei annähernd gleichen Versuchsbedingungen basische Ammoniumhydrosulfide, die er aber nur sehr kurz (C. R. 1879, Bd. 88 S. 1267) erwähnt. Eine dieser Verbindungen kristallisiert bei 0^0 und ist dem polarisierten Licht gegenüber sehr aktiv, die zweite kristallisiert bei $- 8^0$ und die dritte bleibt noch bei $- 55^0$ flüssig.

Das gegenseitige Verhalten von Schwefeldioxyd und Ammoniakgas ist im Laufe der letzten 75 Jahre Gegenstand sehr zahlreicher und ausgedehnter Untersuchungen, namentlich seitens Rose, Divers mit seinen Schülern und neuerdings seitens Schumann gewesen.

Rose[1]) wies darauf hin, daß man beim Arbeiten mit trocknen Gasen bei Überschuß an Ammoniakgas eine gelbe, gut kristallisierte wasserfreie Substanz und beim Überschuß an Schwefeldioxyd eine schmierige, rotgelbe Masse erhält.

Die Angaben von Forchhammer,[2]) daß sich hierbei „schwefelsaures Ammoniak und Schwefelamid“ bilden, wurden schon durch Roses spätere Arbeiten widerlegt.

Schumann (Z. f. anorgan. Chem. 1900, Bd. 23 S. 43—66), der die Arbeiten von Rose wiederholte, fand, daß bei Einwirkung von trocknem Schwefeldioxydgas auf Ammoniakgas sich rote Kristalle von der Zusammensetzung $(NH_3)_2SO_2$ bilden, die beim Erwärmen in gelbe Kristalle NH_3SO_2 zerfallen.

Nach Divers[3]) (Proc. Chem. Soc. 1900, Bd. 16 S. 104) bildet sich beim Zusammenbringen von Schwefeldioxyd mit Ammoniak ein den roten Kristallen von Schumann gleich zusammengesetzter Körper, dem aber Divers die Strukturformel von Amidosulfit $NH_4SO_2NH_2$ zuschreibt.

Divers und Ogawa[3]) (Journ. Chemic. Soc. 1901, Bd. 79, S. 1099 bis 1103) erhitzten dieses Sulfit und fanden, daß es dabei in Imidosulfit übergeht:

$$2\,NH_2SO_2NH_4 = NH_3 + NH(SO_2NH_4)_2.$$

Das Imidosulfit ist ein weißes, farbloses Pulver; beim Erwärmen zersetzt sich ein Teil davon und es hinterbleibt ein Gemisch von Schwefel, Ammoniumsulfat und $^2/_3$ unveränderten Imides. Bei 150° konnte noch kein Schmelzen beobachtet werden, bei 80° beginnt jedoch eine Substanz zu sublimieren, welche wahrscheinlich aus Ammoniumpyrosulfit $(NH_4)_2S_2O_5$ und unverändertem Imid besteht.

Die Absorption des Ammoniaks durch die Haloidverbindungen der Metalle sowohl wie der Metalloide bildet Gegenstand überaus zahlreicher Untersuchungen, von denen einige hier kurz wiedergegeben werden sollen, um so den Vergleich zwischen dem Verhalten der einen

[1]) Poggend. Ann. Bd. 33 S. 235, Bd. 42 S. 415, Bd. 61 S. 397.

[2]) C. R. Bd. 4 S. 395.

[3]) Ein Teil der zahlreichen anderen Veröffentlichungen der genannten über den gleichen Gegenstand ist in den hier zitierten Arbeiten berücksichtigt worden.

und derselben Substanz dem gasförmigen und flüssigen Ammoniak gegenüber zu erleichtern.

Nach BESSON (C. R. 1890, Bd. 110 S. 240 und 516) absorbieren 0,9 g Siliciumtetrabromid 396 ccm Ammoniakgas (bei gew. Temperatur und 760 mm Druck) und es bildet sich ein weißer, fester Körper, $SiBr_4 . 7\,NH_3$, welcher mit Wasser viel Ammoniak entwickelt.

Dem durch Ammoniakgasabsorption entstehenden ammoniakalischen Borchlorid schreibt BESSON die Zusammensetzung $2\,BoCl_3 . 9\,NH_3$ zu (im Gegensatz zu $2\,BoCl_3 . 3\,NH_3$ von BERZELIUS).

Siliciumtrichlorid bildet mit Ammoniakgas einen festen, weißen Körper, $Si_2Cl_6 . 10\,NH_3$, der erst bei ca. 100° sein Ammoniak verliert.

Bei seinen Versuchen über die Bindung von Ammoniakgas durch Borbromid und Borjodid fand BESSON (C. R. 1892, Bd. 114 S. 542 bis 544), daß die Verbindung $Bj_3 + 5\,NH_3$, einem trocknen Ammoniakgasstrome ausgesetzt, ähnlich dem Jodarsen teigig und, falls der Versuch bei 0° geführt wird, sogar ganz flüssig wird und dann die Zusammensetzung $Bj_3 + 15\,NH_3$ zeigt. Diese Verbindung ist aber selbst bei 0° nicht beständig und in trocknem Luftstrome verliert sie wieder den größten Teil des Ammoniaks, um in eine der ursprünglichen Zusammensetzung sehr naheliegende Verbindung überzugehen.

Bei analogen Versuchen mit Chlor- und Bromverbindungen des Phosphors erhielt BESSON (C. R. 1890, Bd. 111 S. 972) im Einklang mit ROSE die Verbindung $PCl_3 . 5\,NH_3$ (nach PERSOZ $PCl_3 . 4\,NH_3$). Es ist ein weißer, fester Körper, der, im zugeschmolzenen Rohre auf 200° erhitzt, braun wird und sich zersetzt.

Schwieriger waren die Versuche mit Phosphorpentachlorid, welches mit Ammoniakgas in eine sehr heftige Reaktion eintritt. Nach GERHARDT soll dabei die Reaktion nach der Gleichung

$$PCl_5 + 4\,NH_3 = PCl_3(NH_2)_2 + 2\,NH_4Cl$$

verlaufen, ohne daß es ihm gelungen war, das Phosphorchloramid rein zu erhalten.

BESSON löste das Phosphorpentachlorid in Tetrachlorkohlenstoff, der durch Ammoniakgas nicht angegriffen wird, und leitete durch diese Lösung gut entwässertes Ammoniakgas langsam durch, ohne dabei die Lösung warm werden zu lassen. Die erhaltene weiße, amorphe Substanz ist an der Luft nur wenig veränderlich und läßt sich im zugeschmolzenen Rohre bis auf 200° ohne Zersetzung erhitzen. Die Zusammensetzung derselben entspricht der Formel $PCl_5 . 8\,NH_3$.

Mit Phosphorpentabromid erhielt BESSON unter gleichen Bedingungen eine der vorgehenden täuschend ähnliche Substanz von der Zusammensetzung $PBr_5 . 9\,NH_3$.

Beim langsamen Erhitzen der erhaltenen Verbindung $PCl_5 . 8NH_3$ unter vermindertem Druck (50 mm Quecksilber) sublimieren bei 175—200° Kristalle von der Zusammensetzung PCl_2N. Da diese Verbindung schon bei 100° recht flüchtig ist, so schließt Besson (C. R. 1892, Bd. 114 S. 1264), daß sie sich erst beim Erhitzen bilden konnte und zwar nach der Gleichung

$$PCl_5 + NH_3 = PCl_2N + 3\,HCl.$$

Der erhaltene Phosphorchlorstickstoff ist eine feste Substanz, die beim Erwärmen in schönen, stark lichtbrechenden Kristallen mit Schmelzpunkt 100° C. sublimiert. Der von Gladstone durch Einwirkung von Ammoniak auf Phosphorpentachlorid erhaltene Körper mit dem Schmelzpunkt 200° scheint ein polymerer Phosphorchlorstickstoff von der Zusammensetzung $(PCl_2N)_3$ zu sein.

Die Substanz riecht angenehm und hat den Charakter einer organischen Verbindung.

Wird die ursprüngliche Substanz $PCl_5 . 8\,NH_3$ noch weiter bei vermindertem Druck erhitzt, so beginnt Ammoniumchlorid zu sublimieren, und bei 200—300° kann es etwa 100 Stunden dauern, bis das ganze Ammoniumchlorid abgetrieben ist und eine feste, weiße Substanz (mit einem Stich ins Grau) zurückbleibt. Für die stattgefundene Reaktion führt Besson folgende Gleichung an:

$$PCl_5 + 2\,NH_3 = PN_2H + 5\,HCl.$$

Die Analysen des erhaltenen Körpers, welchen Besson als identisch mit Phospham fand, ergaben folgende Werte:

	Analyse I	Analyse II	Berechnet für PN_2H
P in Proz. . . .	52,19	—	51,67
N „ „ . . .	45,43	44,49	46,67
H „ „ . . .	2,04	2,11	1,66

Erhitzt man das Phospham noch weiter, sei es in einem Stickstoffstrom oder einfach in einem von einer Seite geschlossenen Rohre, so findet eine Ammoniakgasentwickelung statt, und der Gehalt der erhitzten Substanz an Stickstoff und Wasserstoff sinkt.

Temperatur, bis zu welcher die Substanz erhitzt wurde:	Der Gehalt an Wasserstoff beträgt in Proz.	Der Gehalt an Stickstoff beträgt in Proz.
bis zur Rotglut des Glasrohres . . .	1,11	38,80
bis zur Erweichung des Glases . . .	0,51	37,61
bei weiterem Erhitzen im Porzellanrohre	0,22	28,78
bis zur Hellrotglut im Porzellanrohre .	bleibt freier Phosphor zurück.	

Nach BESSONS Meinung muß während des Erhitzens ein gewisses Stadium existieren, wo die Substanz aus reinem Phosphorstickstoff PN (mit 31,11 $^0/_0$ Stickstoff) besteht.

Über das Verhalten von Lithiumhaloidsalzen zu gasförmigem Ammoniak berichtet BONNEFOI (C. R. 1897, Bd. 124 S. 771 und C. R. 1898, Bd. 127 S. 367):

Trocknes Lithiumchlorid absorbiert bei -18^0 4 Moleküle Ammoniak. Die Verbindung zeigt bei $+13,3^0$ die Dampfspannung von 760 mm.

Bei $+18^0$ entsteht die Verbindung $LiCl\,.\,3\,NH_3$ mit der Dampfspannung von 760 mm bei 57,5^0. Die Wärmetönung bei der Bildung von $LiCl\,.\,3\,NH$ beträgt $+34,36$ Kal. oder pro jedes Molekül Ammoniak 11,48 Kal.

Bei $+63^0$ entsteht die Verbindung $LiCl\,.\,2\,NH_3$ mit der Wärmetönung $+23,36$ Kal. oder pro Molekül Ammoniak 11,68 Kal.

Bei $+85^0$ entsteht die Verbindung $LiCl\,.\,NH_3$.

Trocknes Lithiumbromid bildet bei -18^0 ebenfalls die Verbindung $LiBr\,.\,4\,NH_3$, die die Dampfspannung von 760 mm bei $+63^0$ zeigt.

Eine Verflüssigung der Lithiumsalze durch Absorption von Ammoniakgas tritt nicht ein.

BONNEFOI beschreibt noch die Verbindungen $LiBr\,.\,3\,NH_3$; $LiBr\,.\,.\,2\,NH_3$ und $LiBr\,.\,NH_3$, von denen die letzte bei 97^0 schmilzt und sich bei 170^0 (C. R. 1900, Bd. 130 S. 1394) zersetzt.

Die Absorption von Ammoniakgas durch kristallisiertes Eisenchlorür und -bromür beschreibt FOWLER (Chem. News 1900, Bd. 82 S. 245 und 300). Bei gewöhnlicher Temperatur absorbiert das wasserfreie Chlorür 5—6 Moleküle Ammoniak; an der Luft zersetzt sich die entstandene Verbindung; beim Erhitzen im Ammoniakstrom entstehen verschiedene zusammengesetzte Stickstoffverbindungen, z. B. $FeNH_2Cl$ und Fe_2N.

Über das Verhalten von Aluminiumchlorid in einer Ammoniakatmosphäre liegen Arbeiten sowohl von PERSOZ[1]) wie von ROSE[2]) vor; da die Versuchsergebnisse der beiden untereinander nicht übereinstimmen, so nahm BAUD (C. R. 1901, Bd. 132 S. 134) diese Versuche wieder auf.

[1]) Ann. de Chim. et de Phys. 2. Serie, Bd. 44 S. 319, in der PERSOZ über die Verbindung $Al_2Cl_6\,.\,6\,NH_3$ berichtet.

[2]) Ann. de Chim. et de Phys. 2. Serie, Bd. 51 S. 28. ROSE erhielt die Verbindung $Al_2Cl_6\,.\,5,36\,NH_3$, die bei der Destillation $Al_2Cl_6\,.\,3,51\,NH_3$ und (im Wasserstoffstrome) $Al_2Cl_6\,.\,2.35\,NH_3$ ergab.

Beim Durchleiten von trocknem Ammoniakgas über wasserfreies Aluminiumchlorid (5—6 g) wird das Gas schon bei gewöhnlicher Temperatur unter starker Wärmeentwickelung so lange absorbiert, bis sich die Masse verflüssigt; dann wird die Absorption langsamer, die Masse erstarrt wieder, wird porös und zerfällt schließlich zu einem weißen Pulver, welches die Zusammensetzung $Al_2Cl_6 . 12 NH_3$[1]) zeigt. Diese Verbindung ist viel weniger hygroskopisch als reines Aluminiumchlorid. Wie seine Entstehungstemperatur beweist, ist $Al_2Cl_6 . 12 NH_3$ auch recht beständig. Beim langsamen Erhitzen verliert es nur $2 NH_3$ und es geht in die Verbindung $Al_2Cl_6 . 10 NH_3$ über. Diese letztere wurde im Wasserstoffstrome und unter Zuhilfenahme eines Metallbades erhitzt; bei 380° schmolz die Verbindung und fing bei 450° zu sieden an. Im Halse des Kolbens kondensierte sich dabei ein weißes Pulver von der Zusammensetzung $Al_2Cl_6 . 2 NH_3$. Diese Verbindung ist im Gegensatz zu allen anderen ammoniakalischen Aluminiumchloriden in Wasser vollkommen löslich, was sich durch die Annahme der Bildung einer Oxychloridverbindung erklären läßt.

Wird dagegen die oben erwähnte Verbindung $Al_2Cl_6 . 10 NH_3$ ohne Anwendung von Wasserstoffstrom erhitzt, so destilliert eine Substanz von der Zusammensetzung $Al_2Cl_6 . 4{,}61 NH_3$ über, die sich bei weiterer Untersuchung als ein Gemisch von $Al_2Cl_6 . 10 NH_3$ mit $Al_2Cl_6 . 2 NH_3$ erwiesen hat.

Setzt man wasserfreies Aluminiumchlorid oder die Verbindung $Al_2Cl_6 . 12 NH_3$ einer Ammoniakatmosphäre bei — 20 bis — 23° aus, so entsteht eine neue Verbindung $Al_2Cl_6 . 18 NH_3$, die viel unbeständiger als die anderen ist und leicht dissoziiert.

Für die Wärmetönungen dieser ammoniakalischen Aluminiumchloride, die in vielen Beziehungen sich analog den entsprechenden Kristallwasserverbindungen verhalten, fand BAUD (C. R. 1901, Bd. 132 S. 553—556 u. 690—692) folgende Werte:

$$Al_2Cl_6 + 12 NH_3 = Al_2Cl_6 . 12 NH_3 \quad . \quad . \quad + 268{,}23 \text{ Kal.}$$

oder pro je ein NH_3 werden frei 22,35 Kal.;

$$Al_2Cl_6 + 10 NH_3 = Al_2Cl_6 . 10 NH_3 \quad . \quad . \quad + 245{,}23 \text{ „}$$

oder pro je ein NH_3 werden frei 24,52 Kal.,

---

[1]) Die gleiche Verbindung erhielten durch Durchleiten von trocknem Ammoniakgas über wasserfreies Aluminiumchlorid STILLMANN und YODER, Americ. Chem. Journ. Bd. 17 S. 748; Auszug in Zeitschr. f. anorgan. Chem. 1897, Bd. 13 S. 370.

woraus sich die Wärmetönung bei dem Übergang aus $Al_2Cl_6 . 10\,NH_3$ in $Al_2Cl_6 . 12\,NH_3$ berechnen läßt:

$$Al_2Cl_6 . 10\,NH_3 + 2\,NH_3 = Al_2Cl_6 . 12\,NH_3 \quad . \; . \; . \quad + 23 \text{ Kal.}$$

Die sehr beständige, bei 450° destillierende Verbindung Al_2Cl_6 . . $2\,NH_3$ (Baud erhielt stets $Al_2Cl_6 . 2{,}2\,NH_3$) entwickelt bei ihrer Entstehung nach der Gleichung

$$Al_2Cl_6 + 2\,NH_3 = Al_2Cl_6 . 2\,NH_3 \quad . \; . \; . \quad + 82{,}28 \text{ Kal.}$$

oder pro je ein Gramm-Molekül Ammoniak 41,14 Kal.

Wie aus der weiter folgenden Zusammenstellung dieser Zahlenwerte ersichtlich ist, tritt der Zusammenhang zwischen der Wärmetönung und Beständigkeit der einzelnen ammoniakalischen Aluminiumverbindungen unverkennbar hervor:

	Wärmetönung der Reaktion	Wärmetönung pro je ein neu absorbiertes NH_3
$Al_2Cl_6 + 2\,NH_3 = Al_2Cl_6 . 2\,NH_3$ . . .	+ 82,28	: 2 = 41,14
$Al_2Cl_6 . 2\,NH_3 + 8\,NH_3 = Al_2Cl_6 . 10\,NH_3$	+ 162,95	: 8 = 20,37
$Al_2Cl_6 . 10\,NH_3 + 2\,NH_3 = Al_2Cl_6 . 12\,NH_3$	+ 23,00	: 2 = 11,05
$Al_2Cl_6 . 12\,NH_3 + 6\,NH_3 = Al_2Cl_6 . 18\,NH_3$	+ 49,62	: 6 = 8,27
Al_2Cl_6 fest + 18 NH_3 gasf. = $Al_2Cl_6 . 18\,NH_3$	+ 317,85.	

Drittes Kapitel.

Verflüssigtes Ammoniak als Lösungsmittel für Metalle und andere Körper.

(Ältere Arbeiten.)

A. Weyls Versuche.

Um für die Berechtigung der von AMPÈRE und BERZELIUS eingeführten und von HOFFMANN und WELTZIEN verfochtenen Ammoniumtheorie neue Stützpunkte zu gewinnen, unternahm W. WEYL (Annalen d. Physik u. Chemie 1864, Bd. 121 S. 601) auf RAMMELSBERGS Vorschlag eine Untersuchung über Verbindungen der Quecksilbersalze mit Ammoniak. Er beabsichtigte zuerst ein isoliertes Quecksilberammoniumoxyd zu erhalten und dann, von diesem ausgehend, die entsprechenden Verbindungen mit den elektronegativen Körpern darzustellen.

Durch Einwirkung von trockenem Ammoniakgas auf gelbes Quecksilberoxyd bei erniedrigter Temperatur und erhöhtem Druck erhielt WEYL eine Verbindung, die auf vier Äquivalente Quecksilberoxyd ein Äquivalent Ammoniak enthielt. Unter vollkommenem Lichtabschluß dargestellt, besaß diese Verbindung die reine gelbe Farbe des Oxyds; im entgegengesetzten Fall zeigte sie sich heller gefärbt und ließ beim Auflösen in Salzsäure eine geringe Menge Quecksilberchlorür zurück; längere Zeit dem Lichte ausgesetzt, schied sie metallisches Quecksilber aus. An der Luft zog sie begierig Kohlensäure an, gab aber gleichzeitig etwas Ammoniak ab. Beim Stehen über Schwefelsäure trat auch rasch eine Bräunung ein; auf einem Platinblech erhitzt, bräunte sich der vorher gelbe Körper und explodierte selbst bei Anwendung von sehr geringen Mengen mit Heftigkeit. Bei sehr vorsichtiger Erhitzung im Luftbade gelang es jedoch, auch größere Mengen (1—2 g) ohne Explosion zu zersetzen.

WEYL suchte die in dieser Verbindung enthaltenen drei Atome Wasserstoff an die entsprechende Sauerstoffmenge zu binden und als

Wasser zu entfernen, um ein Merkurammonium zu erhalten, in welchem sämtlicher Wasserstoff durch Quecksilber ersetzt wäre. Dies gelang auch, als die gelbe Verbindung in einem Strom von trockenem Ammoniakgas bei 100° erhitzt wurde. Die entweichenden Wasserdämpfe konnten in Kaliröhren absorbiert und gewogen werden; die ursprünglich gelbe Substanz wurde braun und zersetzte sich, dem Lichte und atmosphärischer Feuchtigkeit ausgesetzt, unter Entwickelung von Ammoniak.

Je vollkommener diese Verbindung entwässert wurde, desto mehr neigte sie zur Explosion und das Operieren mit 2—3 g dieses Körpers war nur bei vollkommen geschützten Händen und Gesicht möglich.

Es gelang jedoch nach Vermengen dieser Substanz mit sehr fein geriebenem Kupferoxyd bei langsam gesteigerter Erhitzung, sie ohne Explosion zu zersetzen, und so konnte man sich über die Abwesenheit von Wasserstoff überzeugen.

Das so erhaltene wasserfreie „Tetramerkurammoniumoxyd" nahm, als es der Einwirkung von wasserfreiem Kohlendioxyd ausgesetzt wurde, selbst unter dem Drucke einer 100 mm hohen Quecksilbersäule kein Gas auf. Mit trocknem Salzsäuregas behandelt, zersetzte sich die Verbindung in $HgCl_2$ und NH_4Cl, welches infolge eintretender Temperaturerhöhung sublimierte. Mit einer alkoholischen Lösung von Chlorwasserstoff in der Kälte behandelt, ging die Substanz unter Sauerstoffverlust in ein Chlorid über, welches in verdünnter Salpetersäure und Schwefelsäure unlöslich, in Salzsäure leicht löslich war und, mit Kalilauge oder Chlorkaliumlösung gekocht, Ammoniak entwickelte. Auch dieses Chlortetramerkurammonium explodiert beim raschen Erhitzen, wenn auch nicht so heftig wie das wasserfreie Oxyd.

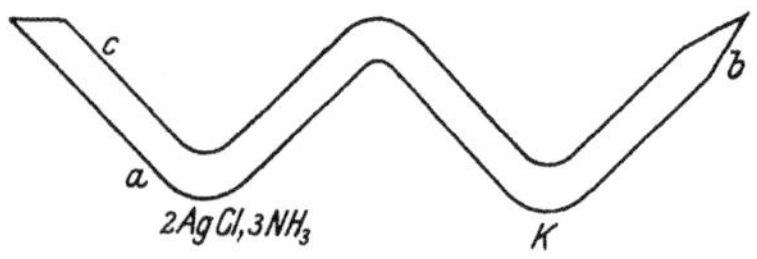

Fig. 6.

Da Weyl keine Möglichkeit sah, auf diesem Wege ein Quecksilberammonium zu isolieren, so suchte er nun ein Ammonium aus Ammoniak und einem dem vierten Wasserstoffatom korrespondierenden elektropositiven Metall darzustellen. Zu diesem Zwecke behandelte er metallisches Kalium mit Ammoniak. Dieses wirkt bei Zimmertemperatur und bei gewöhnlichem Druck auf Kalium nicht ein, und da bei erhöhter Temperatur sich Kaliumamid bildet, so versuchte Weyl Kalium und Ammoniak bei erhöhtem Druck zusammenzubringen, wozu eine Faradaysche Röhre von vorstehender Form (Fig. 6) angewandt wurde.

Zunächst wurde durch das offene Ende *c* möglichst oxydfreies Kalium nach *b* gebracht, alsdann der Schenkel *a* durch Ausziehen wenig verengt; hierauf erfolgte das Einfüllen des Chlorsilbers, welches mit trocknem Ammoniakgas gesättigt war; das Ende *c* wurde dann möglichst schnell zugeschmolzen und die Röhre mit dem Schenkel *a* in eine Chlorcalciumlösung eingetaucht. Die letztere wurde allmählich bis zum Sieden erhitzt; die Kaliumkügelchen im Schenkel *b* zeigten zuerst ein merkliches Aufquellen, wurden silberweiß, dann schwach messinggelb und verschwanden zuletzt unter Bildung einer kupferroten, metallglänzenden Flüssigkeit. Dieser Vorgang ist mit einer Selbsterwärmung des ganzen Schenkels verbunden; während der ganzen Dauer der Reaktion muß das ammoniakalische Chlorsilber geschmolzen erhalten und der Kaliumschenkel gegen die von der Chlorcalciumlösung ausgestrahlten Wärme etwa durch Eintauchen in Wasser geschützt werden, sonst ist das Springen der Röhren fast unvermeidlich. Die entstehende kupferrote, gänzlich undurchsichtige Metallflüssigkeit zeigte in sehr dünnen, an den Glaswandungen adhärierenden Schichten intensiv blaue Farbe, ohne daß hierbei entschieden werden konnte, ob dieselbe durch Kaliumammonium oder durch eine Verbindung des Ammoniaks mit dem nie zu vermeidenden Kaliumoxyd verursacht wurde. Beim Erkalten des mit Chlorsilber beschickten Schenkels trat ein Zerfall der im anderen Schenkel gebildeten Kaliumverbindung ein. Die Innenfläche des Rohres überzog sich mit einem Silberspiegel, die Rückzersetzung beendigte sich im Laufe eines Tages und der Versuch ließ sich mit derselben Röhre nach Belieben wiederholen. Beim Öffnen der Röhre erwies sich das Kalium als schwammig und ließ Ammoniak entweichen, behielt aber sonst alle seine charakteristischen Eigenschaften. Öffnete man die Röhre, bevor die Verbindung sich vollständig zersetzt hatte, so trat ein explosionsartiges Entweichen von Ammoniak ein. Versuche mit metallischem Natrium ergaben genau dieselben Resultate, nur zeigte das nach der Rückzersetzung zurückbleibende Natrium eine matte Fläche, wohingegen das Kalium eine stark metallglänzende Fläche aufwies. Ähnliche Versuche wurden auch mit Natrium- und Kalium-Amalgam ausgeführt. Das aus beinahe gleichen Teilen Natrium und Quecksilber zusammengesetzte pulverförmige Amalgam wurde nach zweistündiger Einwirkung des Ammoniaks fest und metallglänzend; unter der Lupe erschien es als eine homogene Masse und zeigte, wo es an den Wandungen der Röhre fest anlag, metallischen Glanz und die rötliche Farbe einer kupferreichen Bronze, während die Innenfläche der Metallmasse matt und ziegelrot erschien; wenige Stunden nach dem Erkalten zerfiel dies

Amalgam in Ammoniak, ein an Quecksilber ärmeres Natrium-Amalgam und Quecksilber.

Aus diesen Versuchen ließ sich schließen, daß die beobachteten Körper sich durch direkte Aneinanderlegung von Alkalimetall und Ammoniak bilden, denn ein etwaiges Entstehen einer Amidoverbindung durch teilweise Substitution des Wasserstoffes hätte die nachherige Regeneration des Ammoniaks unmöglich gemacht. Da die Zusammensetzung der erhaltenen Körper analytisch sich nicht feststellen ließ, versuchte WEYL die quantitative Synthese derselben durchzuführen. 3,052 g Kalium und 7,488 g Chlorsilber, welches, nach ROSES Vorschriften mit trocknem Ammoniak gesättigt, 1,33 g Ammoniak enthielt, wurden in eine FARADAYsche Röhre eingeschmolzen. Während des Einschmelzens zersetzte sich ein Teil des Chlorsilberammoniaks, so daß das in der Röhre gebliebene Ammoniak der darin vorhandenen Kaliummenge nicht mehr entsprach. Bei diesem Versuche zeigten die Kaliumkügelchen wiederum eine bedeutende Volumenvergrößerung, einen leichten messinggelben Glanz, aber keine weitere Veränderung. Beim zweiten Versuch wurden 1,947 g Kalium und die entsprechende Menge ungesättigten Chlorsilbers unter gleichzeitigem Durchleiten eines Wasserstoffstromes in die an beiden Enden offene Röhre eingefüllt; dann wurde durch Überleiten von trocknem Ammoniakgas das Chlorsilber mit dem Gase gesättigt und die Röhre vor der Lampe geschlossen. Der Versuch ergab, daß hier, wo auf je ein Äquivalent Ammoniak nur ein Äquivalent Kalium einwirken konnte, die zuerst beobachtete Verbindung sich vollkommen ausbilden konnte. Dieselbe hatte die Zusammensetzung $N\begin{cases}H\\H\\H\\K\end{cases}$, und nun suchte WEYL die Oxyde und Salze dieses Ammoniums zu erhalten, sowie die Frage zu beantworten, ob diese Verbindung ein Ammonium sei, in dem ein H durch K ersetzt ist, oder aber daß die Ammoniakgruppe NH_3 an Stelle des einen Atoms Kalium im Molekül $\begin{cases}K\\K\end{cases}$ getreten ist. Analoge Versuche (Annalen der Physik und Chemie 1864, Bd. 123 S. 350—368), in welchen statt der Alkalimetalle Zink und auch Quecksilber genommen wurden, ergaben selbst nach tagelanger Einwirkung von Ammoniak auf diese Metalle negative Resultate. Die Versuchsbedingungen wurden daher insofern abgeändert, als die Metalle in ihrem statu nascendi mit Ammoniak in Berührung kommen konnten. Zu diesem Zwecke wurden die Oxyde oder die Salze der zu untersuchenden Metalle mit dem soeben beschriebenen Natriumammonium zusammengebracht, so daß das Ammonium und Metall unter gleichzeitiger Bildung von Alkalioxyd frei werden und event. aufeinander einwirken konnten. Die Versuchsanordnung war die gleiche, wie bei den Alkalimetallen allein. Ein Schenkel der nachstehend abgebildeten Röhre (Fig. 7) wurde mit Chlorsilber, der andere mit einem Gemisch von Natrium und einem Oxyde oder Chloride des zuzufügenden Metalls in äquivalenten Mengen beschickt; das Chlorsilber wurde dann mit trocknem Ammoniakgas gesättigt und die beiden Enden der Röhre zugeschmolzen. Der Schenkel mit Chlorsilber wurde in einer Chlorcalciumlösung erwärmt und das sich entwickelnde Ammoniakgas zuerst von dem Metalloxyd oder -chlorid des Gemisches absorbiert; erst nach der Sättigung derselben wirkte das Ammoniakgas auf das Alkalimetall ein. Das so gebildete, über das Metallsalz hinfließende Natriumammonium bewirkte die gewünschte Umsetzung ohne merkliche Temperaturerhöhung im Verlauf von 1—2 Stunden. Infolge der Ammoniakabsorption durch die angewandten Chloride oder Oxyde, sowie durch die sich bildende *Na*-Verbindung gestaltete sich die Reaktion komplizierter, als gedacht wurde, und sie läßt sich durch folgendes Schema ausdrücken:

$$\left.\begin{matrix} Na \\ NH_3 \\ Na \\ NH_3 \end{matrix}\right\} + \left\{\begin{matrix} Ba \\ Cl \\ Cl \\ \cdots\cdots \\ 2NH_3 \end{matrix}\right. = \left\{\begin{matrix} NH_3 \\ Ba \\ NH_3 \end{matrix}\right. + 2\left\{\begin{matrix} Na \\ Cl \\ \cdots\cdots \\ NH_3 \end{matrix}\right. .$$

Fig. 7.

Solche Versuche wurden angestellt mit Baryum-, Kupfer-, Quecksilber- und Silberchloriden, sowie mit Zinkoxyd. Um sicher zu sein, daß die Eigenschaften der so gebildeten Metallammonium-Verbindungen durch das etwaige Vorhandensein bezw. Zurückbleiben von Natrium-Ammonium nicht beeinflußt werden, wurde zu diesen Versuchen etwas weniger als die äquivalente Menge Natrium genommen. Bei Kupfer- und Quecksilberchloriden fand vor der Umsetzung mit Natrium eine partielle Auflösung derselben in flüssigem Ammoniak statt. Während der Reaktion machte sich ein allmählicher Farbenumschlag vom Kupferrot bis ins Tiefblau wahrnehmbar, welche Farbe sämtlichen hier untersuchten Metallammonium-Verbindungen gleichkommt. Die Beständigkeit derselben wächst mit dem Ammoniakgasdrucke, dem sie ausgesetzt sind. Flüssiges Ammoniak „legiert sich“ mit sämtlichen Metallammonium-Verbindungen, ohne deren Charakter wesentlich zu ändern. Nach der Zersetzung blieben die Metalle in sehr fein verteiltem Zustande zwischen dem Chlornatrium zurück. Eine Rückbildung von metallischem Natrium fand nur bei Versuchen mit Baryumchlorid statt. Die ganze zurückgebliebene Masse, bestehend aus Kochsalz und Metall, behielt eine bedeutende Menge von Ammoniakgas zurück, das erst beim Öffnen der Röhre entwich.

Nun wurden diese Versuche in der Weise fortgeführt, daß anstatt der erwähnten Schwermetallverbindungen Ammoniumchlorid genommen wurde, und daß in der Röhre ein möglichst starker Druck und im Reaktionsschenkel eine tunlichst niedrige Temperatur herrschten. Die kupferrote Farbe des Natriumammoniums ging nach und nach in die einer dunklen Bronze über, und nach Verlauf von etwa einer Stunde zeigte sich die Röhre mit einer blauen, mit überschüssigem Ammoniak gemengten Flüssigkeit gefüllt, die noch viel zersetzbarer als die oben erwähnten Schwermetallammonium-Verbindungen war. Stieg die Temperatur über 12°, so hörte die Bildung dieser blauen Flüssigkeit, die Weyl für Ammonium hielt, auf, und die letztere zersetzte sich vielmehr in Ammoniak und freien Wasserstoff, dessen Vorhandensein qualitativ auch nachgewiesen wurde. Man konnte aber vermuten, daß die blaue Flüssigkeit auch Chlor in irgend welcher Form enthielt, und zur Aufklärung wurden die gleichen Versuche mit schwefelsaurem Ammonium wiederholt. Die Versuche ergaben ganz analoge Resultate, nur mit dem Unterschiede, daß statt Natriumchlorid Natriumsulfat zurückblieb. Die Durchführung der Versuche mit salpetersaurem Ammonium gelang infolge der Heftigkeit der Reaktion zwischen Natriumammonium und diesem Salz nicht.

Aus der Erwägung, daß, da Natriumammonium auf Chloride und Oxyde reduzierend wirkt, es bei Einwirkung auf Natronhydrat zur Bildung von Natriumoxyd und „Wasserstoffammonium“ etwa nach folgender Gleichung[1]) führen wird:

$$\begin{matrix} K \\ H \end{matrix} O + \left\{ \begin{matrix} K \\ NH_3 \end{matrix} \right. + 2\,NH_3 = \left\{ \begin{matrix} H \\ NH_3 \end{matrix} \right. + (K\,NH_3)_2\,O,$$

wurden 0,208 g Kalium und 0,298 g Kalihydrat der Einwirkung des Ammoniakgases ausgesetzt. Nach kurzer Zeit war die Bildung von Kaliumammonium und dessen gleichzeitige Einwirkung auf das Kalihydrat an dem Auftreten des intensiv blauen Körpers zu beobachten; er war gleichfalls, wie der aus Ammoniumsalzen erhaltene, flüssig und zerfiel wie jener nach wenigen Stunden in Ammoniak und Wasserstoff. Das

1) Im Original wird noch die dualistische Schreibweise angewandt:

$$\begin{matrix} \left.\begin{matrix} K \\ H \end{matrix}\right\} O_2 \\ \left.\begin{matrix} H \\ K \end{matrix}\right\} O_2 \end{matrix} + \left\{ \begin{matrix} K \\ NH_3 \\ \cdots\cdots \\ K \\ NH_3 \end{matrix} \right. + \begin{matrix} NH_3 \\ \\ NH_3 \end{matrix} = \begin{matrix} \left.\begin{matrix} H \\ NH_3 \end{matrix}\right\} \\ \left.\begin{matrix} H \\ NH_3 \end{matrix}\right\} \end{matrix} + 2 \left.\begin{matrix} K \\ NH^3 \\ K \\ NH_3 \end{matrix}\right\} O_2 .$$

Im ersten dieser Gleichung soll es wahrscheinlich statt $2\,NH_3$ $4\,NH_3$ heißen.

resultierende Kaliumoxyd war mit dem Ammoniak fest verbunden und bildete eine weiße kompakte Masse mit weißen glimmerglänzenden Bruchflächen; in trockener Luft war sie geruchlos, in feuchter zog sie Wasser an, zerfloß und roch stark nach Ammoniak; bei heftigem Schütteln mit Wasser zerteilte sie sich zu einem weißen Pulver, das sich erst nach einiger Zeit klar löste. Die Lösung entwickelte nach dem Kochen große Mengen von Ammoniak. Erhitzte man die trockne Substanz in einer Glasröhre, so entwichen nur geringe Mengen von Ammoniak unter gleichzeitiger Bildung von Kaliumamid, das an seiner blaugrünen Farbe erkennbar war. Ein für damals bequemes, von Weyl ausgearbeitetes Verfahren zur Darstellung einer Verbindung von Kalium- oder Natriumoxyd mit Ammoniak besteht darin, daß kleine Stückchen von Kalium oder Natrium in einer Kugelröhre während mehrerer Tage bei 100° C. einem Strome von trocknem Ammoniakgas und Luft ausgesetzt werden. Bei stärkerem Erhitzen ergaben die so erhaltenen Verbindungen eine blaue, geschmolzene Substanz, die bei weiterem Erhitzen an der Luft in Kaliumoxyd überging. Das Kaliumammoniumoxyd kann durch starkes Reiben bezw. Zusammendrücken zur Explosion gebracht werden.

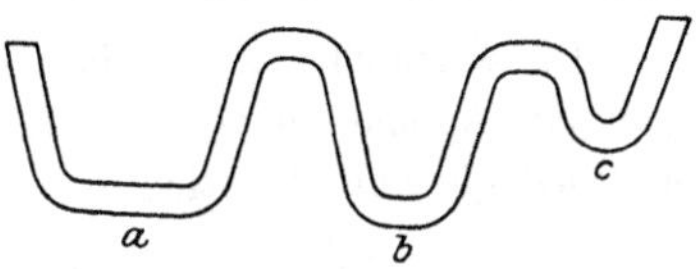

Fig. 8.

Durch Wiederholung derselben Versuche mit Natriummetall, Ätznatron und Ammoniak in Gegenwart von metallischem Quecksilber suchte Weyl ein Ammoniakamalgam herzustellen. Er benutzte hierzu das durch die Fig. 8 veranschaulichte Faradaysche Rohr. Der Schenkel *a* enthielt Chlorsilberammoniak, *b* Natrium und Natriumhyroxyd und *c* Quecksilber. Durch Neigen der Röhre läßt sich die sich bildende Natriumammoniumflüssigkeit mit Quecksilber zusammenbringen und durch Schütteln die Amalgamation unterstützen. Obgleich eine wesentliche Veränderung des Quecksilbers nicht beobachtet werden konnte, so entfärbte sich doch die blaue Flüssigkeit rasch nach dem jedesmaligen Schütteln mit dem Quecksilber, ohne daß eine Gasentwickelung zu beobachten gewesen wäre. Weyl deutete dies in der Weise, daß das in dem Ammoniak gelöste Ammonium von dem Quecksilber aufgenommen wurde, während die scheinbare Unveränderlichkeit des letzteren in der überwiegend größeren Menge desselben gegen das aufgenommene Ammonium seinen Grund hatte.

Analog dem Ammoniak schienen auch Kalium- und Natrium-amid befähigt zu sein, mit den Oxyden dieser Metalle Verbindungen einzugehen:

solange in dem durchzuleitenden Gasgemische aus Luft und Ammoniak das letztere vorwaltete, entstanden ausschliesslich Amide; die Bildung derselben fand weit unter der Temperatur statt, die sonst erforderlich ist, wenn man Amide durch Behandlung der Alkalimetalle mit Ammoniak allein (ohne mit Luft oder Sauerstoff gemischt) erzeugt, was sich durch die Bindung des freiwerdenden Wasserstoffs erklären läßt. Bei Vermehrung des Sauerstoffgehaltes im durchzuleitenden Gasgemische traten beide an das Metall, gleichzeitig Amid und Oxyd bildend, deren Verbindung bei Kalinm als tiefblaue und bei Natrium als rubinrote geschmolzene Masse von der behandelten Metallkugel abfloß; auch war es nicht nötig, Sauerstoff und Ammoniakgas gleichzeitig auf die geschmolzenen Metalle einwirken zu lassen, denn wenn man über das zuerst gebildete Amid Sauerstoff leitete, so entstand ebenfalls die Verbindung des Metalloxydes mit dem Metallamid. Diese Verbindung war im Ammoniakstrom noch bei 300° beständig; beim Überleiten von Luft oder Sauerstoff zersetzte sie sich unter Zurücklassung einer weißen, wie Alkalihydrat sich verhaltenden Masse.

Die Versuche mit verflüssigtem Ammoniak und Schwefelmetallen bezw. mit Ammoniummetallen und Schwefel fielen weniger. präzis aus. Aus Analogie zur Reaktion

$$4\,Hg_2O + 8\,NH_3 = (NHg_4)_2O + 3\,(NH_4)_2O$$

stellte Weyl folgende Gleichung auf:

$$4\,Na_2S + 8\,NH_3 = (NNa_4)_2S + 3\,(NH_4)_2S.$$

Im Anschluß an die beim Beginn seiner Arbeit ausgeführten Versuche mit Quecksilberoxyd, welche Weyl so deutete, daß durch den Zerfall eines Monomerkurammoniumoxyds sich ein Tetramerkurammoniumoxyd bilden kann, versuchte er nun aus den erhaltenen Monometallammoniumverbindungen (z. B. KNH_3) Tetrametallammonium (z. B. NK_4) zu erhalten, und behandelte zu diesem Zwecke metallisches Kalium in Faradayscher Röhre mit viel flüssigem Ammoniak. Anfänglich bildete sich Kaliumammonium, dann veränderte es sich zu einer tiefblauen und schließlich zu einer gelben Flüssigkeit, die das ganze Kalium gelöst enthielt. Bei Rückabsorption des Ammoniaks hinterblieb ein durchsichtiger, kristallinischer Körper, der an der Luft beständig war, mit Wasser heftig reagierte und unter starker Ammoniakentwickelung sich darin löste. Beim Öffnen der Röhre entwich viel Wasserstoff, und Weyl vermutete, dass der Körper, den er zu analysieren nicht in der Lage war, Amid wäre. Infolge dieses Mißerfolges bei Anwendung eines großen Überschusses an Ammoniak wiederholte Weyl diesen Versuch mit äquivalenten Mengen von Kalium und Ammoniak. Mehrere Wochen lang wurde der Chlorsilberschenkel in einem siedenden Chlorcalciumbade gehalten. Zuerst zeigte sich auch hier die Bildung der tiefblauen Flüssigkeit („Wasserstoffammonium"), nach der Rückabsorption des Ammoniaks hinterblieb ein wie das Kalium weißer, aber kristallinisch körniger, stark metallglänzender Körper, der durch Erwärmen in der Röhre auf 100° nicht geschmolzen werden konnte. Da aber Kaliummetall bei ca. 62° schmilzt, so war WEYL geneigt anzunehmen, daß er hier mit einem Tetrakaliumammonium zu tun hatte. Er führte dann die gleichen Versuche in Gegenwart von Quecksilber aus. Das erhaltene Amalgam wurde unter Luftabschluß bis zum Schmelzen erhitzt, um etwaiges anhaftendes Ammoniak auszutreiben. Beim Eintragen dieses Amalgams in Wasser zersetzte es sich unter langsamer Entwickelung von viel Wasserstoff- und Ammoniakgas, woraus WEYL den Schluß zog, daß die Umsetzung in Tetrametallammonium und Wasserstoffammonium auch beim Arbeiten mit Amalgamen eintreten kann.

In einer weiteren Abhandlung (Ann. d. Physik u. Chem. 1867, Bd. 131 S. 524—553) kommt WEYL auf das Tetramerkurammoniumoxyd und seine Verbindungen zurück.

Diese Arbeit gibt eine Übersicht über das auf diesem Gebiete schon Geleistete sowie über eine größere Anzahl eigener Versuche. Die Resultate dieser Untersuchungen führten WEYL zu folgenden Schlüssen:

1. „Es entstehen durch Einwirkung von flüssigem Ammoniak auf Quecksilberoxyd, -oxyjodid, -oxychlorid Körper, die als Derivate von Tetramerkurammonium angesehen werden können."
2. „Läßt man gasförmiges Ammoniak bei erhöhter Temperatur (130°) auf Quecksilberoxychlorid oder -oxyjodid einwirken, so entstehen die von KANE und RAMMELSBERG schon untersuchten Körper, welche als Derivate eines Oxymerkurammoniums oder als Merkuramidooxychlorid bezw. -oxyjodid aufgefaßt werden können."
3. „Wirkt gasförmiges Ammoniak bei 190° auf Quecksilberoxyd, so bildet sich, wie durch Einwirkung von flüssigem Ammoniak, auch hier das Oxyd des Tetramerkurammoniums."
4. „Wirkt gasförmiges Ammoniak bei gewöhnlicher Temperatur auf Quecksilberoxyd, so entsteht ein Produkt, das als Trihydrat des Tetramerkurammoniumoxydes[1]) angesehen werden kann. Bei 80° geht das letztere in Monohydrat über und bei 100° entsteht ein wasserfreies Oxyd selbst."

---

[1]) Dessen Zusammensetzung $(NHg_4)_2O,\ 3\,H_2O$ sein soll.

Auch bis in die neueste Zeit wird noch ab und zu auf WEYLS Arbeiten über die Merkurammonium-Verbindungen zurückgegriffen und so seien hier nur als Beispiel einige diesbezügliche Veröffentlichungen angeführt:

FRANÇOIS (C. R. 1899, Bd. 129 S. 296), Dissoziation des Quecksilberjodidammoniums $HgJ_2 . 2 NH_3$, dargestellt mittels gasförmigem trocknem Ammoniak;

FRANÇOIS (C. R. 1900, Bd. 130 S. 332, 571 und 1022), Quecksilberammoniummono- und -dijodid aus wässerigen Ammoniaklösungen;

PRAFULA CHANDRA RÂY,[1]) Konstitution der Dimerkurammoniumsalze (Chem. Centralbl. 1902, S. 1268, und 1903, S. 127) und

JATINDRANÂTH SEN,[2]) Zersetzung dieser Salze in der Wärme (Chem. Centralbl. 1903, S. 127).

Unter Hervorhebung des großen Verdienstes von WEYL, die Löslichkeit der Alkalimetalle bei Einwirkung von Ammoniak unter Druck und die Entstehung der blauen Flüssigkeit entdeckt zu haben, trat SEELY (New Jork) in einer Reihe von Veröffentlichungen den Ansichten WEYLS über die Natur dieser Flüssigkeit mit Entschiedenheit entgegen. [„Ammoniumamalgam" (geschichtliche Übersicht) Chemical News 1870, Bd. 21 S. 265. „Das Lösungsvermögen des wasserfreien Ammoniaks" (kurze Notiz) ibid. 1870, Bd. 22 S. 217. „Ammonium und metallische Lösungen" (die wichtigste der Abhandlungen) ibid. 1871, Bd. 23 S. 169. „Die Farbe der Metalle" ibid. 1871, Bd. 24 S. 223.]

Für SEELY war es eine feststehende Tatsache, daß „wasserfreies verflüssigtes Ammoniak sich den Alkalimetallen gegenüber als ein gewöhnliches Lösungsmittel ohne irgend welche bestimmten chemischen Wirkungen verhält. „Ich meine," fährt SEELY weiter fort, „daß diese Metalle in Ammoniak in gleicher Weise wie Salze in Wasser sich auflösen — der feste Körper wird in den flüssigen Zustand übergeführt, und wird die Flüssigkeit eingedampft, so erscheint der feste Körper in seinem ursprünglichen Zustande und seinen ursprünglichen Eigenschaften". Dies suchte SEELY durch folgende Versuche zu beweisen: Metallisches Natrium wurde der Wirkung von wasserfreiem Ammoniakgas (mittels Chlorcalcium getrocknet) ausgesetzt. Bevor noch das Ammoniakgas sich zu verflüssigen begann, verlor das Natrium nach und nach seinen Glanz, färbte sich und verwandelte sich zu einem

[1]) Proceedings Chem. Soc. Bd. 17 S. 96 und Bd. 18 S. 85.

[2]) Zeitschr. f. anorg. Chem. 1902, Bd. 33 S. 193—196 und 197—208.

Klumpen. Das feste Metallstück wurde breiig und dann zerran es zu einer homogenen, leicht beweglichen, undurchsichtigen Flüssigkeit, die während ihrer Entstehung und auch noch kurze Zeit nachher glänzende kupferrote Färbung aufwies. Frische Mengen des sich verflüssigenden Ammoniaks vermischten sich mit der Flüssigkeit, die nach und nach verschiedene Färbungen annahm, bis sie schließlich wie bei auffallendem, so bei durchfallendem Licht von schön blauer Farbe und wie eine Anilinblaulösung durchsichtig erschien. In gleicher Weise wie die Entstehung dieser blauen Flüssigkeit ging auch die Ausscheidung des metallischen Natriums beim Abdampfen der Lösung ganz glatt und ohne irgend welche Unregelmäßigkeiten vor sich, und schon in dieser Tatsache allein erblickt Seely den unumstößlichen Beweis, daß man es hier mit einem einfachen Auflösungsvorgang zu tun hat. Bei langsamer Verdunstung der Flüssigkeit scheidet sich das Natrium in Form von kleinen schneeartigen Kristallen aus.

Was das überraschende und scheinbar anormale Auftreten von verschiedenen Färbungen anbetrifft, so könnte man dies, nach Seelys Ansicht, sogar voraussehen: Natrium erscheint zwar unserem Auge weiß, aber dem weißen Licht, welches das Natrium zurückwirft, sind viele rote Strahlen beigemengt. Würde durch irgend welchen äußeren Umstand das zurückgeworfene Licht in gew. Weise zerlegt, so würde Natrium als ein prachtvoll rotes Metall erscheinen. Ammoniak tritt hier als ein solches lichtzerlegendes Mittel auf, indem es wahrscheinlich die Dichte und die Undurchsichtigkeit der Natriumschicht an der Oberfläche vermindert, und darum erscheint uns eine konzentrierte Natriumlösung kupferrot. Auch das Auftreten der blauen Färbung überrascht Seely nicht, und er weist darauf hin, daß auch Indigo, Anilinblau, Berlinerblau u. a. m. beim Übergange aus verdünntem in den konzentrierten Zustand ebenfalls uns metallisch-rot erscheinen, und da Natrium ein von keinem Anilinfarbstoffe übertroffenes Färbungsvermögen besitzt, so treten hier diese Erscheinungen in noch stärkerem Maße hervor. Als Seely statt reinen Natriums kristallisiertes Natriumamalgam der Einwirkung von Ammoniak unterwarf, blieb das Natriumamalgam ganz unverändert zurück,[1]) was er sich dadurch erklärte, daß Natrium selbst an Quecksilber stärker als an Ammoniak gebunden sei,

[1]) Die von Weyl wahrgenommene Veränderung in der Zusammensetzung des *Na*-Amalgans ist nach Seely lediglich darauf zurückzuführen, daß das letztere mit Alkalimetall überladen war, da sie aus beinahe gleichen Teilen *Na* und *Hg* bestand, was etwa der Zusammensetzung $HgNa_8$ entsprach.

und wenn man im Natriumamalgam keine bestimmte chemische Verbindung anerkennen will, so hat man noch weniger Grund, die blaue Flüssigkeit als eine bestimmte chemische Verbindung anzusehen; SEELY schien daher als durchaus wahrscheinlich (direkte Versuche wurden nicht angestellt), daß Natrium seiner ammoniakalischen Lösung durch Quecksilber entzogen werden kann. Wird ein Salz eines zu Natrium sich elektrisch negativ verhaltenden Metalls mit Natrium und Ammoniak behandelt, so erhält man das reine Metall unter gleichzeitiger Entstehung des entsprechenden Alkalisalzes. Diese Reaktion ist mit Wärmeentwickelung verbunden und kann als ein sehr einfaches und elegantes Verfahren zur Darstellung von seltenen Metallen angesehen werden. Außer mit Natrium stellte SEELY noch mit anderen Metallen Versuche an:

Kalium erwies sich als leicht löslich und verhielt sich ganz dem Natrium analog.

Lithium war weniger leicht löslich; die Lösung war „ebenfalls" blau (vgl. die späteren Arbeiten von MOISSAN u. a.).

Mit Rubidium mißglückte der Versuch; nach SEELYS Meinung dürfte sich Rubidium analog dem Kalium verhalten.

Negative Resultate erhielt SEELY mit Aluminium, Magnesium, Thallium, Indium, Quecksilber und Kupfer.

Im Zusammenhange mit den letzterwähnten Versuchen von SEELY über das Verhalten der Metallammoniumlösungen sei hier noch der Versuche von HANNAY und HOGARTH über die Löslichkeit fester Substanzen in Gasen und Dämpfen (Proceedings Roy. Soc. Bd. 29 S. 324 und Chem. News 1880, Bd. 41 S. 105) gedacht. Sie haben dabei auch Natrium mit verflüssigtem Ammoniak bei hohem Drucke (sie wandten bei ihren Arbeiten Druck bis 300 Atmosphären an) in einem Eisenrohr erhitzt und erhielten dabei Natriumamid.

WOOD (Chem. News 1880, Bd. 41 S. 133) machte daraufhin noch einige kurze Bemerkungen über das Verhalten von Natriumammoniumlösungen Quecksilber gegenüber.

Die Frage über die Existenz des Ammoniumamalgams ist vielfach wie vor, so auch nach WEYL und SEELY behandelt worden. Hier seien einige neuere Arbeiten über die Darstellung von Ammoniumamalgam aus wässerigen Lösungen nur kurz erwähnt. Die Versuche, Ammoniumamalgam aus flüssigem Ammoniak zu erhalten, sollen dagegen erst später behandelt werden.

Pocklington (Electrician 1898, Bd. 41 S. 457, bezw. Zeitschr. f. Elektrochem. Bd. 5 S. 139) zieht aus seinen Versuchen und Messungen der elektromotorischen Kraft eines aus wässerigen Lösungen elektrolytisch abgeschiedenen Ammoniumamalgams gegen Kupfer folgende Schlußfolgerungen: „Das sogenannte Ammoniumamalgam ist im Augenblicke seines Entstehens tatsächlich ein Amalgam des freien Radikals Ammonium, welches sich jedoch schnell zu Quecksilber, Wasserstoff und Ammoniak zersetzt. Die beiden Gase bilden auf der Oberfläche des Quecksilbers einen Schaum, welcher allgemein als das Amalgam angesehen wurde. Die Zersetzung verhindert die Untersuchung seiner chemischen Eigenschaften."

Daraufhin erinnerte Ostwald (Zeitschr. f. Elektrochem. Bd. 5 S. 188) an die diesbezüglichen Arbeiten von Le Blanc (Zeitschr. f. physikal. Chem. 1890, Bd. 5 S. 467), der „nicht nur die Existenz des Ammoniumamalgams durch dessen elektromotorische Kraft, sondern auch die einer Anzahl substituierter Ammoniumderivate nachgewiesen hat, wobei interessante Beziehungen zwischen der Zusammensetzung elektromotorischer Kraft und Beständigkeit sich ergeben hatten".

Dieselbe Frage erörterte A. Coehn (Zeitschr. f. anorgan. Chem. 1901, Bd. 25 S. 430, bezw. Zeitschr. f. Elektrochem. Bd. 7 S. 496 u. S. 965). Auf Grund der Messungen der Zersetzungsspannungen von Ammoniumsalzen an Silberkathoden und Wiederholung der Landoltschen Versuche über das Reduktionsvermögen des Ammoniumamalgams gegenüber Kupfersulfatlösungen, wobei Coehn bei Temperaturen unterhalb 0^{0} arbeitete, kommt er zum Schlusse, daß dem Ammonium metallische Natur zukommt. Das gleiche betonte Coehn auch in der 73. Versammlung Deutscher Naturforscher und Ärzte in Hamburg: „Das Verhalten des Ammoniums entspricht vollkommen demjenigen der Alkalimetalle und führt zur Wiederlegung eines noch bestehenden Einwandes gegen die metallische Natur des Ammoniums."

Der Vollständigkeit halber sei hier noch des sogenannten „Ammoniumeisens" von Meidinger gedacht: Aus dem Umstand, daß es nicht gelingt, aus der Lösung eines einfachen Eisenoxydulsalzes (Chlorür oder Sulfat) blankes Metall elektrolytisch abzuscheiden, wohl aber wenn der Lösung (z. B. Eisenchlorür) bedeutende Mengen Ammoniumsalz (z. B. Salmiak) beigefügt sind, schließt Meidinger[1]) (Chem. Centralbl. 1862, S. 78), daß der elektrolytische Niederschlag eine Legierung von Eisen mit etwas metallischem Ammonium sei.

---

[1]) Neues Jahrbuch für praktische Pharmazie Bd. 16 S. 295—296.

Aus den Untersuchungen von A. SIEMENS (Zeitschr. f. anorgan. Chem. 1904, Bd. 41 S. 258) scheint hervorzugehen, daß man hier nicht mit einem „Ammoniumeisen“, sondern mit einem Eisenniederschlag, der eingeschlossenes Ammoniumsalz enthält, zu tun hat.

Ein fast ebenso stark ammoniumhaltiges Eisen enthielt SIEMENS, als eine normale mit Ammoniumsulfat reichlich versetzte Ferrosulfatlösung mit 0,25 Amp. pro Quadratdecimeter bei gewöhnlicher Temperatur elektrolysiert wurde. Das erhaltene Eisen war vorzüglich dicht, hatte eine bläulich-weiße, fast seidenglänzende Farbe und wies 1,07 % Ammonium auf. Die im Eisenniederschlag vorgefundene Schwefelsäuremenge war bedeutend (um das Vierfache) größer als die, welche das Ammonium für sich in Anspruch nehmen mußte.

Bei der Elektrolyse von Lösungen von Nickel- und Ammoniumsulfat erhält man ebenfalls ammoniumsulfathaltige Niederschläge. Dagegen erhält man bei der Elektrolyse von wässerigen Lösungen von Silber- und Ammoniumsulfat einen Silberniederschlag, welcher gegen das aus reiner Silbernitratlösung gefällte Silber eine noch eben meßbare Potentialdifferenz aufweist. Daraus zieht SIEMENS die Schlußfolgerung, daß man hier mit einer wahren Silberammoniumlegierung zu tun hat.

B. Lösungsvermögen des flüssigen Ammoniaks nach Gore.

Die erste systematische Untersuchung über die auflösende Wirkung des verflüssigten Ammoniakgases verdanken wir GORE (Proceedings of the Roy. Soc. 1872, Bd. 20 S. 441, und 1873, Bd. 21 S. 140 bis 147), der diese Arbeit im Anschluß an seine Versuche mit verflüssigtem, wasserfreiem Cyangas (ibid. Bd. 20 S. 67—70) unternahm.

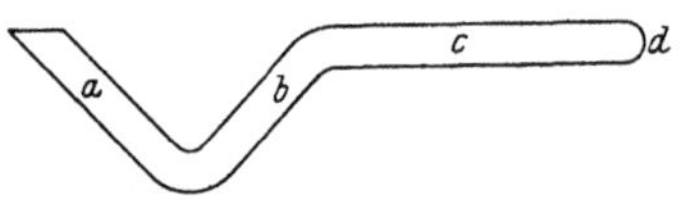

Fig. 9.

Die Versuche wurden in Glasröhren (Fig. 9), die an einem Ende zugeschmolzen waren und am anderen Ende *a* mit Guttaperchapfropfen geschlossen werden konnten, ausgeführt. Als Quelle für flüssiges Ammoniakgas diente das mit trocknem Ammoniakgas gesättigte wasserfreie Chlorcalcium, welches in dem ca. 20 cm langen Teil *c*—*d* der Glasröhre sich befand; für die zu untersuchenden Substanzen war der Schenkel *a*—*b* bestimmt. Nach dem Schließen der Rohrmündung mit dem Propfen wurde der Teil *c*—*d* der Röhre bis auf sichtbare Rotglut erhitzt. Das entweichende Ammoniakgas verflüssigte sich im Schenkel *a*—*b*. Nach Beendigung eines Versuches und Abkühlen der Röhre wurde das Ammoniakgas vom Chlorcalcium resorbiert, der Druck in der Röhre verschwand und die Versuchs-Substanz wurde sofort untersucht. Auf diese Weise konnte eine und dieselbe Glasröhre zu mehreren Versuchen dienen.

Es wurden 250 Substanzen auf ihr Verhalten dem verflüssigten Ammoniakgas gegenüber untersucht; die betreffenden Substanzen waren chemisch rein und, wo nicht das Gegenteil angegeben ist, auch wasserfrei.

Wasser ist mit flüssigem Ammoniak mischbar. Nach dem Abkühlen der Röhre und Rückabsorption des Ammoniakgases durch Chlorcalcium hinterbleibt infolge des zurückgehaltenen Ammoniaks doppelt so viel Wasser im Vergleich zur angewandten Menge zurück.

Jod bildet mit flüssigem Ammoniak zuerst einen dünnen Sirup, um sich dann zu einer vollständig durchsichtigen und klaren Flüssigkeit zu lösen. Nach dem Abdampfen von Ammoniak scheiden sich schwarze, rotschimmernde Kristalle von scheinbar unverändertem Jod aus. Ob die Kristalle auch eine der explosiven Jodstickstoffverbindungen enthielten, ist nicht untersucht worden. Jodsäure ist im flüssigen Ammoniak weder löslich, noch zeigt sie sonst welche Veränderung.

Holzkohle sowie Brodies „Graphitschwamm“ sind in dem verflüssigten Ammoniak weder löslich noch veränderlich.

Dichloracetylen (C_2Cl_2) mischt sich mit flüssigem Ammoniak nicht, löst sich aber darin in geringen Mengen zu einer hellbraunen Flüssigkeit auf.

Flüssiges Perchloräthylen (C_2Cl_4) ist mit flüssigem Ammoniak mischbar und nach dem Abdampfen des Ammoniaks bleibt es unverändert zurück.

Festes Perchloräthan (C_2Cl_6) ist in flüssigem Ammoniak weder löslich noch veränderlich und bleibt nach dem Abdampfen des Ammoniaks zurück.

Flüssiger Tetrachlorkohlenstoff (CCl_4) verhält sich wie Perchloräthylen (C_2Cl_4).

Fester Tetrabromkohlenstoff löst sich in flüssigem Ammoniak schnell und in großen Mengen auf und beginnt aus der Lösung erst dann zu kristallisieren, wenn fast das gauze Lösungsmittel bereits verdunstet ist.

Kristallisiertes Bor, Borsäureanhydrid sowie präzipitierte Kieselsäure sind in flüssigem Ammoniak unlöslich.

Schwefel löst sich darin nur in geringen Mengen mit tiefer Purpurfarbe auf; beim Abdampfen des Lösungsmittels bleibt er in Form eines gelben Häutchens zurück. Das flüssige Chlorschwefel[1]) wird durch Ammoniakgas dunkelrot gefärbt und fest; durch flüssiges Ammoniak färbt es sich purpurrot und wirkt, wie es scheint, auf das Lösungsmittel chemisch ein.

Schwefelkohlenstoff färbt sich durch Ammoniakgas gelb und wird dabei undurchsichtig; in flüssigem Ammoniak erstarrt er zu einer gelben voluminösen Masse.

Selen bleibt in flüssigem Ammoniak unverändert. Selenige Säure ist zwar unlöslich, scheint aber trotz dem Umstande, daß weder eine Volumen- noch sonst welche auffallende Änderung wahrgenommen werden konnte, mit dem Ammoniak doch in irgend welche Verbindung einzugehen.

Blankes Tellur bleibt unverändert.

Roter Phosphor scheint durch flüssiges Ammoniak sich nicht zu verändern; weißer Phosphor löst sich zu einer gelben Flüssigkeit, bleibt aber nach dem Abdampfen des Lösungsmittels zurück.

Phosphorpentoxyd schrumpft in Ammoniakgas zusammen und nimmt ein geringeres Volumen an; in flüssigem Ammoniak ist es, wenn auch in geringem Grade, löslich, bleibt aber, wie es scheint, unverändert.

Wasserfreie Phosphorsäure erfährt keine merkbaren Veränderungen.

Phosphortrichlorid reagiert heftig und erstarrt dann zu einer weißen Masse.

Phosphorpentachlorid ist leicht löslich und kristallisiert beim Verdampfen des Lösungsmittels aus.

Metallisches Arsen wird durch flüssiges Ammoniak nicht verändert.

Kristallisierte Arsensäure löst sich nur sehr wenig auf.

Arsentrichlorid reagiert merkbar und bildet eine weiße, starre Masse. Arsentrijodid wird weiß und quillt nicht unerheblich auf. Realgar wird gelb, löst sich zum Teil zu einer gelben Flüssigkeit auf, die beim Eindampfen einen orangegelben Rückstand hinterläßt. Auripigment färbt sich in Ammoniakgas dunkelbraun; in flüssigem Ammoniak ist es nur schwer löslich; es entsteht dabei eine blaßgelbe Flüssigkeit, die beim Eindampfen ein gelbes Häutchen hinterläßt.

[1]) „Chloride of sulphur“ ohne nähere Angabe der Zusammensetzung.

Metallisches Antimon sowie Antimonsesquioxyd und antimonige Säure schienen sich nicht zu verändern. Antimonsäure (-hydrat) scheint nur wenig löslich zu sein. Geschmolzenes Antimonfluorid quillt stark auf, ohne sich dabei zu lösen; auch nach dem Abdampfen des Lösungsmittels bleibt es gequollen zurück. Das gleiche gilt von den wasserhaltigen Kristallen des Antimontrichlorids, die stark aufquellen, ohne sich dabei zu lösen. Bei Antimonoxychlorid läßt sich keine Reaktion wahrnehmen. Antimontribromid löst sich mit Leichtigkeit auf, dagegen das Oxybromid ist nur sehr schwer löslich. Antimontrijodid färbt sich unter scheinbar eintretender Reaktion gelb, löst sich zum Teil und setzt sich auf den Boden in Form eines dichten Niederschlages ab; die darüber stehende Schicht des flüssigen Ammoniaks bleibt ganz klar und farblos. Schwarzes und rotes Antimonsesquisulfid bleiben scheinbar unverändert, aber jedes derselben teilt der Flüssigkeit eine schwache violette Färbung mit. Die orange gefärbte Modifikation des Antimonsulfides ist ziemlich löslich, ergibt eine undurchsichtige, bräunlich-grüne Flüssigkeit und wird wieder orange nach dem Abdampfen des Lösungsmittels.

Vanadinsäure sowie Stickstoff-Vanadium zeigen keine merkbare Reaktion.

Schwarzes, fein gepulvertes Molybdän färbt die Flüssigkeit schwach kobaltblau, ohne sich dabei im Umfange merkbar zu verändern. Molybdänsäure wird ganz weiß, bleibt aber ungelöst. Natürliches Molybdänsulfid, Wolfram (als schwarzes Pulver), sowie Wolframsäure üben auf flüssiges Ammoniak keinerlei Wirkung aus.

Metallisches Wismut, sein Hydroxyd und Fluorid scheinen ohne Einwirkung auf flüssiges Ammoniak zu sein. Das wasserhaltige Chlorid quillt stark auf, ist ziemlich leicht löslich und erhält nach dem Abdampfen des Lösungsmittels das ursprüngliche Aussehen zurück. Wismut-carbonat und -sulfid scheinen keine merkbare Veränderung zu erfahren.

Metallisches Osmium wurde in merkbarer Weise nicht verändert. Osmiumsäure scheint sich chemisch zu verändern; es entsteht zuerst eine gelbe, dann rote und schließlich dunkelbraune, trübe, aus einem suspendierten Niederschlag und beinahe farbloser Flüssigkeit gebildete Mixtur; nach dem Abdampfen der Lösung bleibt jedoch die ursprüngliche Substanz zurück.

Schwarzes Iridiumoxyd sowie Splitter von Osmium-Iridium scheinen keine Wirkung hervorzurufen.

Metallisches Palladium wird nicht angegriffen.

Palladiumbichlorid wird weiß, quillt auf, ist ein wenig löslich und gibt eine klare, gelbe Lösung. Die ungelöst gebliebene, sowie auch die nach dem Abdampfen der Flüssigkeit zurückbleibende Substanz ist weiß und gequollen.

Palladiumsulfid wird nicht verändert.

Das gleiche trifft für Platinoxyd zu.

Platin-bi- sowie -tetrachlorid werden in flüssigem Ammoniak fast weiß und lösen sich, wenn auch ziemlich schwer, mit gelber Farbe auf.

Platintetrajodid wird rot, löst sich leicht zu einer rotgelben Flüssigkeit auf und kristallisiert aus der Lösung in roten Nadeln, die jedoch später zu einem schwarzen Rückstand zerfallen.

Goldtetrachlorid erleidet Zersetzung und das entstehende Produkt ist sehr wenig löslich.

Metallisches Silber bleibt unverändert.

Sillberoxyd quillt, ohne sich zu lösen, stark auf, nimmt aber nach dem Abdampfen seine ursprüngliche Gestalt an.

Silberperoxyd (erhalten durch Elektrolyse einer reinen Silberfluoridlösung unter Benutzung von Platinelektroden) wird braun und färbt die Flüssigkeit schwach gelb, ohne dabei merklich in der Masse einzubüßen.

Silbercyanid ist sehr leicht löslich und kristallisiert mit fortschreitendem Verdampfen der Flüssigkeit aus.

Silbernitrat ist ebenfalls sehr leicht löslich und kristallisiert beim Eindampfen in langen Nadeln aus.

Das gelbe Silberfluorid quillt ein wenig auf, wird viel heller (fast weiß), geht in geringen Mengen in die Lösung über und scheidet sich beim Abdampfen in nadelförmigen Kristallen aus.

Pulverförmiges Silberchlorid quillt, ohne sich dabei zu lösen, stark auf; auch nach dem Eindampfen bleibt es gequollen zurück.

Geschmolzenes Silberbromid verliert seine Durchsichtigkeit, quillt auf, wird weiß, ist schwer löslich und kristallisiert beim Eindampfen aus.

Silberjodid ist leicht und schnell löslich und bildet eine dicke, farblose Flüssigkeit. Erst wenn die Flüssigkeit fast ganz eingedampft ist, scheidet sich das Salz in Form von farblosen Kristallen aus.

Jodsaures Silber scheint unverändert zu bleiben.

Silbercarbonat bräunt sich und quillt stark auf, löst sich jedoch nicht und zeigt nach dem Abdampfen seinen ursprünglichen Umfang und Farbe.

Silbersulfat quillt stark auf, zerfällt in feines weißes Pulver, erhält aber nach dem Eindampfen seine ursprüngliche Gestalt wieder.

Silberphosphat, -arseniat und -vanadat sind unlöslich und erleiden keine Veränderung.

Quecksilber bleibt unverändert zurück.

Gelbes wie rotbraunes Quecksilber (beide durch Ausfällen erhalten) gehen weder in Lösung, noch zeigen sie sonstwelche Veränderung.

Salpetersaures Quecksilber wird durch Ammoniakgas schwarz und ist in flüssigem Ammoniak bis zu einem gewissen Grade löslich; beim Eindampfen bleibt ein dunkelgrauer feiner Niederschlag zurück, welcher, wie es scheint, aus kleinen Kügelchen von metallischem Quecksilber besteht.

Quecksilbercyanid ist leicht löslich und beginnt erst beim Verdampfen der letzten Flüssigkeitsreste auszukristallisieren.

Quecksilberchlorür wird durch Ammoniakgas gebräunt; in flüssigem Ammoniak ist es sehr leicht löslich und bildet eine dicke Flüssigkeit, die merkwürdigerweise sich mit überschüssigem flüssigem Ammoniak nicht vermischt. Beim Eindampfen bleibt das Salz als kristallinische Masse zurück.

Quecksilberchlorid ist ebenfalls leicht löslich und bildet eine ebenfalls dicke farblose Flüssigkeit, die wie die Quecksilberchlorürlösung mit überschüssigem flüssigen Ammoniak weder mischbar noch darin löslich ist. Beim Eindampfen geht zuerst das überschüssige Ammoniak und dann erst das Ammoniak der Lösung weg, wobei das Salz kristallinisch zurückbleibt.

Quecksilberbromid zerfällt in flüssigem Ammoniak zu Pulver und scheint auf das Lösungsmittel einzuwirken, löst sich aber darin nur in geringen Mengen auf.

Scharlachrotes Quecksilberjodid wird in flüssigem Ammoniak zuerst gelb, dann tief braun und löst sich darin reichlich auf; beim Eindampfen der Lösung scheidet sich das Salz in kristallinischer Form aus.

Quecksilbersulfid bleibt unverändert.

Bei wasserfreiem schwefelsaurem Quecksilberoxyd ist nur eine geringe Einwirkung zu konstatieren; das wasserhaltige Salz quillt stark auf, färbt das Lösungsmittel violett und nimmt nach dem Abdampfen desselben das ursprüngliche Volumen ein.

Kupfer verliert seinen metallischen Glanz und färbt das flüssige Ammoniak hellbraun; wird diese bräunliche Lösung sehr stark eingedampft, so zeigt die konzentrierte Flüssigkeit eine tiefblaue Färbung; Kupferfeilspäne zeigen keine stärkere Wirkung.

Kupferoxydul ist beinahe unlöslich, bleibt aber nicht ohne eine geringe Einwirkung auf das Lösungsmittel.

Kupferoxyd ist unlöslich und bleibt auch sonst unverändert.

Weißes, wasserfreies Kupferfluorid färbte sich tiefblau, die Lösung selbst nahm aber die Färbung nur in sehr geringem Maße an. Das wasserfreie Kupferchlorid wird ebenfalls tiefblau, quillt stark auf, bleibt aber ungelöst und färbt das Lösungsmittel nicht.

Nicht ganz wasserfreies Kupferjodür färbte sich teilweise grün, wobei auch das Lösungsmittel eine schwache Färbung bekam, zeigte aber sonst keine Löslichkeitserscheinungen.

Kupfercyanid wurde tiefblau und löste sich bis zu einem gewissen Grade auf.

Kupfereisencyanür wurde stark grün, behielt aber den festen Aggregatzustand.

Kupfercarbonat übt keine Wirkung aus.

Schwefelkupfer (CuS) färbte sich an der Oberfläche tiefblau.

Weißes wasserfreies Kupfersulfat wurde tiefblau und quoll stark auf, ohne aber das Lösungsmittel selbst dabei zu färben. Auch nach dem Abdampfen des Lösungsmittels behielt es sein vergrößertes Volumen.

Phosphorsaures Kupferoxyd zeigte keine merkbare Veränderung.

Nickelfeilspäne blieben unangegriffen. Ebenso verhielten sich das wasserfreie Oxyd und das Hydroxyd des Nickels.

Nickelfluorid zeigte keine große Veränderung und blieb ungelöst.

Beinahe wasserfreies Nickelchlorid quoll auf und färbte sich purpurblau (violett), ohne sich dabei zu lösen; nach dem Eindampfen behielt es seinen vergrößerten Umfang.

Das Oxyd, Fluorid und Carbonat des Kobalts bleiben in flüssigem Ammoniak unverändert.

Wasserfreies Kobaltchlorid nimmt einen etwa zehnfachen Umfang ein und zerfällt in Pulver, ohne sich dabei zu lösen. Beim Abdampfen verringert sich das Volumen der Substanz.

Nicht ganz wasserfreies Kobaltsulfat quillt auf, ohne sich dabei zu lösen; nach dem Abdampfen bleibt es gequollen zurück.

Elektrisch niedergeschlagenes Eisen wird nicht angegriffen.

Wasserfreies „persulphate of iron“ (wohl Ferrisulfat) saugt gierig das Lösungsmittel unter starkem Aufquellen auf und zeigt gewisse Merkmale der Zersetzung, ohne sich jedoch aufzulösen; nach dem Abdampfen der Flüssigkeit bleibt es in seinem vergrößerten Umfange zurück.

Kaliumeisencyanür verändert sich nicht.

Metallisches Mangan sowie das Chlorid, Fluorid und Sulfat desselben bleiben unangegriffen.

Chromsäure färbt sich gelb, absorbiert Ammoniak, quillt stark auf, löst sich ein wenig zu einer gelben Flüssigkeit und bleibt nach dem Abdampfen des Lösungsmittels gequollen zurück.

Festes, grüngefärbtes Chromfluorid verändert sich nicht.

Das violette Chromchlorid quillt stark auf und löst sich ein wenig zu einer purpurroten Flüssigkeit auf. Nach dem Abdampfen bleibt es gequollen zurück.

Silberchromat wurde glänzend gelb an den Kanten und beinahe schwarz in der Masse, ohne sich dabei aufzulösen.

Kupferchromat löst sich nicht, nimmt aber an seiner Oberfläche eine Chromoxydfarbe an.

Metallisches Aluminium wird nicht angegriffen.

Gelbes Uranoxyd sowie das Urannitrat zeigten eine gewisse, wenn auch nur geringe Einwirkung.

Das Uranfluorid ist ein wenig mit gelblicher Farbe löslich.

Metallisches Thallium sowie dessen Peroxyd und Fluorid zeigten keine merkbare Veränderung.

Metallisch glänzendes Blei und das rote Bleioxyd blieben unverändert.

Bleinitrat ist löslich und zeigt eine partielle Zersetzung; nach dem Abdampfen der ganzen Flüssigkeit bleiben Kristalle zurück.

Bleifluorid übt keine Wirkung aus.

Bleichlorid quoll, ohne sich zu lösen, stark auf und blieb nach dem Abdampfen gequollen zurück.

Bleijodid wurde weiß und löste sich ein wenig auf; nach dem Abdampfen des Lösungsmittels blieben farblose Kristalle zurück.

Jodsaures Blei blieb ohne Einwirkung.

Gelbes Bleichromat verhält sich in allen Beziehungen wie Bleijodid.

Metallisches Zinn, Zinnoxyd und Zinnsäure werden nicht angegriffen.

Geschmolzenes Zinnchlorür löst sich zum Teil auf.

Das flüssige Zinntetrachlorid erstarrte zuerst unter gleichzeitiger starker chemischer Reaktion; die entstandene feste Substanz löste sich mit Leichtigkeit in flüssigem Ammoniak auf und kam nach dem Abdampfen wieder zum Vorschein.

Metallisches Indium blieb unangegriffen.

Kadmiumbromid wird nicht angegriffen.

Kadmiumchlorid quoll auf, ohne sich hierbei zu lösen; nach dem Eindampfen schrumpfte es wieder zusammen.

Kadmiumfluorid quillt ein wenig auf, bleibt aber ungelöst.

Kadmiumjodid quoll stark auf und absorbierte viel Ammoniak, ohne sich zu lösen; nach dem Abdampfen behielt es seinen vergrößerten Umfang.

Kadmiumcarbonat zeigte keine Einwirkung.

Schwefelkadmium wird nicht merkbar angegriffen, teilt aber trotzdem dem Lösungsmittel eine schwache kobaltblaue Färbung mit.

Zinkfluorid blieb ohne Einwirkung.

Zinkchlorid zerfiel in Pulver, quoll stark auf, ohne sich hierbei zu lösen, und blieb nach dem Abdampfen gequollen zurück.

Zinkbromid und Zinkjodid verhalten sich wie das Chlorid.

Zinkcyanid ist nur sehr wenig löslich.

Titansäure, das schwarze Titanoxyd und das Titannitrocyanid, Splitter von Zirkonium und Zirkoniumoxyd, Thoriumsulfat, Chlorid, Carbonat und Sulfat des Berilliums, Lanthansulfat sowie Niobsäure werden nicht angegriffen.

Metallisches Calcium[1]) bedeckte sich mit einem weißen, unlöslichen Pulver, ist aber unlöslich und übt keine sonstige Wirkung aus.

Geschmolzenes Calciumchlorid zerfiel in Pulver, quoll mächtig auf, ohne aber sich dabei zu lösen.

Auch Calciumbromid ist unlöslich, quillt aber nur wenig auf.

Metallisches Strontium[1]) verhielt sich wie Calcium.

Metallisches Baryum[1]) verlor sein metallisches Aussehen, schien aber weder löslich noch sonst verändert zu sein.

Wasserfreies kaustisches Baryt wird nicht verändert.

Baryumnitrat ist leicht löslich und beim Eindampfen krystallisiert es aus.

Baryumchlorid quoll zwar stark auf, war aber unlöslich und behielt nach dem Abdampfen den großen Umfang bei.

Baryumsulfat zeigte keine merkbare Reaktion.

Metallisches Lithium[1]) verursachte eine starke Reaktion und bildete eine tief indigoblaue Flüssigkeit. Beim Eindampfen derselben

---

[1]) Vergl. die diesbezüglichen Arbeiten im nächsten Kapitel.

schied sich das Metall aus und zeigte einen allmählichen Farbenwechsel von Bronze zur Messingfarbe und schließlich wurde es ganz farblos und glänzend wie Silber.

Metallisches Natrium quoll auf und verhielt sich ganz wie Lithium.

Natriumchlorid löste sich nur in geringen Mengen auf und nahm im Umfange nicht zu.

Metallisches Kalium verhielt sich wie Natrium und Lithium.

Salpetersaures Kalium ist nicht sehr leicht löslich.

Kaliumfluorid ist recht schlecht löslich.

Kaliumchlorid wird in merklicher Weise nicht angegriffen.

Kaliumbromid löste sich nur in geringen Mengen auf und kristallisierte beim Eindampfen der Flüssigkeit aus.

Kaliumjodid ist leicht löslich.

Kieselfluorkalium blieb ungelöst.

Kristalle von iridiumsaurem Kali färbten sich an der Oberfläche braun, ohne sich dabei zu lösen.

Übermangansaures Kalium ist sehr leicht mit tief purpurroter Farbe löslich.

Kaliumchromat ist nur in geringen Mengen löslich; doppeltchromsaures Kali ist schon mehr löslich und bildet eine gelbe Flüssigkeit.

Chromalaun veränderte sich nur an der Oberfläche.

Fluozirkonsaures Kali blieb ohne merkbare Veränderung.

Kaliumcyanid ist unlöslich.

Kaliumsulfocyanid (Rhodankalium) ist einigermaßen löslich.

Metallisches Rubidium verhält sich wie Natrium und Kalium.

Rubidiumfluorid ist unlöslich.

Ammoniumnitrat ist sehr leicht löslich.

Salmiak war leicht löslich und kristallisierte aus der Lösung nicht eher, als beinahe die ganze Flüssigkeit eingedampft wurde.

Kohlensaures, vanadinsaures und metavanadinsaures Ammonium blieben scheinbar ohne Einwirkung.

Harnsäure und Paracyan blieben unverändert.

Fuselöl, Schwefeläther, Alkohol, Aldehyd und Chloroform waren leicht und vollständig mischbar.

Alloxan färbte sich tief purpurrot und war leicht löslich; nach dem Eindampfen blieb es als fester, purpurroter Rückstand zurück.

Bernsteinsäure war unlöslich.

Indigo war nur wenig löslich und bildete eine rötlich-braune Flüssigkeit.

Schwefelsaures Chinin war bis zu einem bestimmten Grade löslich.

Guttapercha teilt der Flüssigkeit eine braune Färbung mit und bleibt nach dem Eindampfen als zäher, klebriger Rückstand zurück.

Paraffin, Anthracen und Naphtalin wurden in merklicher Weise nicht angegriffen.

Amylen und Mesitilen waren mit dem Lösungsmittel nicht mischbar. Stärke quoll darin auf und vermischte sich ganz so, wie es in Wasser geschieht, aber eine klare Lösung entstand dabei nicht. Glycerin ist vollkommen mischbar.

Weißer Zucker ist leicht löslich und bleibt nach dem Eindampfen als gummiartiger Rückstand zurück.

Fischleim wurde sehr schnell halbflüssig.

Kampfer ist in hohem Maße löslich und kristallisiert beim Eindampfen der Flüssigkeit aus.

Kopalharz ist nur wenig löslich.

Schießbaumwolle war nur wenig löslich und nach dem Eindampfen der Lösung blieb sie als Häutchen zurück.

Bengalische Seide war gänzlich unlöslich.

Diese Ergebnisse über das Lösungsvermögen des Ammoniaks veranlaßten Gore zur Anstellung von einigen Versuchen über das Verhalten einer Lösung von metallischem Kalium in flüssigem Ammoniak verschiedenen Substanzen gegenüber:

Perchloräthan (C_2Cl_6) verhinderte die Entstehung der blauen Farbe.

Perchloräthylen (C_2Cl_4) tritt in Reaktion ein und verhindert ebenfalls die Entstehung der blauen Färbung; der zurückgebliebene feste, weiße Rückstand wies keine Spuren von freiem Kohlenstoff auf.

Tetrabromkohlenstoff (CBr_4) verursachte unter Funkensprühen eine lebhafte Reaktion; es entstand dabei ein farbloses Salz, die bekannte blaue Färbung trat nicht hervor; schließlich fand eine heftige Explosion statt.

Durch wasserfreies kohlensaures Natrium sowie wasserfreies ameisensaures Natrium wurde die zum Vorschein gekommene blaue Färbung zum allmählichen Verschwinden gebracht. Der Rückstand war ganz farblos und in Wasser völlig löslich.

Kristallisiertes oxalsaures Ammonium rief eine chemische Reaktion hervor und verursachte das Verschwinden der zuerst erschienenen blauen Färbung; es blieb ein farbloser Rückstand zurück, der keinen freien Kohlenstoff enthielt.

Chromoxyd verhinderte weder das Erscheinen der blauen Färbung, noch rief es sonstwelche bemerkenswerte Erscheinungen bezw. Reaktionen hervor.

Uransesquioxyd hebt die blaue Färbung auf.

Aus diesen Versuchen zog GORE folgende Schlüsse: von allen Elementen waren in verflüssigtem Ammoniakgas nur die eigentlichen Alkalimetalle, Jod, Schwefel und Phosphor (mit Brom wurden keine Versuche angestellt) löslich. Von den anorganischen Salzen waren meistenteils löslich: Nitrate, Chloride, Bromide und Jodide; dagegen waren die Oxyde, Fluoride, Carbonate, Sulfate und Sulfide fast durchweg unlöslich. Manche Salze, namentlich gewisse Chloride, Bromide, Jodide und Sulfate absorbierten viel Ammoniak und quollen stark auf, ohne sich dabei zu lösen. Das Verhalten von Quecksilberchlorür und -chlorid war ganz eigenartig.

Die Sulfide des Antimons und Kadmiums, die Sulfate von Quecksilber und Mangan, sowie Schwefel teilen der Flüssigkeit eine purpurrote Färbung mit.

Viertes Kapitel.

Metallammonium- und Metallamidverbindungen.

(Neuere Arbeiten.)

Die schon erwähnten Versuche von WEYL, SEELY und GORE ließen keinen Zweifel übrig, daß Natrium wie Kalium in verflüssigtem Ammoniak löslich sind; über die Natur dieser Metalllösungen war man aber durchaus nicht im klaren, und die Meinungen gingen weit auseinander, ob man hier mit bestimmten chemischen Verbindungen oder mit einfachen Lösungen zu tun hat; auch über den Grad der Löslichkeit fehlten jegliche Anhaltspunkte. Um solche zu schaffen und auf diesem Wege Klarheit in die Frage zu bringen, unternahm JOANNIS Ende der achtziger Jahre eine eingehende Untersuchung über das Verhalten von Kalium und Natrium dem flüssigen Ammoniak gegenüber. Schon in seiner ersten Veröffentlichung[1]) (C. R. 1889, Bd. 109 S. 900—902) äußerte JOANNIS die Ansicht, daß die beiden Alkalimetalle mit verflüssigtem Ammoniak feste Verbindungen bilden können, und daß die Flüssigkeiten, die WEYL erhielt, Lösungen dieser Verbindungen im überschüssigen Ammoniak waren; auch wies JOANNIS darauf hin, daß das flüssige Ammoniak bei verschiedenen Temperaturen ein verschiedenes Lösungsvermögen für die Alkalimetallammoniumverbindungen hat.

Die bei 0° gesättigte Flüssigkeit zeigte die Zusammensetzung von etwa $Na + 5\,NH_3$.

JOANNIS beschreibt seine Arbeitsweise bei dieser Untersuchung wie folgt:

Wird ein Äquivalent des Alkalimetalls mit etwa 20 Äquivalenten verflüssigten Ammoniaks zusammengebracht, so zeigt der Gasdruck

[1]) In dieser Veröffentlichung wird u. a. der Name LECLEY ohne Quellenangabe angeführt. Da dieser Name in der ganzen einschlägigen Literatur kein einziges Mal erwähnt wird, so wird hier wohl ein Schreib- oder Druckfehler vorliegen und SEELY gemeint sein.

dieser Flüssigkeit jedesmal ein starkes Sinken bezw. Fallen, wenn man etwas Ammoniakgas entweichen läßt. Von einem bestimmten Punkte ab bleibt der Gasdruck konstant — er beträgt bei 0^{0} 1700 mm Quecksilber — und die Flüssigkeit entspricht der Zusammensetzung $Na +$ $+ 5{,}3\,NH_3$. Da aber diese Flüssigkeit ihre Zusammensetzung mit der Temperatur wechselt, so kann sie trotz der Konstanz des Gasdruckes nicht als eine bestimmte Verbindung angesehen werden. Läßt man noch mehr Gas entweichen, so scheidet sich ein fester Körper ab, der die gleiche Farbe wie die Flüssigkeit hat und ein noch intensiveres Rot als das des Kupfers zeigt. Wenn man dies schon nicht vorher weiß, so nimmt man diese Abscheidung anfangs gar nicht wahr, um so mehr als die Flüssigkeit auf den Glaswandungen „klettert" und dadurch die Beobachtungen erschwert. Da der Gasdruck der Flüssigkeit hierbei der gleiche wie vorher bleibt, so ist er als identisch mit dem Gasdruck von flüssigem Ammoniak, das mit der betreffenden Metallammoniumverbindung gesättigt ist, zu betrachten.

Wenn auf ein Äquivalent des Alkalimetalls nicht mehr als ein Äquivalent von Ammoniak zurückbleibt, so sind auch die letzten Spuren der Flüssigkeit verschwunden und man hat nur einen festen Körper, Kalium- oder Natriumammonium, vor sich. Läßt man das Ammoniakgas noch weiter entweichen, so kommt metallisches Natrium oder Kalium zum Vorschein, und da der Gasdruck dabei konstant bleibt, so ist auf eine Dissoziation der Verbindung zu schließen. Merkwürdigerweise ist die Dampftension der gesättigten Lösung die gleiche wie die des dissozierenden festen Körpers. Der schwierige Punkt bei dieser Untersuchung liegt in der Beobachtung des Momentes, wo schon die ganze Flüssigkeit verschwunden ist, aber noch keine Metallausscheidung begonnen hat. Joannis wendet zu dieser Bestimmung folgende Arbeitsweise an. In eine geschlossene Glasröhre, die mit einem Hahn versehen ist, wird ein bekanntes Gewicht von Natriummetall sowie eine bestimmte Menge flüssiges Ammoniak im Überschuß eingeführt. Man läßt dann das letztere so lange entweichen, bis der in der Röhre zurückbleibende feste Körper mit nur ganz wenig Flüssigkeit noch vermengt erscheint. Nun steckt man die Röhre in Eis in der Weise, daß der Röhrenteil, wo sich das Metallammonium niedergeschlagen hat, etwa ein Centimenter über das Eis hervorragt, und man wärmt die Röhrenwandung mit dem Finger an. Der feste Körper zersetzt sich, blankes Metall kommt zum Vorschein — das entweichende Ammoniakgas aber verflüssigt sich dabei im unteren Röhrenteil wieder. Man stülpt die Röhre um und versenkt sie auf einige Minuten ganz ins Eis.

Verschwindet der blanke Ring und ist alles wieder ganz rot geworden, so wird das ganze gewogen; man läßt einige Centigramm Ammoniakgas entweichen, wiegt wieder und wiederholt die obige Operation; verschwindet aber der blanke Ring nicht mehr, so wird die Röhre zum letzten Male gewogen und man erhält die unterste Grenze der mit einem Äquivalent Metall sich vereinigenden Ammoniakmenge. JOANNIS führte diese Versuche mit 1,260 g Kalium aus. Als in der Röhre nur 0,99 Äquiv. Ammoniak blieb, zeigte sich auf den Rohrwandungen ein 1 mm breiter Kaliumring; die vorgehende Wägung zeigte 1,1 Äquiv., so daß das Verbindungsgewicht zwischen diesen Grenzen liegt. Als dann noch weitere 0,02 g Ammoniakgas entfernt wurden, wurde der Metallring 30 mm breit und daraus läßt sich die Empfindlichkeit dieser Arbeitsweise beurteilen.

Der von JOANNIS hervorgehobene Umstand, daß die Dampfspannung der Lösung von metallischem Natrium in flüssigem Ammoniak bei 0° nur so lange mit fortschreitender Konzentration der Lösung steigt, als die letztere die Zusammensetzung von $Na + 5{,}3\,NH_3$ noch nicht erreicht hat, und daß, sobald diese Konzentration erreicht ist, die Dampfspannung trotz dem weiteren Verdunsten von Ammoniak und Ausscheidung von Kristallen von $NaNH_3$ konstant bleibt, erweckte bei BAKHUIS-ROOZEBOOM (C. R. 1890, Bd. 110 S. 134—137) Zweifel an den Schlußfolgerungen von JOANNIS.

Nach BAKHUIS-ROOZEBOOM würde dieses Verhalten dem von ihm aufgestellten Gesetz über die Dampfspannungen der Lösungen widersprechen und könnte nur dadurch erklärt werden, daß bei der von JOANNIS angegebenen Temperatur seiner Versuche (ca. 0°) zwei verschiedene Natriumammonium-Verbindungen sich in der untersuchten Lösung befanden, worüber Spannungsmessungen bei höheren Temperaturen Aufschluß ergeben dürften.

Durch eine größere Anzahl von Messungen suchte nun JOANNIS zu beweisen, daß es für jede Temperatur, sobald in der Lösung nur weniger Ammoniak bleibt, als es dem Ausdruck $Na + 5{,}3\,NH_3$ entspricht, eine von der Konzentration unabhängige konstante Dampfspannung gibt (C. R. 1890, Bd. 110 S. 238). So erhielt er bei 0° C.:

Zusammensetzung der untersuchten Substanz	Beobachtete Dampfspannung in cm Quecksilbersäule
$NH_3Na + 1{,}669\,NH_3$	169,70
$NH_3Na + 0{,}460\,NH_3$	169,70
$0{,}487\,NH_3Na + 0{,}513\,NH_3$	169,70
$0{,}043\,NH_3Na + 0{,}957\,Na$	169,65

Bei ca. -10^0 (die Temperatur konnte nicht ganz genau eingehalten werden):

Zusammensetzung der untersuchten Substanz	Beobachtete Dampfspannung in cm Quecksilbersäule
$NH_3Na + 0{,}46\,NH_3$	117,0
$0{,}7\,NH_3 + 0{,}3\,Na$	117,3
$0{,}39\,NH_3Na + 0{,}61\,Na$	117,0
$0{,}19\,NH_3Na + 0{,}81\,Na$	117,1

und bei $+22{,}4^0$:

$NH_3Na + 2{,}42\,NH_3$	371,8
$NH_3Na + 1{,}50\,NH_3$	371,2
$NH_3Na + 0{,}86\,NH_3$	371,3
$0{,}67\,NH_3Na + 0{,}33\,NH_3$	371,2

Mit Kaliumammoniumlösungen erhielt JOANNIS bei Temperaturen bis $+18^0$ C. 44 ähnliche Resultate.

Dieselbe Frage wurde dann noch von MOUTIER (C. R. 1890, Bd. 110 S. 518—520) weiter erörtert, ohne daß irgend welche neuen experimentellen Unterlagen mitgeteilt wurden.

Die Bildungswärme des Kalium- und Natriumammoniums ermittelte JOANNIS (C. R. 1889, Bd. 109 S. 965) durch die Zersetzung dieser Verbindungen, sowie auch durch ihre Synthese. Er benutzte dabei den Kalorimeter von BERTHELOT. Die beiden Versuchsreihen ergaben gut übereinstimmende Zahlen.

Bei der Bildung von $NaNH_3$ werden 5,2 Kal. und bei der von KNH_3 6,3 Kal. frei; da aber die Verdampfungswärme (?) des flüssigen Ammoniaks nach REGNAULT 4,4 Kal. beträgt, so wurden folgende Werte für die eigentliche Bildungswärme dieser Verbindungen erhalten:

Verflüssigtes Ammoniak + festes Na = festes $NaNH_3$ . . + 0,8 Kal.
„ „ + „ K = „ KNH_3 . . + 0,9 „

Daraus ergibt sich bei der Anwendung dieser Verbindungen als Reagens, daß in Fällen, wo das Ammoniak in keine Reaktion eintritt, das Metallammonium fast mit gleicher Energie als das freie Metall reagiert, wo aber das frei werdende Ammoniak ebenfalls an der Reaktion teilnimmt, die Reaktionsenergie noch bedeutend gesteigert wird, so z. B. werden bei der Behandlung des Kaliumammoniums mit Chlor 144 Kal. und bei Behandlung von Kalium allein mit Chlor nur 105 Kal. frei.

Zur Molekulargewichtsbestimmung von Natrium- und Kaliumammonium benutzte JOANNIS (C. R. 1892, Bd. 115 S. 820) RAOULTS

Methode, wobei er als Lösungsmittel flüssiges Ammoniak anwendete. Da der Gefrierpunkt des Lösungsmittels fast bei -80^{0} liegt, so ist es schwierig, unter diesen Verhältnissen die geringen Abweichungen zu messen, weshalb JOANNIS vorzog, die gesuchten Molekulargewichte durch Vergleich zwischen den Dampfspannungen des Lösungsmittels allein und der Lösung der Körper ausfindig zu machen. Behufs dieser Bestimmungen mußte jedoch zuerst noch bewiesen werden, daß das flüssige Ammoniak zu den (im Sinne RAOULTS) „normalen" Lösungsmitteln gehöre, d. h. daß in der Gleichung

$$\frac{f-f'}{f} \cdot \frac{n+n'}{n} = K$$

K gleich 1,04 sei, wenn unter f die Dampfspannung des Lösungsmittels allein, unter f' die der Lösung bei gleicher Temperatur, unter n die Zahl der gelösten Moleküle und unter n' die Zahl der Moleküle des Lösungsmittels verstanden wird. Die mittels Naphtalin bei $17{,}1^{0}$ ausgeführten Versuche (5,8655 g Ammoniak = 0,34503 Äquiv. und 0,3206 g Naphtalin = 0,002505 Äquiv.) haben für die obige Formel die Werte $\frac{46{,}9}{5810} \cdot \frac{347{,}535}{2{,}505} = 1{,}118$ ergeben.

Da solche Abweichungen auch nach RAOULT zulässig sind, konnte nun zur Bestimmung der gesuchten Molekulargewichte geschritten werden. Auf diese Weise wurden für Natrium sowie auch für Kaliumammonium dem Werte 2 sehr naheliegende Zahlen gefunden (2,05, 2,11 und 1,97); hieraus zu schließen, sind die untersuchten Verbindungen wie folgt zusammengesetzt:

$$N_2H_6Na_2 \text{ und } N_2H_6K_2 \text{ oder } NaH_3N - NH_3Na \text{ und } KH_3N - NH_3K.$$

Trotz des Umstandes, daß bei diesen Untersuchungen zum Teil Dissoziations- und zum Teil thermochemische Erscheinungen als Ausgangspunkte dienten, stimmen die gewonnenen Resultate untereinander vollständig überein, stehen aber im Gegensatze zu den sich widersprechenden Annahmen von WEYL und SEELY.

Wie im Dunklen so auch dem Lichte ausgesetzt, zersetzt sich das Natriumammonium (JOANNIS, C. R. 1891, Bd. 112 S. 392 bis 394) unter Wasserstoffabspaltung schon bei gewöhnlicher Temperatur. Die Zersetzung ist jedoch in beiden Fällen recht langsam. Dieselbe verzögert sich noch mit dem Steigen des Gasdruckes des sich dabei entwickelnden Wasserstoffs, wie aus den folgenden Spannungsmessungen des aus Ammoniakgas und Wasserstoff bestehenden Gasgemisches, welches das Natriumammonium entweichen läßt, ersichtlich ist:

Nach Ablauf von Tagen .	0	2	5	6	27
war die Spannung in cm . . .	180,5	204,7	225,2	281,8	353,8.

Nach Ablauf von Tagen .	43	65	96	187	253
war die Spannung in cm . . .	415,1	480,1	521,7	560,3	595.

Mit der fortschreitenden Zersetzung kamen kleine durchsichtige Kristalle von etwa 1 mm Seitenlänge zum Vorschein, welche sich nachträglich als aus Natriumamid ($NaNH_2$) bestehend erwiesen haben. Die Analyse dieser Kristalle wurde durch Eintragen derselben in Wasser ausgeführt. Die Reaktion verläuft sehr energisch und man vernimmt ein Zischen, als wenn man rotglühendes Eisen in Wasser taucht. Es findet dabei keine Gasentwickelung statt. Die wässerige Lösung enthält nur Ammoniak und Ätznatron.

An diese Arbeiten von Joannis anknüpfend bestimmte de Forcrand (C. R. 1895, Bd. 121 S. 66—69) die Bildungswärme von Natriumamid. Das letztere wurde durch Durchleiten von trockenem Ammoniakgas über ein eisernes Schiffchen mit geschmolzenem Natrium, das in einer Glasröhre sich befand, erzeugt. Solange noch metallisches Natrium im Überschusse bleibt, erhält man eine blaugrüne, aus Natriumammonium[1]) bestehende Flüssigkeit. Mit dem Verschwinden des metallischen Natriums begann eine reiche Entwickelung von weißen Dämpfen, die in trocknen abgekühlten Vorlagen aufgefangen wurden. Ein Teil des entstandenen Amides wurde durch den Ammoniakgasstrom fortgeführt, ohne daß es sich kondensierte, wodurch eine bedeutende Verminderung der Ausbeute entstand. Nach Beendigung der Reaktion wurde das Schiffchen bis zur Rotglut erhitzt. Aus 4—5 g Natrium wurde ca. 1 g Amid erhalten, welches 58,81 % statt der berechneten 58,97 % Natrium enthielt. Die erhaltene Substanz ist nicht kristallinisch, wie es bei Joannis der Fall war, sondern amorph, weiß und sehr leicht. An der Luft absorbiert sie Feuchtigkeit, Kohlendioxyd und Sauerstoff unter Bildung von Ätznatron, kohlensaurem und salpetrigsaurem Natrium.

Mit Wasser findet bei Zutritt von Luft eine sehr heftige, oft mit Explosionen verbundene Zersetzung in Ammoniak und Ätznatron statt.

de Forcrand bestimmte unter Anwendung einer Stickstoffatmosphäre die bei der Reaktion zwischen Natriumamid (0,2—0,5 g) und Wasser frei werdende Wärme und fand als Durchschnittsresultat von drei Versuchen den Wert + 31,04 Kal.

Daraus ergeben sich folgende Berechnungen:

NH_3 (gasförm.) + Na (fest) = H (gasförm.) + NH_2Na (fest) + 20,84 Kal.
NH_3 (flüssig) + Na (fest) = H (gasförm.) + NH_2Na (fest) . + 16,44 „

---

[1]) „Sodammonium", dessen Existenzfähigkeit bei den hier in Betracht kommenden Temperaturen erst bewiesen werden muß.

N (gasförm.) + H_2 (gasförm.) + Na (fest) = NH_2Na (fest) . + 33,04 Kal.
und NH_3Na (fest) = H (gasförm.) + NH_2Na (fest) . . . + 15,54 „

Die letzt angeführte Reaktion entspricht der Dissoziation von Natriumammonium.

Durch Interpretation dieser Werte kommt DE FORCRAND zum Schluß, daß die Reaktion NH_3 (fest) + H (gasförm.) = NH_4 (fest) nur 15,5 bis 16 Kal. absorbiere und infolgedessen die Hoffnung, günstige Bedingungen zur Verwirklichung dieser Reaktion ausfindig zu machen, nicht aufgegeben werden sollte.

Bei Untersuchung der Einwirkung von Alkalimetallammoniumverbindungen auf verschiedene Metallchloride stieß JOANNIS auf ziemlich komplizierte Reaktionen, so daß er sich veranlaßt sah, zuerst die Einwirkung von Ammoniak allein auf die betreffenden Metallchloride zu untersuchen (C. R. 1891, Bd. 112 S. 337—339 und 393).

Nach ROSE und anderen Forschern treten die Chloride von Natrium, Kalium und Baryum in keine Verbindungen mit Ammoniakgas ein. JOANNIS stellte nun folgende Reihe von Versuchen mit diesen drei Haloidsalzen an:

Chemisch reines Chlornatrium wurde geschmolzen und als es noch nicht ganz abgekühlt war, in ein gewogenes Glasrohr eingebracht. Nach der Abkühlung des Rohres bis auf — 10° wurde es mit einem Knierohr, das sorgfältig entwässertes flüssiges Ammoniak enthielt, dicht verbunden. Einige Kubikcentimeter davon genügten, um das ganze Chlornatrium aufzulösen; der Gasdruck im Apparat wurde etwas schwächer. Kühlte man nun das Ganze bis auf — 30° ab, so kamen in der Flüssigkeit feine weiße, nadelförmige Kristalle zum Vorschein. Man läßt den ganzen Ammoniaküberschuß entweichen, wartet noch einige Zeit, um sicher zu sein, daß kein Überschuß mehr vorhanden ist, und beginnt nun, die Temperatur langsam zu steigern. Bei Temperaturen unterhalb — 24° und bei Atmosphärendruck findet, abgesehen von einigen durch die Ausdehnung verursachten Gasbläschen, keine Gasentwickelung statt. Oberhalb — 24° tritt bei weiterer Temperatursteigerung sehr reichliche Gasentwickelung ein; das Gas wurde in verdünnter titrierter Schwefelsäure aufgefangen.

Die Versuche wurden mit Mengen von 0,4—0,67 g Chlornatrium ausgeführt. Die bei — 30° sich ausscheidenden Kristalle zeigten die Zusammensetzung: 1. $NaCl + 5{,}018\,NH_3$, 2. $NaCl + 5{,}007\,NH_3$ und 3. $NaCl +$ $+ 4{,}968\,NH_3$; im Durchschnitt $NaCl + 4{,}998\,NH_3$ bezw. $\mathbf{NaCl + 5\,NH_3}$.

Die Dampftension dieser Verbindung betrug bei verschiedenen Temperaturen:

Temperatur	Dampftension der Verbindung $NaCl + 5\,NH_3$ in Millim. Quecksilb.	Dampftension des reinen flüssigen Ammoniaks (zur Erleichterung des Vergleiches) in Millim. Quecksilber
— 24,0°	777	ca. 1175
— 20,8°	892	1450
— 17,5°	1074	1570
— 15,0°	1305	1736
— 10,0°	1777	2145
— 7,0°	2130	2430

Die mit Chlorkalium unter Anwendung von verschieden großen Überschüssen an flüssigem Ammoniak und bei Temperaturen bis zu — 72° ausgeführten Versuche ergaben für die jeweilig beobachteten Dampfspannungen im Vergleich zu der Dampfspannung von reinem Ammoniak keine wesentlich verschiedenen Werte, so z. B. wies bei Temperaturen von — 72 bis — 45° die erste Zahlenreihe fast durchweg nur um 50 mm niedrigere Werte auf als die zweite; daraus kann gefolgert werden, daß entweder ammoniakalisches Chlorkalium unter diesen Bedingungen nicht entsteht oder daß seine Dampfspannung so geringe Abweichungen von der Dampfspannung seiner gesättigten Lösung zeigt, daß sie sich nicht messen lassen.

Die Bindung von Ammoniak durch Chlorbaryum geht äußerst langsam vor sich, und dies wird wohl auch die Ursache gewesen sein, warum Rose zu negativen Ergebnissen gelangte. Unter Einhaltung der gleichen Arbeitsweise, wie bei den Versuchen mit Natriumchlorid, erhält man nach Joannis die Verbindung $BaCl_2 + 8\,NH_3$.

Nachdem so das Verhalten von Natriumchlorid zu flüssigem Ammoniak untersucht wurde, ging nun Joannis zu den Versuchen mit Natriumammonium und Chlornatrium über. Diese beiden Körper reagieren aufeinander, ohne aber dabei ein von Rose beobachtetes Subchlorid zu bilden. Bringt man Chlornatrium mit einer gesättigten Lösung von Natriumammonium in flüssigem Ammoniak bei 0° zusammen, so zeigt die Dampfspannung der gesättigten Lösung, welche ursprünglich 1700 mm betrug, ein ziemlich schnelles Steigen — es entwickelt sich nämlich Wasserstoff. Erst nach vielen infolge der ungenügenden Widerstandsfähigkeit der Apparate dem hohen Drucke gegenüber mißlungenen Versuchen gelang es, den während der Reaktion frei werdenden Wasserstoff zu messen, und es konnte festgestellt werden, daß auf je 1 Äquiv. Natriumammonium 1 Äquiv. Wasserstoff entwickelt wurde. Wenn auf 1 Äquiv. Chlornatrium mehr als 1 Äquiv. Natriumammonium genommen wurde, so erschien die Flüssigkeit nach dem Aufhören der Gasentwickelung dunkelrot bezw. blau gefärbt (analog der konzentrierten und verdünnten ammoniakalischen Lösungen von Natriumammonium). Arbeitete man dagegen mit einem Überschuß von Chlornatrium, so wurde die Flüssigkeit ganz farblos und enthielt eine weiße feste Substanz. Nach hinreichendem Auswaschen mit flüssigem Ammoniak war sie chlorfrei und erwies sich als Natriumamid.

Diese Einwirkung von Chlornatrium auf Natriumammonium, die die gänzliche Überführung des letzteren in Natriumamid, für welche sonst mehrere Monate erforderlich waren, schon binnen 2—3 Tagen ermöglicht, ist durch die Bildung einer leicht zersetzbaren Verbindung NH_2Na_2Cl bedingt. Mit Chlornatrium vermengt, entsteht der Körper NH_2Na_2Cl auch dann, wenn metallisches Natrium mit einem Überschuß von Chlornatrium und mit einer zur Auflösung des letzteren ungenügenden Menge von flüssigem Ammoniak behandelt wird. Beim nachherigen Waschen mit dem Lösungsmittel wird jedoch das ganze Natriumchlorid ausgewaschen und es bleibt Natriumamid zurück. Die Verbindung NH_2Na_2Cl wird durch Wasser in Chlornatrium, Ätznatron und Ammoniak ohne Gasentwickelung und ohne Zischen, wie es bei Natriumamid der Fall ist, zersetzt. Von dem mit ihr vermengten Natriumchlorid ließ sie sich nicht isolieren und der von Joannis eingeschlagene Analysenweg — Bestimmung des sich entwickelnden Wasserstoffs einerseits und der beim Auswaschen entstehenden bereits beschriebenen Verbindung $NaCl + 5\,NH_3$ andererseits — ist infolge der zahlreichen hierzu benötigten Dampfspannungsmessungen bei verschiedenen Temperaturen recht zeitraubend und durchaus nicht leicht.

Schon Weyl und Seely wiesen darauf hin, daß gewisse Metalle nicht ohne Einwirkung auf Lösungen der Alkalimetalle in flüssigem Ammoniak bleiben.

Nach Joannis (C. R. 1891, Bd. 113 S. 795—798) greifen Quecksilber, Blei und Wismut Natrium- wie Kaliumammonium an; dagegen bleiben Aluminium, Silber, Zink und Kupfer den Alkalimetallammoniumverbindungen gegenüber ohne Einwirkung.

Das Verhalten gegen Quecksilber. Läßt man eine Lösung von Natriumammonium in flüssigem Ammoniak tropfenweise auf Quecksilber niederfallen, so zersetzt sich das Metallammonium sehr rasch und es entsteht ein kristallisiertes Natriumamalgam Hg_4Na. Nachdem dieses nun während 15 Stunden mit einem Überschuß der Natriumammoniumlösung in Berührung blieb, wurde die Lösung abgegossen und das Amalgam mit verflüssigtem Ammoniak gewaschen und dann analysiert. Dieses Amalgam läßt sich dadurch charakterisieren, daß es weder konzentrierte noch verdünnte Natriumammoniumlösungen mehr angreift. (Auch Berthelot[1]) erhielt gelegentlich seiner thermochemischen Untersuchungen über Amalgam ein solches von der Zusammensetzung Hg_4Na.)

Kaliumammonium gibt unter gleichen Bedingungen ein Amalgam, welches annähernd der Formel Hg_9K entspricht.

Blei wirkt auf Natriumammonium ziemlich energisch ein; der Verlauf der Reaktion sowie die entstehenden Endprodukte fallen je nach dem, welcher von einem oder dem anderen dieser Körper im Überschuß angewendet wird, verschieden aus.

Blei im Überschuß. Wird ein Stäbchen Blei in die Lösung von Natriumammonium im flüssigen Ammoniak eingebracht, so schlägt bald die ursprünglich rote Färbung der Flüssigkeit in blau und später in grün um. Beim Arbeiten mit 0,5 g Natrium ist die Reaktion meistens in 24 Stunden ganz beendet. Während dieser Zeit entwickelt sich eine geringe Menge (nur einige ccm) Wasserstoff, was durch die spontane, schon oben erwähnte Bildung von etwas Natriumamid verursacht wird. Ein Teil des Bleies ist verschwunden und an seiner Stelle bleibt ein dunkler indigoblauer Körper, der in flüssigem Ammoniak mit flaschengrüner Farbe löslich ist, zurück. Dieser Körper enthält Blei, Natrium und Ammoniak. Er ist dissoziierbar, zeigt bei 0^0 die Dampfspannung von 224,2 cm (im Gegensatze zu flüssigem Ammoniak mit der Tension von 316,29 cm) und ist in flüssigem Ammoniak nur sehr wenig löslich. Dank dem großen Abstand zwischen den beiden Tensionswerten konnte das erhaltene Bleinatriumammonium vom überschüssigen Lösungsmittel mit Leichtigkeit befreit werden, indem es dem Druck von nur 235 cm ausgesetzt wurde. Blei und Natrium wurden als Sulfate bestimmt. Die Resultate von zwei Bestimmungen ergaben:

$$\frac{Pb}{Na} = 1{,}97 \text{ und } 2{,}08; \text{ im Durchschnitt } 2{,}025.$$

$$\frac{NH_3}{Na} = 2{,}03 \text{ und } 2{,}02; \text{ im Durchschnitt } 2{,}025.$$

[1]) Ann. de Chim. et de Phys. 5. Serie, Bd. 18, S. 455.

Demnach zeigte die untersuchte Verbindung die Zusammensetzung $Pb_2Na . 2NH_3$.[1])

Dieser indigoblaue Körper geht bei seiner Dissoziation in eine graue, an Platinschwamm erinnernde Masse über. In der Luft oxydiert sich diese Verbindung unter geringer Erwärmung ziemlich rasch. Wirft man das Bleinatriumammonium ins Wasser, so lösen sich die ersten Partikel, so lange der im Wasser aufgelöst gewesene Sauerstoff nicht verbraucht ist, auf, da das entstehende Bleioxyd in der sich gleichzeitig bildenden Natronlauge löslich ist. Die anderen Partikel zerfallen unter Bildung einer dunklen Trübung von ausscheidendem Blei, welches nach und nach sich zu einem klumpigen schwarzen Niederschlag zusammenballt.

Um das Verhalten von Blei in flüssigem Ammoniak in Gegenwart eines Überschusses an Natrium zu untersuchen, brachte Joannis (C. R. 1892, Bd. 114 S. 585) Bleispäne mit so viel Natriumammoniumlösung zusammen, daß die Flüssigkeit rot blieb. Er erhielt dabei eine Substanz, die im getrockneten Zustande graublau aussah. Die Versuche wurden in einer umgekippten V-Röhre durchgeführt. Nach Beendigung der Reaktion wurde das überschüssige Natriumammonium in die andere Abzweigung abdekantiert und die zurückbleibende Substanz mit flüssigem Ammoniak gewaschen. Solange freies Natrium vorhanden war, färbte sich die Flüssigkeit blau. Das Waschen dauerte eine ganze Woche und es ist nicht ausgeschlossen, daß die erhaltene Substanz eine teilweise Zersetzung erlitt. Die Substanz hat sich als eine Bleinatriumlegierung erwiesen, die mit ziemlich viel Natriumamid vermengt war. Die Entstehung des letzteren läßt sich durch die spontane Zersetzung von Natriumammonium erklären, die in Gegenwart anderer selbst so indifferenter Körper, wie Chlornatrium, ziemlich rasch vor sich geht. Hier seien einige Analysen angeführt. (Die Zusammensetzung in Prozenten ist für die von Natriumamid befreite Substanz berechnet.)

	I.	II.		III.	
	in Proz.	in Proz.	in Äquiv.	in Proz.	in Äquiv.
Pb	81,49	81,62	9,18	81,43	8,906
Na	—	18,38	18,60	18,55	18,260
Beigemengtes $NaNH_2$	—	—	7,78	—	5,611

woraus sich die Zusammensetzung $PbNa_2$ ergibt.[2])

[1]) Nach der von Joannis benutzten dualistischen Schreibweise $Pb_4Na . . 2NH_3$.

[2]) Nach der von Joannis benutzten dualistischen Schreibweise $PbNa$.

Nach der Feststellung der Zusammensetzung des gebildeten Körpers war nun leicht eine reine, von Natriumamid freie Bleinatriumlegierung darzustellen, indem unter den gleichen Verhältnissen äquivalente Mengen von Blei und Natrium zusammengebracht wurden. Das Natriumammonium wird nach und nach von Blei angegriffen und das lange und lästige Waschen mit flüssigem Ammoniak, in dessem Verlaufe die Bildung von Natriumamid stattfindet, fällt gänzlich weg.

Die Legierung $PbNa_2$ zersetzt sich an der Luft in wenigen Sekunden. Im Wasser zersetzt sie sich unter Bildung von Ätznatronlauge und schwarzen Bleiflocken.

Ersetzt man bei obigen Versuchen das Natriumammonium durch Kaliumammonium, so erhält man eine Bleikaliumlegierung, die in flüssigem Ammoniak leicht löslich ist und in ähnlicher Weise wie die Natriumlegierung von beigemischtem Kaliumamid und Kaliumammonium durch Waschen mit flüssigem Ammoniak gereinigt werden kann. Die Bleikaliumlegierung zeigte im Gegensatz zu der Natriumlegierung die Zusammensetzung PbK (nach dualistischer Schreibweise von Joannis Pb_2K), wie es sich aus den folgenden Zahlen ergibt:

	Gefunden	Berechnet
Pb	84,19	84,14
K	15,73	15,86
	99,92	100,00

Wismut-Natrium ($BiNa_3$) wurde durch Behandlung von Natriumammonium mit metallischem, durch Reduktion des basischen[1]) Nitrates erhaltenem, Wismut dargestellt. Es wurde mit einem Überschuß an Wismut operiert und es entstand eine körnige blauschwarze Masse von der Zusammensetzung $BiNa_3$. An der Luft entzündet sich diese Masse von selbst unter Hervorbringung eines schönen Funkensprühens. Mit Wasser entwickelt sie ziemlich reinen Wasserstoff. In bezug auf ihre Zusammensetzung ist die Verbindung $BiNa_3$ dem Ammoniak, Phosphor- und Arsenwasserstoff ganz analog.

In ähnlicher Weise wie die vorgehende Verbindung läßt sich auch Antimonnatrium $SbNa_3$ darstellen. Joannis benutzte hierzu Antimon, das durch Reduktion von Antimonoxydchlorid erhalten wurde. Nach der Beendigung der Reaktion zwischen Antimon und Natriumammonium erhält man einen schwarzen, im verflüssigten Ammoniak

[1]) Im Original ist „sousnitrate de Bi" angeführt; nach Graham-Otto, 5. Aufl., Bd. 2 S. 630 entspricht diese Verbindung dem „Magisterium Bismuthi" bezw. Bismuthum Subnitricum Pharm. Germ.

wenig löslichen Niederschlag. Auch dieser Körper ist stark oxydierbar, fängt an der Luft Feuer und zersetzt Wasser unter Entwickelung von reinem Wasserstoff.

Zur Untersuchung der Einwirkung verschiedener Gase auf die Alkalimetallammoniumverbindungen übergehend, leitete JOANNIS (C. R. 1893, Bd. 116 S. 1370) trocknen reinen Sauerstoff durch die auf -50^0 (damit die Dampftension schwach bleibt) abgekühlte Lösung dieser Verbindungen in flüssigem Ammoniak, wobei der Sauerstoff ziemlich energisch absorbiert wurde.

Die ursprünglich, wie gewöhnlich, dunkelrote Lösung wurde blauschwarz, dann begann auch diese Färbung zu verblassen. Bei langsamer Gaszuströmung läßt sich die Sauerstoffmenge, die zur völligen Entfärbung der Lösungen nötig ist, genau feststellen. Die Metallammoniumverbindungen bilden dabei einen gelatinösen, an Tonerde erinnernden Niederschlag, der in flüssigem Ammoniak suspendiert bleibt.

Der bei Einwirkung von Sauerstoff auf Natriumammonium entstehende Niederschlag erscheint nach der Entfernung des überschüssigen Lösungsmittels als ein hellrosa gefärbtes, fast weißes Pulver. Es ist im Wasser ohne Gasentwickelung und unter starker Selbsterwärmung löslich. Es wurde mit gewogenen Mengen gearbeitet und die Analyse des neuen Körpers ließ sich ohne Schwierigkeiten ausführen:

	Es wurde gefunden	Berechnet für $Na_2O . NH_3$
Na	58,45	58,23
NH_3	22,08	21,52
O	19,45	20,25

oder anders geschrieben $N\left\{\begin{matrix}H\\H\\Na\\Na\end{matrix}\right. OH.$[1]) Diese Verbindung wäre demnach ein Hydroxyd des Dinatriumammoniums und erinnert an das schon beschriebene Dinatriumammoniumchlorid NH_2Na_2Cl.

Mit der Bildung der Verbindung $Na_2O . NH_3$ ist jedoch die Wirkung des Sauerstoffs darauf noch nicht zu Ende und die gelatinöse, in flüssigem Ammoniak suspendierte Masse absorbiert weitere Sauerstoffmengen; es entsteht dabei die Verbindung Na_2O_3, die hellrosa gefärbt

[1]) Da JOANNIS die dualistische Schreibweise anwendet, so gibt er dieser Verbindung die Formel $NH_3 . 2\,NaO$ bezw. $N\left\{\begin{matrix}H\\H\\Na\\Na\end{matrix}\right. O . HO$.

ist und kein Ammoniak enthält. Bei Behandlung mit Wasser entwickelt sie Sauerstoff, und geht in das von VERNON-HARCOURT beschriebene Natriumbioxydhydrat (= Superoxydhydrat) über. Die Analysen dieser Substanz ergaben:

	Gefunden I.	Gefunden II.	Berechnet für Na_2O_3
Na	48,74	49,59	48,94
O	51,26	50,41	51,06

Bei der Durchleitung von Sauerstoff durch die oben erwähnten Lösungen bilden sich gleichzeitig die beiden Verbindungen $Na_2O \cdot NH_3$ und Na_2O_3 und wenn man bei schneller Arbeitsweise aus der Entfärbung der Lösungen schließen wollte, daß die Reaktion nun beendet sei, so würde man bei der Analyse der erhaltenen Produkte jedesmal verschiedene Resultate finden. Arbeitet man aber langsam, so hat das entstehende Na_2O_3 Zeit, das Natriumammonium zu $Na_2O \cdot NH_3$ zu oxydieren und man erhält ein einheitliches Produkt $Na_2O \cdot NH_3$.

Diese Versuche zeigen, daß das Natrium bei diesen tiefen Temperaturen sich viel weitgehender oxydieren läßt, als es bis jetzt der Fall war. Konnte doch GAY-LUSSAC bei der Darstellung der Verbindung Na_4O_3 nur anderthalb Äquiv. Sauerstoff mit Na_2 verbinden, und VERNON-HARCOURT hat als die höchste Oxydationsstufe die Verbindung Na_2O_2 erhalten.

Das Produkt, das man im Moment der Entfärbung der Kaliumammoniumlösung bei einem langsamen Durchleiten des Sauerstoffstroms durch dieselbe erhält, zeigt die Zusammensetzung K_2O_2 und ist, solange es in flüssigem Ammoniak suspendiert bleibt, gelatinös. Es zeigt eine etwas saftigere Rosafärbung als die Verbindung $Na_2O \cdot NH_3$. Mit der Entstehung des Kaliumsuperoxydes ist die Einwirkung von weiter durchgeleitetem Sauerstoff ebenfalls nicht beendigt, vielmehr wird derselbe weiter absorbiert, wobei die Masse eine dunklere, beinahe ziegelrote Färbung annimmt und sich der Zusammensetzung K_2O_3 nähert. Bei noch weiterer Oxydation wird die Färbung wieder heller, um schließlich chromgelb zu werden. Dieses Endprodukt entspricht der Formel K_2O_4. Die Analyse der beiden Verbindungen K_2O_2 und K_2O_4 haben ergeben:

	Kaliumsuperoxyd K_2O_2 gefunden	Kaliumsuperoxyd K_2O_2 berechnet	Kaliumtetroxyd K_2O_4 gefunden	Kaliumtetroxyd K_2O_4 berechnet
K . .	68,96	70,90	55,81	55
O . .	31,04	29,10	44,19	45.

Das Kaliumsuperoxyd ist im Wasser löslich und gibt eine oxydierend wirkende, dabei aber ziemlich beständige Lösung. Das Tetroxyd ist ebenfalls wasserlöslich, es findet aber dabei eine reichliche Sauerstoffentwickelung statt. Zweimal fand eine Explosion statt, als in das Röhrchen mit Kaliumsuperoxyd ein Wassertropfen hinein kam. Bei sofortiger Untersuchung der Glassplitter konnte man die Gegenwart eines gelben Körpers, anscheinend Tetroxyd, und eines veilchenblauen Stoffes, welcher mit Wasser ein brennbares Gas entwickelte und anscheinend Kalium war, konstatieren. Diese Spaltung des Superoxydes in Metall und Tetroxyd erinnert an das von Ditte[1]) beobachtete Zerfallen des Zinnprotoxydes in Zinn und Zinnsäure.

Joannis setzte nun seine Untersuchungen über die Einwirkungen der verschiedenen Gase auf das Alkalimetallammonium fort, und indem er Kaliumammonium der Einwirkung des Kohlenoxydgases aussetzte, erhielt er ebenfalls scharf definierbare Verbindungen (C. R. 1893, Bd. 116 S. 1518—1520).

Es gilt als allgmein bekannt, daß bei der Darstellung von metallischem Kalium sich eine Verbindung des Metalls mit Kohlenoxyd bildet. Von einigen ist diese Verbindung als eine schwarze, zum Teil sehr explosive Substanz beschrieben worden; von anderen wiederum wurden dabei Körper von verschiedenartigen Eigenschaften und Aussehen erhalten; alle Beobachter sind sich darin einig, daß der entstehenden Verbindung die Zusammensetzung $K_2C_2O_2$ zukomme. Nach Liebig[2]) und Lerch[3]) ist die Verbindung schwarz, nach Brodie[4]) rot. Nach dem Letztgenannten ist die Verbindung unter sehr stürmischer Zersetzung im Wasser löslich, nach Liebig dagegen verläuft dabei die Zersetzung nur wenig stürmisch. Nietzki und Benckiser,[5]) die ihre Untersuchungen darüber in viel neuerer Zeit ausgeführt haben, schreiben der betreffenden Verbindung die Zusammensetzung $K_6C_6O_6$ zu. Sie stellten dieselbe nach der Vorschrift von Liebig dar, fanden aber, daß sie für sich allein durchaus nicht explosiv war, daß dieselbe aber, der feuchten Luft ausgesetzt, im höchsten Grade explosiv wurde. Die Verbindung, die nun Joannis erhielt, zeigte ebenfalls die Zusammensetzung

---

[1]) Ann. de Chim. et de Phys. 5. Serie, Bd. 27 S. 170.

[2]) Ann. d. Chem. u. Pharm. 1834, Bd. 11 S. 182.

[3]) Ann. d. Chem. u. Pharm. Bd. 124 S. 20. Die viel ausführlichere Originalarbeit befindet sich in Wiener Akademieberichten, Mathemat.-Naturwiss. Klasse Bd. 45_2.

[4]) Quarterly Journ. of Chem. Soc. Bd. 12 S. 269, bezw. Ann. d. Chem. u. Pharm. Bd. 113 S. 358.

[5]) Berichte d. D. Chem. Ges. 1885, Bd. 18_2 S. 1833.

$K_2C_2O_2$, hatte aber ganz andere als die oben angeführten Eigenschaften. Er arbeitete wie bei Sauerstoff mit reinem und trockenem Kohlenoxydgas, das er bei — 50° durch eine konzentrierte, tiefrot gefärbte Lösung von Kaliumammonium in flüssigem Ammoniak hindurchleitete; nach und nach wird die Flüssigkeit blau wie eine verdünnte Kaliumammoniumlösung, dann sieht man deutlich, wie die blaugefärbte Flüssigkeit hellrosa wird, was auf die Beendigung der Reaktion deutet. Die entstehende Verbindung (in flüssigem Ammoniak suspendiert) sieht gelatinös aus; durch Entweichenlassen des überschüssigen Lösungsmittels, indem das Rohr bei offenem Hahn auf die Zimmertemperatur gebracht wird, erhält man ein weißes Pulver (mit einem Stich ins Rosa), welches bei der Analyse folgende Werte ergibt:

	Gefunden I. durch Messung der angewandten Gasmenge	Gefunden II. durch Bestimmung der Gewichtszunahme	Berechnet als $K_2C_2O_2$
CO . .	41,03	41,24	41,73
K . . .	58,97	58,76	58,27
	100,00	100,00	100,00

Die so erhaltene Verbindung ist also weder schwarz noch rot, wie es von anderen gefunden wurde; läßt man dieselbe eine Zeitlang in einer zugeschmolzenen Röhre sich selbst über, so färbt sie sich viel dunkler, ohne jedoch dabei schwarz zu werden. Noch größere Unterschiede weisen die anderen Eigenschaften dieser Substanz auf: währenddem die von anderen Forschern beschriebene schwarze Modifikation bei ca. 100° erhalten worden war, fand Joannis, daß der von ihm erhaltene Körper bei dieser Temperatur bereits explodiert. Eine Explosion findet auch statt, wenn man in die Röhre mit der Substanz eine Spur Luft oder einen Tropfen Wasser eindringen läßt. Die bei dieser Zersetzung entweichenden Gase und Dämpfe sind ziemlich die gleichen wie die bei der Explosion durch Erhitzung entstehenden, sodaß man annehmen kann, daß Luft wie auch Wasser die Substanz dadurch zur Explosion bringen, daß sie ein kleines Partikelchen derselben auf die Temperatur, bei welcher die spontane Zersetzung der ganzen Masse stattfinden kann, erhitzen. Die bei der Explosion entstehenden Gase wurden bei der Zersetzung der analogen Natriumverbindung näher untersucht und die Ergebnisse sind im weiteren wiedergegeben. Um die Substanz ohne Explosion in Wasser aufzulösen, wandte Joannis folgenden Kunstgriff an: das mit einem Hahn versehene Glasrohr, in dem die Substanz dargestellt wurde, wurde evakuiert, und dann in das Rohr etwas Wasser so eingeführt, daß es nicht in direkte Berührung mit der Substanz kommen, sondern auf diese nur als Dampf einwirken konnte. Nach einigen Stunden zerfloß die Verbindung, ohne daß dabei eine Gasentwickelung stattfand. Bei Berührung mit den Wasserdämpfen nahm die Substanz eine braune Färbung an, und die sich schließlich bildende Lösung war gelb.

Mit Natrium und Kohlenoxyd ist auf „trocknem" Wege keine dem Kaliumkohlenoxyd entsprechende Verbindung erhalten worden, weil das geschmolzene Natrium sich mit Kohlenoxyd nicht verbindet. Dagegen bildet dieses Gas durch Einwirkung auf Natriumammonium mit Leichtigkeit eine Verbindung, die, wie die weiter mitgeteilten Analysen zeigen, der Zusammensetzung $Na_2C_2O_2$ entspricht:

	Gefunden: I	II.	III.	IV.	Berechnet als $Na_2C_2O_2$
CO . .	55,06	54,71	56,07	55,62	54,90
Na . .	44,94	45,29	43,93	44,38	45,10
	100,00	100,00	100,00	100,00	100,00

Diese Verbindung, die weiß mit einem Stich ins Lila ist, explodiert unter Einwirkung von geringen Mengen Luft oder Wasser oder beim Erhitzen auf 90°. Beim Erwärmen wird die Färbung der Substanz tiefer, es findet aber keine Gasentwickelung vor dem Momente der Explosion statt. Weniger leicht tritt eine Explosion durch Stoß ein. Obzwar die Explosionen, die Joannis hervorrief, durchaus ungefährlicher Natur waren, da er nur mit Mengen von 0,5 g Substanz operierte, wurden dabei doch die Röhren fast immer zerschmettert. Erst nach vielen Versuchen gelang es, die Explosion ohne die Beschädigung der Glasröhre herbeizuführen und da erwies sich, daß die Zersetzung nach folgender Gleichung verläuft:

$$2\,Na_2C_2O_2 = Na_2CO_3 + Na_2O + 3\,C.$$

Bei der Explosion findet tatsächlich nur eine schwache, durch sekundäre Erscheinungen hervorgerufene Gasbildung statt; zwischen diesen dürfte wohl der Einwirkung des sich ausscheidenden Kohlenstoffs auf die geringen Mengen des von der Substanz absorbiert gewesenen Ammoniaks, wobei auch etwas Natriumcyanid gebildet wird, die wesentlichste Rolle zufallen. Bei der Analyse der Zersetzungsprodukte wurden 0,9977 Äquiv. Natriumcarbonat und 3,005 Äquiv. amorphen Kohlenstoffs, der sich sehr schwer auswaschen ließ, ermittelt. Diese Zahlen beweisen, von welch geringer Bedeutung die oben angedeuteten sekundären Reaktionen sind.

Wird ein Wassertropfen in die Röhre eingebracht und mit der Substanz in direkte Berührung gebracht, so erscheint im Momente der Explosion, als ob die ganze Röhre mit einer roten Flamme gefüllt sei. Bei einem Versuch, bei dem die Röhre ganz blieb, wurde eine geringe Gasbildung beobachtet: 20 ccm auf 0,5515 g Substanz. Das Gas enthielt 86 % Wasserstoff und 14 % Kohlenoxyd; zu gleicher Zeit bildete sich kohlensaures Natrium und fand die Kohlenstoffausscheidung statt. Bei Berührung (im Vakuum) mit Wasserdämpfen, wie es bei der Kaliumverbindung beschrieben war, wurde das Natriumcarbonyl ziegelrot, dann dunkelbraun und schließlich violettschwarz. Nach einigen Tagen wurde das Ganze zu einer zähen, dunkelroten Flüssigkeit, in der die Substanz ohne Gasentwickelung und Rückstandshinterlassung sich gelöst befand.

Läßt man gasförmiges Kohlendioxyd auf flüssiges Ammoniak einwirken, so bildet sich nach Rengade (C. R. 1904, Bd. 138 S. 629—631) carbaminsaures Ammonium. Bringt man dies letztere mit einer Lösung von Natriummetall im Ammoniak zusammen, so entsteht wider Erwarten kein carbaminsaures Natrium, was sich nach Rengade vielleicht dadurch erklären läßt, daß das carbaminsaure Ammonium im flüssigen Ammoniak unlöslich ist. Läßt man dagegen wasserfreies Kohlendioxydgas auf eine konzentrierte Lösung von Natrium im flüssigen Ammoniak einwirken, so bildet sich anfangs, solange überschüssiges Ammoniak vorhanden ist, carbaminsaures Ammonium; dann beginnt auch das Metall an der Reaktion teilzunehmen, was man schon aus der verblassenden Färbung des Natriumammoniums wahrnimmt; die Reaktion findet erst oberhalb — 60° statt.

Bei Einhaltung der Temperatur zwischen — 50 und — 60° verläuft die Reaktion quantitativ nach der Gleichung

$$CO_2 + NH_3Na = NH_2COONa + H.$$

Um die erhaltene reinweiße Substanz von dem Ammoniumsalz zu befreien, genügt es, dieselbe unter Vakuum auf etwa + 50° zu erhitzen, wobei das Ammoniumsalz dissoziiert und das Natriumsalz zurückbleibt. Durch Auflösen im Wasser und Behandlung mit Schwefelsäure bezw. mit Kalilauge ist das Salz als aus $NaNH_2CO_2$ bestehend ermittelt worden.

Arbeitet man bei höheren Temperaturen, etwa zwischen — 35 und — 25°, so entsteht unter bedeutend geringerer Gasentwickelung als vorher ($^1/_4$) eine graue von Rengade als ameisensaures Natrium erkannte Substanz. Wird das Natrium- durch Kaliumammonium ersetzt, so empfiehlt es sich, bei noch höheren Temperaturen zu arbeiten; so gibt Rengade an, daß er die höchste Ausbeute an ameisensaurem Kalium bei Temperaturen zwischen — 10 und — 5° erhalten hat.

Die hier geschilderte Bildung von ameisensauren Salzen bildet eine gewisse Analogie mit der von MOISSAN[1]) durchgeführten Reaktion zwischen Metallhydrüren und Kohlendioxyd.

Über die Einwirkung von Kohlenoxyd, Kohlendioxyd und Schwefelkohlenstoff auf Natriumamid liegt eine ältere Arbeit von BEILSTEIN und GEUTHER[2]) vor, die noch im weiteren Berücksichtigung finden wird.

Stickstoff, Stickstoffoxydul und -oxyd (JOANNIS, C. R. 1894, Bd. 118 S. 713).

Wie bei den bereits geschilderten Versuchen mit Sauerstoff, Kohlenoxyd und Kohlendioxyd wurde auch bei dieser Untersuchung besondere Sorgfalt auf das Trocknen der Gase gerichtet.

Stickstoff übte auf das in flüssigem Ammoniak aufgelöste Alkalimetallammonium keinerlei Wirkung aus.

Stickstoffoxydul tritt bei — 35° und Atmosphärendruck mit den Metallammoniumlösungen in eine ziemlich verwickelte Reaktion ein. Unterbricht man die Reaktion, sobald eine Entfärbung der Metallammoniumlösung eintritt, so findet man:

1. daß im Laufe des Versuches eine Stickstoffentwickelung vor sich geht, und der frei gewordene Stickstoff ein nur unwesentlich geringeres Volumen im Vergleich zu demjenigen des zugeführten Oxyduls einnimmt;
2. daß auf je ein Molekül Metallammonium ($Na_2H_6N_2$ oder $K_2H_6N_2$) etwas über ein Molekül (1,14—1,17) Stickoxydul absorbiert wird;
3. daß auf je ein Molekül des Metallammoniums 0,85—0,95 Mol. Ammoniak gebunden wird;
4. daß die erhaltene Verbindung sich im Wasser ohne jegliche Gasentwickelung auflöst und
5. daß die erhaltene wässerige Lösung, mit Silbernitrat versetzt, einen weißen Niederschlag bildet, welcher gewaschen und im Vakuum getrocknet, beim schnellen Erhitzen äußerst heftig detoniert. Die Analyse dieser Verbindung (Silber wurde als Chlorsilber bestimmt und der Stickstoff als solcher gemessen) zeigte die Zusammensetzung des Silbernitrides AgN_3.

Der ursprünglich entstandene Körper enthält, wenn auch in geringen Mengen, Kaliumnitrid (etwa 1 Molek. auf 7—8 Molek. des

---

[1]) C. R. 1903, Bd. 134 S. 261.

[2]) Ann. d. Chem. u. Pharm. Bd. 108 S. 88.

angewandten Metallammoniums), welches seine Entstehung einer sekundär sich abspielenden Reaktion verdankt. Die Hauptreaktion verläuft vermutlich wie folgt:

$$N_2O + N_2H_6K_2 = NH_3K_2O + NH_3 + N_2$$

$$\text{bezw.} = NH_2K + NH_3 + KOH + N_2 \quad . \quad . \quad . \quad (1)$$

und erst bei weiterer Einwirkung von Stickstoffoxydul auf das neu entstandene Kaliumamid entsteht das Kaliumtrinitrid:

$$2\,NH_2K + N_2O = N_3K + KOH + NH_3 \quad . \quad . \quad . \quad . \quad . \quad (2)$$

Auf diese Weise erhält man bei der Einwirkung eines Überschusses von Stickoxydul auf Kaliumammonium ein Gemenge von Trinitrid und Ätzkali:

$$3\,N_2O + 2\,N_2H_6K_2 = N_3K + 3\,KOH + 3\,NH_3 + 2\,N_2.$$

Das Natriumammonium verhält sich dem Stickoxydul gegenüber ganz dem Kaliumammonium analog.

Joannis stellte sich dabei noch die Frage auf, ob die während der Reaktion (1) erhaltene Substanz NH_3Na_2O als ein Hydroxyd des Dinatriumammoniums (NH_2Na_2OH) oder als ein Gemisch von Natriumamid und Ätznatron ($NH_2Na + NaOH$) anzusehen wäre. Weitere Versuche haben aber ergeben, daß das Stickstoffoxydul auf das Dinatriumammoniumhydroxyd ohne Einwirkung ist, daß es aber bei der Einwirkung auf Natriumamid zur Bildung von Natriumtrinitrid führt, und mithin wurde die Richtigkeit der Reaktion (2) bewiesen.

Diese Reaktionen sind vielleicht die einzigen Beispiele, in welchen das Stickstoffoxydul bei einer niedrigeren Temperatur (im Vergleich zu seiner Selbstzersetzungstemperatur) chemisch einwirkt und sich anders als ein Gemisch von freiem Sauerstoff und Stickstoff verhält. Es dürfte hier vielleicht angebracht sein, eine Parallele zwischen dem Verhalten der Metallammoniumverbindungen (wie z. B. $NaNH_3$) und demjenigen der Metallamide[1]) dem Stickoxydul gegenüber zu ziehen: Währenddem die Metallamide dieses Gas unter Bildung von stickstoffwasserstoffsauren Salzen und ohne Stickstoffentwickelung binden, absorbieren die Metallammoniumverbindungen zwar ebenfalls das Stickstoffoxydul, aber unter gleichzeitiger Entwickelung eines dem absorbierten Gase gleichen Volumens von Stickstoff.

Bei der Einwirkung von Stickstoffoxyd auf Natrium- oder Kaliumammonium bildete sich ein gelatinöser Niederschlag, der nach der Entfernung des als Lösungsmittel angewandten flüssigen Ammoniaks

[1]) Dennis und Browne (Zeitschr. f. anorg. Chem. 1904, Bd. 40 S. 68) im Anhange zu diesem Kapitel S. 131.

zu amorphem Pulver wurde und als untersalpetriges Natrium bezw. Kalium sich erwiesen hat. Analysen dieser Substanz ergaben folgende Zahlen:

$$Na : NO = 0{,}987 \text{ für } NaNO \text{ und } K : NO = 1{,}009 \text{ für } KNO.$$

Diese Verbindungen halten etwas Ammoniakgas zurück, welches sich jedoch im Vakuum und beim gelinden Erwärmen leicht entfernen läßt. Die wässerige Lösung gibt, mit Silbernitrat versetzt, einen gelben Niederschlag von untersalpetrigsaurem Silber.

Läßt man auf eine ammoniakalische Lösung von Kaliumammonium Phosphorwasserstoffgas einwirken (Joannis, C. R. 1894, Bd. 119 S. 557—559), so findet eine Absorption des letzteren unter gleichzeitiger Entwickelung von Wasserstoff statt. In der Lösung entsteht eine neue Flüssigkeit, die mit der ursprünglichen Lösung nicht mischbar ist, die aber geringe Mengen der letzteren auflöst. Kurz bevor die Reaktion beendigt ist, sieht man, wie die noch nicht angegriffene Kaliumammoniumlösung auf der Oberfläche der neugebildeten Flüssigkeit in ölartigen Tropfen umherschwimmt. Bei weiterer Einwirkung des Phosphorwasserstoffgases verschwinden diese Tröpfchen und man erhält eine homogene Flüssigkeit, die durch ihre kühlende Eigenschaft an Schwefelkohlenstoff erinnert. Läßt man dann das Lösungsmittel — das Ammoniak — entweichen, so scheiden sich feine weiße Nadeln einer Substanz aus, welche die Zusammensetzung PH_2K hat und eine gewisse Analogie mit Kaliumamid NH_2K aufweist.

Zwei Analysen dieser Verbindung ergaben folgende Werte:

	Gefunden: I.	Gefunden: II.	Berechnet als PH_2K
K . . .	53,29	54,27	54,16
P . . .	43,00	44,54	43,06
H . . .	2,80	2,89	2,78
	99,09	101,70	100,00

Wird in den soeben beschriebenen Versuchen das Kalium- durch Natriumammonium ersetzt, so verläuft die Reaktion in ganz gleicher Weise, nur zeigt die entstehende Verbindung PH_2Na einige von denjenigen des PH_2K etwas abweichenden Eigenschaften. Läßt man bei 0^0 das überschüssige Ammoniak entweichen, so scheiden sich keine Kristalle aus und es hinterbleibt eine Flüssigkeit, die nur bei starker Kühlung gleichzeitig und zusammen mit dem Lösungsmittel erstarrt. Bei 0^0 und Atmosphärendruck enthielt diese Substanz auf $1\,PH_2Na$ 2,87 Mol. Ammoniak. Bei 13^0 findet eine Ammoniakabspaltung statt:

bei weiterer Erwärmung verliert die nun kristallisierte Masse wiederum Ammoniak, und zwischen 65 und 69 ^{0} tritt schon ein geringer Verlust an Phosphorwasserstoff ein. Das Ammoniak kann auch mittels Vakuum entfernt werden und man erhält dann eine weiße, feste Substanz, die durch etwas gelbes Natriumphosphid PNa_3 verunreinigt ist. Drei Analysen der neuen Substanz ergaben folgende Resultate:

	Gefunden			Berechnet als
	I.	II.	III.	PH_2Na
Na . . .	40,34	40,62	42,09	41,07
P . . .	56,05	55,59	54,62	55,36
H . . .	3,61	3,79	3,29	2,57
	100,00	100,00	100,00	100,00

In gleicher Weise wie die Metallamide beim Erhitzen ihren Wasserstoff in Form von Ammoniak verlieren, zersetzen sich die obigen Phosphorverbindungen in Phosphide und Phosphorwasserstoff:

$$3\,PH_2K = 2\,PH_3 + PK_3.$$

Auch Wasser zersetzt diese Verbindungen unter Freimachen von Phosphorwasserstoff.

Die Einwirkung von rotem Phosphor auf die in flüssigem Ammoniak aufgelösten Alkalimetalle ist von Hugot (C. R. 1895, Bd. 121 S. 206—208) untersucht worden. Phosphor, welches bei gewöhnlicher Temperatur ohne Einwirkung auf die festen Alkalimetalle bleibt, reagiert auf deren Lösungen in flüssigem Ammoniak unter Bildung einer beinahe wie Brom tiefroten Flüssigkeit. Da die Reaktion nur langsam vor sich geht, so bilden sich gleichzeitig mit dieser unter Wasserstoffentwickelung nicht unbedeutende Mengen von Metallamiden, die die weitere Untersuchung erschweren. Beim Arbeiten mit Kalium wurde die Verbindung $P_5K \cdot 3\,NH_3$ erhalten. Dieselbe verliert beim Erhitzen bis auf 180 ^{0} das ganze Ammoniak und hinterläßt die Verbindung P_5K. Weder diese noch $P_5K \cdot 3\,NH_3$ konnten in reinem Zustande erhalten werden, da das gleichzeitig mit denselben entstehende Kaliumamid in dem als Lösungsmittel benutzten flüsssigen Ammoniak ebenfalls leicht löslich ist. Dagegen wurde die Natriumverbindung, dessen Amid in dem Lösungsmittel so gut wie unlöslich ist, in reinem Zustande erhalten und zeigte dann die Zusammensetzung $P_3Na \cdot 3\,NH_3$. Beim Erhitzen auf 180 ^{0} ging auch hier das ganze Ammoniak weg, und es hinterblieb die Verbindung P_3Na.

Die Verbindungen P_3Na wie P_5K zersetzen sich in feuchter Luft unter Entwickelung von Phosphorwasserstoff.

Die weiteren Reaktionen dieser Verbindungen, sowie das Verhalten von Phosphor, wenn es nicht im Überschusse angewandt wird, den ammoniakalischen Lösungen der Alkalimetalle gegenüber, bildeten Gegenstand einer besonderen Untersuchung (HUGOT, C. R. 1898, Bd. 126 S. 1719).

Der hierzu benutzte Apparat hatte die Form H und war an seinen beiden oberen Enden mit Glashähnen versehen; die unteren Enden wurden mit Korkpfropfen verschlossen. Ein Stückchen roten Phosphors und ein Natriumkügelchen, das im trocknen Wasserstoffstrome vorher geschmolzen wurde, wurden in den Apparat eingeführt und dann der Wirkung des flüssigen Ammoniaks ausgesetzt. Sobald dieses das Natrium aufgelöst hat, reagierte das Phosphor auf das Natriumammonium und es entstand eine grünblaue Flüssigkeit; gleichzeitig damit fand eine Ausscheidung von gelben Kristallen und eine Wasserstoffentwickelung statt. Die Reaktion ging langsam vor sich und, nachdem das Ganze, mit schmelzendem Eis umgeben, sich selbst auf 24 Stunden überlassen wurde, wurde die Flüssigkeit durch Glaswolle filtriert. Die Kristalle wurden, um sie frei von Natriumammonium zu erhalten, während mehrerer Tage ausgewaschen. Die Analyse der gelben Kristalle ergab die Zusammensetzung $P_2H_3Na_3$, und im Filtrat wurden größere Mengen von Natriumamid gefunden.

Die dabei stattgefundene Reaktion gibt HUGOT wie folgt wieder:

(a) . . . $6\,NH_3Na + 2\,P = P_2H_3Na_3 + 3\,NH_2Na + 3\,NH_3$.

Außerdem fand dabei noch die Bildung von Natriumamid durch spontane Zersetzung von Natriumammonium statt, die aber durch die Messung des freigewordenen Wasserstoffes bestimmt werden konnte.

Die Verbindung $P_2H_3Na_3$ gibt mit Wasser und mit Säuren folgende Reaktion:

(b) . . . . . $P_2H_3Na_3 + 3\,HCl = 3\,NaCl + 2\,PH_3$.

(c) . . . . . $P_2H_3Na_3 + 3\,H_2O = 3\,NaOH + 2\,PH_3$.

Diese Verbindung verlor beim Erwärmen bis auf 100° etwas Phosphorwasserstoff und Wasserstoff, zwischen 150—200° wird die Phosphorwasserstoffentwickelung schwächer und zwischen 200 und 300° entweicht nur Wasserstoff. Die Darstellung der Verbindung $P_2H_3Na_3$ kann wesentlich erleichtert werden, wenn man von vornherein Natrium und Phosphor im Verhältnis von nur etwas mehr als 1 : 3 anwendet und dadurch das lästige Nachwaschen vermeidet. Nimmt man aber keinen genügenden Überschuß an Natrium, so bilden sich andere schwer definierbaren Verbindungen, zwischen welchen u. a. auch das von JOANNIS beschriebene PH_2Na sich vorfindet.

Beim Ersatz von Phosphor durch Arsen erwartete Hugot (C. R. 1896, Bd. 127 S. 553—555) ebenfalls, je nachdem ob Arsen oder Natriumammonium im Überschuß angewandt wurden, verschiedene Produkte zu erhalten; die diesbezüglichen Versuche haben jedoch in beiden Fällen die Bildung der Verbindung $AsNa_3NH_3$ ergeben. Die Arbeitsweise und der Apparat waren ganz dieselben wie beim Arbeiten mit Phosphor. Man erhält auf diese Weise einen ziegelroten Niederschlag, der in flüssigem Ammoniak nicht unlöslich ist; die Lösung ist grünlich-gelb; läßt man dieselbe langsam verdunsten, so bleiben zurück ganz kleine Kristalle, deren Zusammensetzung der Formel $AsNa_3NH_3$ entspricht. Die Kristalle enthalten etwas von der Zersetzung des Natriumammoniums herrührendes Natriumamid. Die Bildung des letzteren wird bedeutend verringert, wenn nicht ganz vermieden, falls man einen Überschuß an Arsen anwendet, nur muß dann das Waschen viel länger fortgesetzt werden.

Zur Bestimmung von Natriumarsenid wird dasselbe mit verdünnter Salpetersäure behandelt und in der Lösung wird das Arsen in Form von Schwefelarsen oder als ammoniakalisches Magnesiumarseniat bestimmt. Zu den gefundenen Zahlen hat man noch die aufgefangene Menge des sich stets bei Behandlung von Natriumarsenid mit Säure entwickelnden Arsenwasserstoffs hinzuzufügen.

Etwas abweichende Resultate erhielt Hugot (C. R. 1899, Bd. 129 S. 603—605) mit Kaliumammonium und Arsen.

Mit Natriumammonium konnte er, gleichviel ob von einem oder dem anderen Reagens ein Überschuß genommen wurde, nur eine Arsenverbindung erhalten; dagegen erhielt er mit Kaliumammonium zweierlei Verbindungen, und zwar beim Überschuß von Metallammonium — AsK_3NH_3 und beim Überschuß von Arsen $As_4K_2NH_3$.

Im ersten Falle beobachtet man die Bildung einer amorphen, gelben Substanz, die in flüssigem Ammoniak nur wenig löslich ist; die Lösung ist schwach gelb. Diese Substanz erscheint nur gelb, solange sie in flüssigem Ammoniak untergetaucht oder in einer Ammoniakgasatmosphäre einem stärkeren Druck ausgesetzt bleibt. Unter gewöhnlichem Druck ist die Verbindung AsK_3NH_3 ziegelrot und dunkler als die entsprechende Natriumverbindung. Beim Erhitzen im Vakuum auf 300°, verliert die Substanz 1 Molek. Ammoniak, wird mattschwarz und entspricht der Zusammensetzung AsK_3.

Auch bei der Anwendung eines Überschusses an Arsen läßt sich die Bildung von $AsK_3 . NH_3$ nicht ganz vermeiden. Gleichzeitig damit entsteht eine rote, ammoniakalische Lösung, die beim Verdunsten eine orange gefärbte Substanz $As_4K_2 . NH_3$ hinterläßt. Beim Erhitzen auf etwa 300° verliert dieselbe ein Molekül Ammoniak und wird zinnoberrot. Das Vorhandensein von AsK_3 wird durch dessen schwarze Färbung gekennzeichnet.

Bei der Einwirkung von Selen auf Alkaliammoniumverbindungen (Hugot, C. R. 1899, Bd. 129 S. 299—302) hat man wiederum die zwei Fälle zu unterscheiden: je nachdem welcher von den beiden Bestandteilen im Überschuß ist, erhält man Selenide Na_2Se bezw. K_2Se oder Tetraselenide Na_2Se_4 und K_2Se_4.

Das für die Versuche benötigte reine Selen wurde durch Auflösen des Selens des Handels in reiner Salpetersäure gewonnen, indem die erhaltene Lösung mehrmals bis aufs Trockene eingedampft und die aus dem Rückstande durch Sublimation erhaltene selenige Säure im Wasser aufgelöst wurde. Aus dieser Lösung wurde dann Selen durch Schwefeldioxyd niedergeschlagen, gewaschen und unter Luftabschluß getrocknet.

Natrium- bezw. Kaliumselenid Na_2Se wird als amorphes, weißes Pulver erhalten, das in flüssigem Ammoniak gänzlich unlöslich ist und mit luftfreiem Wasser eine farblose Lösung gibt. Unter Lufteinwirkung färbt sich diese Lösung rot und gleichzeitig damit scheidet sich Selen in Form eines roten Pulvers aus.

Die Tetraselenide Na_2Se_4 und K_2Se_4 sind in flüssigem Ammoniak mit brauner Farbe löslich. Bei —25° ist die Masse noch flüssig, sie erstarrt aber bei —55°; bei noch tieferer Temperatur wird sie unter starker Dampfspannungserhöhung wieder flüssig.

Wird die ammoniakfreie Substanz einer Ammoniakatmosphäre unter Druck ausgesetzt, so absorbiert sie gierig das Gas und wird flüssig; in Wasser ist sie mit violetter Farbe löslich; bei Luftzutritt scheidet sich aus der Lösung Selen aus. Säuren entwickeln aus der Lösung Selenwasserstoff unter gleichzeitiger Abscheidung von Selen in Form eines roten Pulvers. Die Verbindungen Na_2Se_4 sowie K_2Se_4 haben das gleiche Aussehen; sie sind in Bromwasser löslich. Hugot hebt noch besonders hervor, daß reines Selen in flüssigem Ammoniak (im Gegensatz zur Beobachtung von Franklin und Kraus)[1]) unlöslich ist, und weist bei dieser Gelegenheit auf den Umstand hin, daß die Arbeiten der letztgenannten über das Lösungsvermögen von flüssigem Ammoniak oft nicht ganz zutreffend sind, da sie vermutlich ihre Bestimmungen mit nicht ganz reinen Substanzen ausführten und dadurch irregeführt worden sind.

---

[1]) Vergl. nächstes Kapitel.

Wird statt Selen reines Tellur genommen (Hugot, C. R. 1899, Bd. 129 S. 388—390), so erhält man die Verbindungen Na_2Te und K_2Te einerseits und Na_2Te_3 und K_2Te_3 andererseits.

Reines Tellur ist in flüssigem Ammoniak unlöslich.

Die Verbindungen Na_2Te und K_2Te sind ebenfalls in flüssigem Ammoniak unlöslich, in Wasser dagegen löslich.

Die ammoniakalische Lösung von Na_2Te_3 und K_2Te_3 ist violett gefärbt; erst wenn ein großer Teil des Lösungsmittels verdunstet, wird sie braun und erstarrt bei ca. — 25°, um bei — 15° wieder flüssig zu werden. Bei langsamer Verdunstung erhält man einen dunkelbraunen, kristallisierten Körper, welcher frei von Ammoniak ist; unter Druck absorbiert er wieder Ammoniak und zerfließt dabei.

Bei Behandlung von Schwefel mit Alkalimetallammoniumlösung erhält man einerseits weißes, amorphes, in flüssigem Ammoniak unlösliches Na_2S und K_2S (die Angaben von Weyl, daß diese Sulfide in flüssigem Ammoniak löslich sind, werden von Hugot bestritten) und andererseits eine rote Lösung von Na_2S_5 bezw. K_2S_5. Da der Schwefel auch für sich allein in flüssigem Ammoniak mit rotvioletter Farbe löslich ist, so ist die Trennung der letzterwähnten Polysulfide von freiem Schwefel kaum möglich.

Hugot schließt diese Arbeit mit folgender Zusammenstellung der erhaltenen Resultate:

I. Beim Überschuß von Metallammonium entstehen:

Na_2S, K_2S Na_2Se, K_2Se Na_2Te, K_2Te	amorph, weiß; löslich im Wasser, unlöslich in flüssigem Ammoniak; absorbieren Ammoniakgas nicht.

II. Beim Überschuß der Metalloide entstehen:

Na_2S_5, K_2S_5 Na_2Se_4, K_2Se_4 Na_2Te_3, K_2Te_3	kristallisiert; löslich im Wasser und in flüssigem Ammoniak; absorbieren Ammoniakgas.

Trotz den so eingehenden Untersuchungen über die Natur der Metallammoniumflüssigkeiten wurden die Ansichten Joannis über die Bildung „wahrer" Metallammoniumverbindungen, auf die auch schon Weyl hinwies, nicht durchweg anerkannt; vielmehr haben die schon früher von Seely der Hypothese von Weyl entgegengehaltenen Einwürfe noch einen Stützpunkt in den Versuchen von Cady gefunden. Diese Versuche, auf die im weiteren (vergl. Kapitel 7) noch näher eingegangen wird, ergaben, daß beim Durchgang des elektrischen Stromes durch eine Lösung von Alkalimetallen in flüssigem Ammoniak keinerlei Zersetzung entsteht, und daß man mithin mit einer Lösung von Metall und nicht von Metallverbindung hier zu tun hat. Für die Entscheidung dieser Fragen dürfte noch MOISSAN (C. R. 1898, Bd. 127 S. 685—692) sowohl die Feststellung der Grenztemperaturen, bei denen die Bildung der „Ammoniummetalle" beginnt, wie die genaueren Kenntnisse über das Verhalten anderer Metalle zu Ammoniak von wesentlicher Bedeutung sein. Er dehnte daher seine Versuche auch auf Calcium und Lithium und dann noch auf Rubidium und Cäsium aus.

Zur Bestimmung der Grenztemperaturen für die Bildung der Ammoniummetalle leitete MOISSAN gleichzeitig durch vier U-Röhren, von welchen je eine mit blankem Lithium, Calcium, Kalium und Natrium beschickt waren, unter gewöhnlichem Druck Ammoniakgas in der Weise durch, daß nur die Temperaturbedingungen variiert wurden. Diese Versuche ergaben, daß

Lithium	bei	$+70^0$	unter	Verflüssigung
Calcium	„	$+20^0$	ohne	„
Kalium	„	-2^0	unter	„
Natrium	„	-20^0	unter	„

angegriffen wurden.

Neben diesen oberen Temperaturgrenzen, bei denen eine Reaktion noch vor sich gehen kann, bezeichnen diese Zahlen auch die Temperaturen, bei welchen Zersetzung (Dissoziation) der gebildeten Ammoniummetalle eintritt.

Wie weitere Versuche ergaben, wirkt festes Ammoniak (bei -80^0) bei gewöhnlichem Druck auf die oben erwähnten vier Metalle nicht ein, wohl aber sobald es flüssig wird. Werden die hier bezeichneten Temperaturgrenzen nicht überschritten, so läßt sich, wenn man schnell arbeitet, sowohl die Darstellung der Ammoniummetalle wie die Wiedergewinnung der Metalle im kristallisierten Zustande unter Vermeidung der Bildung von Metallamiden mit Leichtigkeit durchführen.

L i t h i u m a m m o n i u m. Läßt man trocknes Ammoniakgas bei Zimmertemperatur auf Lithium einwirken, so färbt sich das letztere sofort rotgelb und beginnt unter gleichzeitiger merklicher Erwärmung sich zu verflüssigen. Die entstehende rotgelb-schimmernde Flüssigkeit kriecht die Wände der U-Röhre entlang und absorbiert immer neue Mengen Ammoniakgas. Nach der Beendigung der Gasabsorption wird das Ganze schnell auf $+70^0$ gebracht, um die Bildung von Lithiumamid zu vermeiden. Das überschüssige Ammoniak verflüchtigt sich und es bleibt eine feste, rotgelbe Substanz zurück, die an der Luft Feuer fängt.

Bringt man dagegen Lithium in flüssiges Ammoniak hinein und läßt die Röhre langsam die Zimmertemperatur annehmen, so wird die anfangs entstandene tiefblaue Flüssigkeit immer zäher und nimmt dabei eine rotgelbe Färbung an. Nachdem die Flüssigkeit 24 Stunden dem gewöhnlichen Drucke ausgesetzt war, zeigte sie eine mehr oder weniger konstante Zusammensetzung entsprechend der Formel:

$$Li(NH_3)_3 \text{ bezw. } LiNH_3 . 2\,NH_3.$$

Das bei gewöhnlicher Temperatur durch Einwirkung von Ammoniakgas auf Lithium in der zuerst beschriebenen Weise gewonnene Lithiumammonium ist ein sirupartiges Produkt, welches etwas mehr Ammoniak enthält, als die Formel $LiNH_3$ angibt.

	Gefunden				Berechnet für $LiNH_3$
Li	28,07	28,40	28,72	28,82	29,16
NH_3	71,93	71,60	71,28	71,18	70,83

Bei Berührung mit Wasser zersetzt sich Lithiumammonium nach folgender Gleichung: $LiNH_3 + H_2O = NH_3 + LiOH + H$.

Das Lithiumammonium ist in flüssigem Ammoniak viel weniger löslich als Natriumammonium und geht nach und nach — bei Zimmertemperatur langsam, bei $+65^0$ dagegen sehr schnell — in Lithiumamid über. Für den Verlauf dieser Zersetzung ist ohne Belang, ob die Lösung einem Überdruck ausgesetzt wird oder nicht.

Das Lithiumamid ist in flüssigem Ammoniak nur sehr wenig löslich.

Setzt man festes Lithiumammonium dem Vakuum bei $+50$ bis $+60^0$ aus, so verliert es das Ammoniak und es bleibt kristallisiertes Lithium zurück. Wird dagegen um das Lithiumammonium erst nach und nach das Vakuum erzeugt, so erhält man, namentlich wenn bei Zimmertemperatur gearbeitet wird, ein Gemisch von metallischem Lithium und Lithiumamid.

Calciumammonium. Beim Durchleiten von Ammoniakgas über Calcium bei $+15$ bis $+20^0$ bildet sich nur eine Verbindung und zwar im festen Zustande. Mit flüssigem Ammoniak bei 0^0 in Berührung gebracht, wird das feste Calciumammonium breiartig. Es ist in flüssigem Ammoniak sehr wenig löslich und die Flüssigkeit ist nur schwach blau gefärbt.[1]) Die Farbe des Calciumammoniums selbst ist etwas dunkler als die des Lithiumammoniums. Für sich allein wie in

[1]) Wie aus einem Brief von GUNTZ an MOISSAN (C. R. 1898. Bd. 127 S. 693) hervorgeht, erhielt GUNTZ auch mit Calcium eine den übrigen Metallammoniumlösungen ähnlich gefärbte goldrote Lösung.

Gegenwart von überschüssigem, flüssigem Ammoniak zersetzt sich das Calciumammonium nach und nach schon bei gewöhnlicher Temperatur, indem Ammoniak und Wasserstoff frei werden und Calciumamidkristalle von der Zusammensetzung $Ca(NH_2)_2$ sich ausbilden.

An der Luft fängt Calciumammonium Feuer und Moissan benutzt diese Erscheinung für einen interessanten Vorlesungsversuch: Man bringt in ein U-Rohr einige Calciumkristalle und leitet einen nicht zu schnellen Ammoniakgasstrom darüber; es bildet sich Calciumammonium, und wenn nun der Ammoniakgasstrom verstärkt wird, so reißt er Calciumammoniumpartikelchen mit, die sich an der Luft entzünden und mit blendendem Licht verbrennen.

Das unter verschiedenen Bedingungen erhaltene Calciumammonium zeigte folgende Zusammensetzung:

	Gefunden				Berechnet als
	I.	II.	III.	IV.	$Ca(NH_3)_4$
Calcium . . .	37,04	37,60	37,41	37,44	37,03
Ammoniak . .	62,96	62,40	62,59	62,56	62,96

Bei der Herstellung von Cäsiumammonium (Moissan, C. R. 1903, Bd. 36 S. 1177) stößt man insofern auf einige Schwierigkeiten, als man unter völligem Luftabschluß arbeiten muß, da metallisches Cäsium bei Berührung mit Luft Feuer fängt. In Abwesenheit von Luft beginnt Cäsium, erst wenn die Temperatur unterhalb $+40^0$ gesunken ist, Ammoniakgas zu absorbieren, und sobald der Apparat so weit abgekühlt ist (z. B. durch Aceton und feste Kohlensäure), daß das Ammoniakgas sich zu verflüssigen anfängt, erscheint auch eine blaue, rot durchschimmernde Flüssigkeit, die Cäsiumammonium gelöst enthält.

Das nach dem Verfahren von Joannis von überschüssigem Ammoniak befreite Cäsiumammonium ergab die Zusammensetzung NH_3Cs. Es ist kristallinisch und von rotkupferiger Farbe. Beim Zerstäuben in die Luft entzündet sich jedes Partikelchen für sich.

Cäsiumammonium ist in flüssigem Ammoniak sehr leicht löslich. Beim Abtreiben des Ammoniaks durch Erwärmen oder durch Vakuum dissoziiert diese Verbindung und man erhält schließlich auf den Rohrwandungen das metallische Cäsium in Form von glänzenden, kleinen Kriställchen, worauf schon seinerzeit Seely hinwies.

Rubidiumammonium läßt sich leichter erhalten, da man beim Manipulieren mit dem Metall die Gegenwart der Luft nicht mehr so zu meiden hat. Unterhalb der Temperatur von -75^0 greift das Ammoniak Rubidiummetall nicht an. Sobald aber die Temperatur um einige Grade steigt, färbt sich die Ammoniakflüssigkeit dunkelblau.

Die Farbe der Lösung ändert sich mit der Temperatur und erscheint erst bei — 20° rotschimmernd. Ammoniakgas greift das Rubidiummetall bei Normaldruck erst unterhalb — 3° an.

Das Rubidiumammonium hat die Zusammensetzung NH_3Rb. Nach Vertreiben des Ammoniaks bleibt das silberweiße, matte Metall zum Teil in Form von prismenartigen kleinen Kristallen zurück.

Metallammoniumverbindungen und Acetylengas (MOISSAN, C. R. 1898, Bd. 127 S. 911—917). Beim Durchleiten von Acetylengas durch eine frisch bereitete, verdünnte Lösung von Natriumammonium in flüssigem Ammoniak bei — 40° wird das Acetylen durch die Flüssigkeit gierig absorbiert und es entstehen zwei Flüssigkeitsschichten, von denen die untere klar und farblos und die obere von schöner dunkelblauer Farbe ist; nach und nach verringert sich die obere blaue Schicht, bis sie schließlich ganz verschwindet.

Kühlt man die so erhaltene farblose Flüssigkeit bis auf — 60° ab oder läßt man das überschüssige Ammoniak entweichen, so scheiden sich in einem wie im anderen Falle durchsichtige Kristalle aus.

Zur Feststellung der Zusammensetzung wurden die Kristalle mit Wasser behandelt. Durch die Messung des dabei entweichenden Acetylens konnte der Kohlenstoffgehalt bestimmt werden. Das Natrium, welches in Wasser zu Ätznatron wird, wurde zum Teil titrimetrisch bestimmt, zum Teil als schwefelsaures Natron gewogen. Die Analyse ergab folgende Werte:

	Gefunden:					Berechnet als C_2HNa
	I.	II.	III.	IV.	V.	
Kohlenstoff . .	49,36	49,68	—	—	49,62	50,00
Natrium . . .	48,18	48,33	48,32	48,21	47,80	47,91
Wasserstoff . .	—	—	—	—	—	2,08.

Die Ausbeute war beinahe eine theoretische; so wurde bei einem Versuche mit 0,363 g Natrium nach dem gänzlichen Entfernen von Ammoniak 0,751 g von der weißen kristallinischen, sich als C_2HNa erwiesenen Substanz erhalten; bei einem anderen Versuche ergab 0,836 g Natrium — 1,730 g C_2HNa (theoretisch müßte man 0,757 und 1,744 g erhalten).

Wie aus diesen Versuchen hervorgeht, entsteht bei Einwirkung von Acetylen auf Natriumammonium die nämliche Verbindung C_2HNa, wie sie von BERTHELOT[1]) und MATIGNON[2]) durch direkte Substituierung

---

[1]) Ann. de Chim. et de Phys. 4. Serie, Bd. 11 S. 385.

[2]) C. R. 1897, Bd. 124 S. 775 und 1026, Bd. 125 S. 1033.

und von MOISSAN[1]) durch Behandlung von Natrium sowohl mit verflüssigtem wie mit gasförmigem Acetylen bereits früher erhalten wurden.

Zur Aufklärung des bei Einwirkung von Acetylen auf Natriumammonium sich abspielenden Vorganges wurden die sich dabei entwickelnden Gase über Quecksilber aufgefangen und näher untersucht. Zuerst wurde das Ammoniakgas durch Behandlung mit Wasser entfernt und dann das Acetylengas so lange mit ammoniakalischem Kupferchlorür behandelt, bis einige frische Tropfen des letzteren mit dem unabsorbiert gebliebenen Gase sich nicht mehr rot färbten.[2]) Dieses Gas war farblos, von schwachem Geruch und wurde von Brom vollständig absorbiert. Frisch abgekochte Schwefelsäure absorbierte das Gas sehr langsam (die völlige Absorption von 12 ccm dauerte 8 Tage). Auf Grund dieses Verhaltens wurde das Gas als Äthylen erkannt, was auch durch die Verbrennung bestätigt wurde.

Die Reaktion zwischen Acetylen und Natriumammonium verläuft wahrscheinlich nach folgender Gleichung:

$$3\,C_2H_2 + 2\,NH_3Na = 2\,C_2HNa + 2\,NH_3 + C_2H_4.$$

Diese Überführung von Acetylen in Äthylen ist ein neues Beispiel der Hydrogenisierung des Acetylens, und da die ganze Reaktion sich in der Kälte abspielt, so kann die Entstehung von Äthylen der Polymerisation oder ähnlichen komplexen Vorgängen in diesem Falle nicht zugeschrieben werden.

Wird statt Natriumammonium metallisches Natrium, sei es in der Wärme, sei es in der Kälte, mit Acetylengas behandelt, so findet stets eine Entwickelung von freiem Wasserstoff statt. Dies ist insofern von Interesse, als man aus dem Umstande, daß hier die Reaktion ganz anders verläuft, wenn metallisches Natrium durch Natriumammonium ersetzt wird, die Schlußfolgerung ziehen kann, daß die Ammoniummetalle wahre Verbindungen in chemischem Sinne sind.

Setzt man die erhaltene kristallisierte Masse (C_2HNa) der gleichzeitigen Wirkung des Vakuums und der Wärme aus, so findet eine ununterbrochene, wenn auch langsame Acetylenentwickelung statt, bis die zurückbleibende Substanz die Zusammensetzung C_2Na_2 erhält.

Man kann daher die ursprünglich erhaltene Substanz statt aus C_2HNa als $C_2Na_2 . C_2H_2$ bestehend betrachten und die Reaktion sich folgendermaßen denken:

$$3\,C_2H_2 + 2\,NH_3Na = C_2Na_2 . C_2H_2 + 2\,NH_3 + C_2H_4.$$

[1]) C. R. 1898, Bd. 126 S. 302.

[2]) Eine von BERTHELOT angegebene Reaktion zur Trennung des Acetylens von Äthylen.

Um zu beweisen, daß diese Annahme sich rechtfertigen läßt, führt MOISSAN folgenden Versuch an: Die Verbindung $C_2Na_2 . C_2H_2$ ist in Benzol unlöslich; fügt man zu diesem Benzolgemenge Jodkristalle zu, so lösen sie sich auf, aber in wenigen Augenblicken verschwindet die Färbung. Man fährt nun mit dem Zusatz der Jodkristalle so lange fort, bis die Färbung nicht mehr verschwindet. Der ungelöst gebliebene, mit Benzol ausgewaschene Rückstand erwies sich als C_2Na_2 und war frei von Natriumjodid. Aus der Benzollösung konnte man nach dem Abtreiben des Lösungsmittels Jodkohlenstoffkristalle gewinnen; das Jod hat also bereits in der Kälte das Acetylen angegriffen. Wäre in behandeltem Benzolgemenge kein Acetylen neben der Verbindung C_2Na_2, sondern die einheitliche Verbindung C_2HNa zugegen, so würde angesichts der bedeutenden, bei der Bildung von Jodnatrium frei werdenden Wärmemenge dieses Salz sicher entstanden sein.

Unter dem Mikroskop erscheint die Verbindung $C_2Na_2 . C_2H_2$ in Form von schuppenartigen, wahrscheinlich rhomboedrischen Kristallen; sie ist sehr zerfließlich und zersetzt sich bei Berührung mit Wasser; im Äther ist sie unlöslich und wird auch durch kochenden Äther nicht angegriffen; dagegen zersetzt sich diese Verbindung sehr rasch in absolutem Alkohol, wobei eine Acetylenentwickelung vor sich geht und eine klare, Natriumäthylat enthaltende, Flüssigkeit zurückbleibt.

Die Verbindung $C_2Na_2 . C_2H_2$ sinkt im Benzol vom spezifischen Gewicht 0,899 nieder, ohne mit demselben irgendwie zu reagieren. Bei Berührung mit Chlor oder mit Brom entzündet sie sich schon bei gewöhnlicher Temperatur. Salpetersäuremonohydrat oxydiert die Verbindung unter Flammenerscheinung. Schließlich sei hier noch auf die Löslichkeit des $C_2Na_2 . C_2H_2$ im mit Acetylen gesättigten Ammoniak besonders hingewiesen, da man dadurch die Möglichkeit erhält, Carbide in Form von Lösungen als Reagens und bei Umsetzungen anzuwenden.

Wird bei den oben erwähnten Versuchen das Natrium- durch Kaliumammonium ersetzt, so erhält man eine der Natrium- ganz analoge Kaliumverbindung $C_2K_2 . C_2H_2$, die in seidenglänzenden, rhomboedrischen, den Borsäurekristallen ähnlichen Schuppen kristallisiert.

In eine Chloratmosphäre gebracht, entzünden sich diese Kristalle unter starker Lichterscheinung schon in der Kälte, wobei Kohle abgeschieden und Salzsäure gebildet wird. Auch Schwefeldioxyd wirkt auf diese Verbindung schon in der Kälte unter Flammenerscheinung ein; Kohlendioxyd dagegen übt in der Kälte keine Wirkung aus, wohl aber beim gelinden Erwärmen, wobei eine sehr lebhafte Verbrennung stattfindet.

Wird statt Kaliumammonium Lithiumammonium der Einwirkung von Acetylen unterworfen, so erhält man rhomboedrische, durchsichtige, unter dem Mikroskope dem isländischen Spate ähnliche Kristalle von der Zusammensetzung $C_2Li_2 . C_2H_2 . 2\,NH_3$. Dieselben sind viel unbeständiger als die analogen Natrium- und Kaliumverbindungen. Bei Berührung mit Wasser entzünden sie sich; dasselbe findet statt, wenn man sie in eine Atmosphäre von Schwefeldioxyd oder Kohlensäure hineinbringt. Mit Chlor geben die Kristalle schon in der Kälte unter Rußabscheidung und Bildung einer dicken Salmiakwolke eine sehr heftige Reaktion. An der Luft oder in einem Wasserstoffstrome sind die Kristalle leicht dissoziierbar und hinterlassen Lithiumcarbid Li_2C_2 in Form eines sehr zarten, weißen Pulvers, welches im Wasser sich unter Feuererscheinung zersetzt.

Moissans Versuche über die Einwirkung von trocknem Acetylengas auf Natriumammonium sind von Skosarewsky (Jour. Russ. Physik.-Chem. Ges. 1904, Bd. 36 S. 863—872) im Laboratorium von Faworsky wiederholt worden. Das von Skosarewsky erhaltene Produkt hatte zwar die von Moissan angegebene empirische Zusammensetzung $C_4Na_2H_2$, aber es entsprach weniger einem acetylierten Natriumcarbid ($C_2Na_2 . C_2H_2$) als vielmehr dem von Berthelot beschriebenen Mononatriumacetylen ($HC \equiv CNa$). Skosarewsky behandelte diese im Benzol suspendierte Verbindung mit ebenfalls im Benzol aufgelöstem Jod und fand nach einer Woche langem Schütteln, daß 30% des Natriums in Natriumjodid übergeführt wurden. Was die Selbstentzündung der erhaltenen Verbindung im Kohlendioxyd anbetrifft, so findet dieselbe nach Skosarewsky nur dann statt, wenn entweder Feuchtigkeit zugegen ist — allerdings genügen schon Spuren derselben, um die Selbstentzündung einzuleiten — oder wenn die Substanz auf 200° erhitzt wird.

Um die Reaktion zwischen der Natriumacetylenverbindung und Kohlensäure genauer kennen zu lernen, setzte Skosarewsky diese Verbindung der Wirkung des flüssigen Kohlendioxyd im zugeschmolzenen Rohre bei Zimmertemperatur (also unter einem Druck von 50—60 Atm.) aus; als nach drei Monaten das Rohr wieder geöffnet wurde, bestand der Inhalt zum weitaus größten Teile aus acetylenmonocarbonsaurem Natrium, welches sich nach folgender Gleichung bilden konnte:

$$HC \equiv CNa + CO_2 \longrightarrow HC \equiv CCOONa.$$

Die Ausbeute an diesem Natriumsalz betrug 75% der theoretisch möglichen.

Auf Grund dieser Versuche und einiger Vergleiche mit anderen Acetylenverbindungen kommt Skosarewsky zum Schlusse, daß der hier besprochenen Verbindung nur die Strukturformel $HC \equiv CNa$ zugeschrieben werden kann.

Bei der Einwirkung von Acetylen auf Calciumammonium wurden schöne, durchsichtige, dem Salmiak ähnliche Kristalle von der Zusammensetzung $C_2Ca, C_2H_2, 4\,NH_3$ erhalten, die schon bei gewöhnlicher Temperatur ihren Acetylen- und Ammoniakgehalt leicht verlieren. Bei 150° ist die Dissoziation eine vollständige und es bleibt reines, äußerst fein zerteiltes Calciumcarbid zurück. Schon bei gewöhnlicher Temperatur tritt die Verbindung $C_2Ca, C_2H_2, 4\,NH_3$ mit Wasser, Chlor, Schwefeldioxyd sowie Kohlensäure unter Feuererscheinung in Reaktion ein.

Das Calciumcarbid, welches durch die Dissoziation der obigen Verbindung erhalten wird, ist schön weiß und, unter dem Mikroskop betrachtet, erscheint es durchsichtig. Wie MOISSAN in einer weiteren Abhandlung nachweist (C. R. 1898, Bd. 127, S. 917), verdankt das im elektrischen Ofen hergestellte Carbid seine Färbung hauptsächlich der Gegenwart von Eisen.

Die Lösungen von Cäsium- und Rubidiumammonium (MOISSAN, C. R. 1903, Bd. 136 S. 1217—1222) absorbieren Acetylengas sehr gierig; hierbei entfärbt sich die Flüssigkeit nach und nach unter gleichzeitigem Freiwerden eines Gases, welches als Äthan erkannt wurde.

Der Reaktionsgang war offenbar folgender:

$$3\,C_2H_2 + 2\,NH_3Cs = C_2Cs_2 \,.\, C_2H_2 + 2\,NH_3 + C_2H_4.$$

Die Verbindung ist in flüssigem Ammoniak löslich und scheidet sich als durchsichtige kristallinische Masse aus.

Die Cäsiumverbindung schmilzt ohne Zersetzung bei ca. 300°; in Benzol und Tetrachlorkohlenstoff fällt diese Substanz zu Boden, ohne in irgendwelche Reaktionen einzutreten. Sie ist ein sehr kräftiges Reduktionsmittel und verursacht in vielen Fällen recht heftige Reaktionen; so erglüht sie schon bei gewöhnlichen Temperaturen bei Berührung mit Fluor, Chlor, Chlorwasserstoff, Schwefeldioxyd, Brom, Jod sowie mit etwas vorgewärmtem Phosphor oder Arsenik und brennt recht lebhaft bei Berührung mit Schwefelsäuremonohydrat und Salpetersäure. Beim Hineinwerfen ins Wasser findet eine sofortige Zersetzung unter lebhafter Acetylenentwickelung statt:

$$C_2Cs_2\,C_2H_2 + 2\,H_2O = 2\,C_2H_2 + 2\,CsOH.$$

Durch Kohlensäuregas wird diese Cäsiumacetylenverbindung in der Kälte nicht angegriffen, erglüht aber unter gleichzeitiger Zersetzung bei ca. 300°.

Beim Erhitzen eines Gemisches aus Cäsiumacetylenverbindung und trockenem, amorphem Silicium findet bei 400° ein lebhaftes Erglühen des Gemisches statt.

Die mit Rubidiumammonium und Acetylengas erhaltene Substanz ist in ihrer Entstehungsart, Zusammensetzung und den meisten Eigenschaften der oben beschriebenen Cäsiumverbindung ganz analog. Auffallenderweise bilden von den beschriebenen Acetylenverbindungen nur die Lithium- und Calciumverbindung ammoniakalische Additionsprodukte ($C_2Li_2 . C_2H_2 . 2\,NH_3$ bezw. $C_2Ca . C_2H_2 . 4\,NH_3$).

Die Rubidiumacetylenverbindung $C_2Rb_2 . C_2H_2$ bildet sehr hygroskopische durchsichtige Kristalle, die bei etwas über 350° unter beginnender Zersetzung schmelzen. In Tetrachlorkohlenstoff steigen die Kristalle auf die Oberfläche der Flüssigkeit, im Äther sinken sie auf den Boden und üben auf keinen von beiden irgend welche chemische Wirkung aus.

Im Gegensatz zur Cäsium- reagiert die Rubidiumacetylenverbindung mit amorphem Bor und Silicium beim Erhitzen auf 350° nicht. Beim Erhitzen mit Bleisuperoxyd findet bei 350° ein mit Explosion verbundenes Erglühen des Gemisches statt; auch mit Kupferoxyd sowie mit Mangandioxyd findet bei derselben Temperatur ein lebhaftes Erglühen, wenn auch ohne Explosion, statt.

Beim Erhitzen im Vakuum beginnt die Cäsiumacetylenverbindung schon bei 50°, wenn auch äußerst langsam zu dissoziieren, wobei das freiwerdende Acetylen die von Berthelot beschriebene Polymerisation erfährt. Beim schnellen Erhitzen im Vakuum etwas über 300° schmelzen die Kristalle und zersetzen sich gleich danach unter geringer Selbsterhitzung und Entwickelung von mit Wasserstoff vermengtem Acetylen. Es bleibt ein Häufchen kleiner durchsichtiger Lamellen zurück, die infolge von Spuren frei gewordenen Kohlenstoffs einen braunen Schleim zeigen und aus Cäsiumcarbid bestehen. Mit Fluor, Chlor, Brom, in Joddämpfen sowie bei Berührung mit Salpetersäure oder verdünnter Salzsäure entzündet es sich schon in der Kälte; mit amorphem Bor oder Silicium findet ein lebhaftes Erglühen schon bei gelindem Erwärmen statt — eine Erscheinung, die bei Calcium- und Baryumcarbid nicht beobachtet wurde.

Eisenoxyd wird schon bei ganz gelindem Erwärmen mit Cäsiumcarbid unter Erglühen reduziert.

Mit kaltem Wasser findet die bekannte Zersetzung statt:

$$C_2Cs_2 + 2\,H_2O = C_2H_2 + 2\,CSOH.$$

Erhitzt man Cäsiumcarbid im Vakuum bis etwa auf Dunkelrotglut, so zerfällt es in Metall und amorphen Kohlenstoff.

Rubidiumcarbid ist in seinem chemischen Verhalten dem Cäsiumcarbid durchaus analog; es reduziert Eisenoxyd wie Chromoxyd bei ca. 400°. Überdeckt man Rubidiumcarbid mit einer Schicht von kleinen Calciumkristallen (im Überschuß) und erhitzt es im Vakuum, so wird Rubidium abgetrieben und kondensiert sich auf den kälteren Rohrwandungen in Form eines metallischen Spiegels. Das Glas wurde durch das Rubidinm nicht angegriffen.

Der Vollständigkeit halber seien hier noch die Versuche MOISSANS, organische Metallammoniumverbindungen (C. R. 1899, Bd. 128 S. 26—30) darzustellen, erwähnt.

Verflüssigtes Methylamin wurde bei Temperaturen von + 20 bis — 50° wochenlang mit Natrium, Kalium und Calcium in zugeschmolzenen Röhren zusammen gelassen, ohne daß irgend welche Reaktion beobachtet werden konnte. Nur Lithium gab mit Methylamin eine blaue Lösung, aus der Kristalle von der Zusammensetzung $N \begin{smallmatrix} -Li \\ -H \\ -H \\ -CH_3 \end{smallmatrix} + 2N \begin{smallmatrix} -CH_3 \\ -H \\ -H \end{smallmatrix}$ bezw. $LiNH_2CH_3 . 2NH_2CH_3$ gewonnen werden konnten.

Antimon allein (LEBEAU, C. R. 1902, Bd. 134 S. 284) wird durch flüssiges Ammoniak nicht angegriffen und behält darin seinen Metallglanz. Wird zu der Flüssigkeit Lithiummetall hinzugefügt, so entsteht zuerst die bekannte blaue Färbung, die aber nach und nach unter gleichzeitiger Auflösung des pulverförmigen Antimons verschwindet.

LEBEAU versuchte sowohl mit einem Überschuß an Antimon wie mit einem Überschuß an Lithium zu arbeiten und erhielt in beiden Fällen ein sehr feines graubraunes Pulver, welches annähernd der Zusammensetzung $SbLi_3$ entsprach und dieselben Eigenschaften als das im geschmolzenen Zustande bei der Elektrolyse[1]) erhaltene Produkt hatte.

Der Schmelzpunkt dieser Substanz liegt bei 950° und ist, auffallenderweise, höher als die Schmelzpunkte der Einzelbestandteile[2]) (Lithium schmilzt bei 180° und Antimon bei 430°).

Das $SbLi_3$ wird durch Chlor, Brom, Jod, Schwefel, Selen und Tellur sehr leicht angegriffen und brennt im Sauerstoff mit violetter Flamme. Gasförmige Halogenwasserstoffe, Stickstoffoxyde und Schwefeldioxyde werden durch Antimonlithium unter Flammenerscheinung zersetzt; bei Rotglut zersetzt es auch Ammoniakgas unter Wasserstoffentwickelung und Bindung von Stickstoff; in flüssigem Ammoniak ist

---

[1]) LEBEAU, C. R. 1902, Bd. 134 S. 231.

[2]) Dasselbe trifft auch für das Antimonaluminium zu (GAUTIER, C. R. 1896, Bd. 123 S. 109).

es mit rotbrauner Farbe löslich. In kaltem Wasser zerfällt das Lithiumantimon unter Abscheidung von schwarzem, flockigem Antimon. Beim Zusammenbringen mit verdünnter Schwefel- oder Salzsäure entwickelt sich ein geringe Mengen von Antimonwasserstoff enthaltendes Gasgemisch.

Lithiumantimon ist, wie aus obigem ersichtlich, ein sehr energisches Reduktionsmittel, welches die Oxyde, Sulfide und Chloride der meisten Metalle zu reduzieren vermag. Erhitzt man es vermengt mit Arsenik im Wasserstoffstrome, so erhält man geschmolzenes Lithiumarsen, woraus nach LEBEAU gefolgert werden kann, daß die Bildungswärme von Lithiumantimon geringer als die des Lithiumarsens ist. Bei dieser Gelegenheit sei hier noch erwähnt, daß beim Erhitzen von antimonsaurem Lithium im elektrischen Lichtbogen statt des erwarteten Lithiumantimons Lithiumcarbid erhalten wurde.

Kaliumhydrür KH geht mit flüssigem Ammoniak bei gewöhnlichem Atmosphärendruck (MOISSAN, C. R. 1902, Bd. 134. S. 18) in keinerlei Verbindungen ein; erst beim Arbeiten im zugeschmolzenen Rohr entseht in der Kälte eine in überschüssigem Ammoniak lösliche Verbindung. Erhitzt man Kaliumhydrür auf ca. 400^{0} in einer Ammoniakgasatmosphäre, so erhält man Kaliumamid.

Die Hydrüre des Cäsiums und Rubidiums gehen nach MOISSAN (C. R. 1903, Bd. 36 S. 590) bei Behandlung mit gasförmigem wie mit verflüssigtem Ammoniak in die entsprechenden Amide über:

$$RbH + NH_3 = NH_2Rb + H_2.$$

Diese Reaktion geht jedoch nur langsam vor sich.

Die Untersuchungen von GUNTZ (C. R. 1901, Bd. 133 S. 874) gelegentlich seiner Versuche der Darstellung von metallischem Baryum durch Destillation von Baryumamalgam ergaben, daß metallisches Baryum ähnlich wie Lithium und Calcium in flüssigem Ammoniak mit kupferroter Farbe löslich ist. Die Lösung scheint leicht zersetzbar zu sein. Eine gleiche Lösung ließ sich auch durch Einwirkung des flüssigen Ammoniaks auf baryumreiches (etwa 75 prozentiges) Amalgam erhalten.

Strontium dagegen scheint nach den vorläufigen Beobachtungen von GUNTZ (C. R. 1901, Bd. 133 S. 1209) in flüssigem Ammoniak weniger löslich zu sein und in seinem ganzen Verhalten diesem Lösungsmittel gegenüber von demjenigen des Baryums abzuweichen.

Eingehendere Untersuchungen über das Verhalten von Baryum in flüssigem Ammoniak stellte MENTREL (C. R. 1902, Bd. 135 S. 740) im Laboratorium von GUNTZ an.

Läßt man über metallisches Baryum Ammoniakgas streichen und hält die Temperatur über $+28^0$, so verändert sich das Baryum nicht. Unterhalb 28^0 bildet sich eine feste, rote Substanz, die sich verflüssigt, wenn die Temperatur unter -23^0 sinkt; gegen -50^0 scheidet sich eine ölige dunkelblaue Flüssigkeit ab, die in flüssigem Ammoniak nur wenig löslich ist; die Lösung ist hellblau.

Bei 0^0 entsprach die Zusammensetzung dieser Substanz $Ba + 6{,}1\,NH_3$, bei -23^0 $Ba + 6{,}3\,NH_3$ und bei -50^0 $Ba + 6{,}9\,NH_3$, woraus Mentrel schließt, daß man hier wahrscheinlich mit der Verbindung $Ba \,.\, 6\,NH_3$ zu tun hat, welche etwas absorbiertes Ammoniakgas zurückhält. Wie die bereits beschriebenen Metallammoniumverbindungen fängt auch Baryumammonium an der Luft Feuer und zersetzt sich bei Berührung mit Wasser sehr schnell.

Einem Sauerstoffstrome bei niedriger Temperatur ausgesetzt, geht das Baryumammonium in ein Gemisch von Baryumsuperoxyd und Baryumoxyd über.

Mit Stickstoffoxyd gibt Baryumammonium untersalpetrigsaures Baryum $Ba(NO)_2$, welches eine weiße feste Substanz darstellt.

Durch Einwirkung von Kohlenoxyd auf eine Lösung des Baryumammoniums in flüssigem Ammoniak erhält man Baryumcarbonyl $Ba(CO)_2$; es ist eine gelbe, feste Substanz, welche an der Luft oder beim Erhitzen sich ohne Explosion zersetzt; in Wasser ist sie ebenfalls unter Zersetzung löslich.

Läßt man Ammoniakgas über das in einem Eisenschiffchen auf 280^0 erhitzte Baryummetall streichen, so bildet sich eine graue Flüssigkeit, die mit steigender Temperatur grün und dann rot wird, und das Baryum geht in Baryumamid nach folgender Gleichung über:

$$Ba + 2\,NH_3 = Ba(NH_2)_2 + H_2.$$

Diese Flüssigkeit siedet unter Zersetzung bei 460^0, wobei ein Gas entweicht, welches aus drei Volumina Wasserstoff und einem Volumen Stickstoff besteht. Bei 650^0 bildet sich eine feste, orange gefärbte Substanz, die erst bei 1000^0 wieder schmilzt. Läßt man die Temperatur allmählich fallen, ohne den Ammoniakstrom zu unterbrechen, so treten die erwähnten Erscheinungen in umgekehrter Reihenfolge auf: bei 450^0 wird die Substanz flüssig und erstarrt erst bei 280^0.

Wie die Analysen zeigten, findet während der Temperatursteigerung eine Zersetzung des Baryumamides $Ba(NH_2)_2$ in Stickstoffbaryum Ba_3N_2 und bei der Abkühlung (im NH_3-Strom) wieder die Amidbildung statt.

Beim Arbeiten im Vakuum konnte konstatiert werden, daß jeder Temperatur ein bestimmtes Gleichgewicht im System

$$3\,Ba(NH_2)_2 \rightleftarrows Ba_3N_2 + 4\,NH_3$$

entspricht.

Die Bildungswärme von Baryumamid und Stickstoffbaryum ist von GUNTZ und MENTREL (C. R. 1903, Bd. 136 S. 1071) durch Behandlung dieser Verbindungen mit Wasser und verdünnter Salzsäure bestimmt worden und sie fanden folgende Werte:

$$Ba_3 + N_2\,(\text{gasf.}) = Ba_3N_2\,(\text{fest}) \;\ldots\ldots\; +149{,}4\ \text{Kal.}$$
$$Ba + 2\,NH_3 = Ba(NH_2)_2 + H_2 \;\ldots\; +53{,}3\ \text{Kal.}$$

Aus der Dissertation von MENTREL[1]) seien hier noch folgende Angaben entnommen (Chem. Centralbl. 1903_1, S. 276):

Baryumammonium läßt sich auch durch Einwirkung von flüssigem Ammoniak auf 60%iges Baryumamalgan darstellen.

Baryumamid schmilzt bei + 280° und erstarrt zwischen 280 und 275°; die Flüssigkeit wird grün bei 340°.

Stickstoffbaryum schmilzt im Vakuum erst gegen 1000° und beginnt bei dieser Temperatur sich zu verflüchtigen.

Das Baryumamid wie das Stickstoffbaryum sind in flüssigem Ammoniak unlöslich.

Für die Bildungswärme dieser beiden Verbindungen werden etwas geringere Werte als die obenerwähnten angeführt:

$$Ba_3 + N_2 = Ba_3N_2 \;\ldots\ldots\ldots\; +142{,}5\ \text{Kal.}$$
$$Ba + 2\,NH_3 = Ba(NH_2)_2 + H_2 \;\ldots\; +51{,}0\ \text{Kal.}$$

Die von MENTREL gelegentlich dieser Untersuchung angestellten Versuche mit Natrium- und Lithiumamid ergaben, daß die Amide der beiden Alkalimetalle im großen und ganzen sich beim Erhitzen ähnlich dem Baryumamid verhalten.

Natriumamid, im Ammoniakstrome erhitzt, bildet in geschmolzenem Zustande eine hellgrüne Flüssigkeit. Bei 500° wird sie dunkelgrün und siedet heftig unter Entwickelung von Wasserstoff und Stickstoff. Beim Erkalten im Ammoniakstrom bildet sich reines Amid zurück. Im Vakuum beginnt die Zersetzung schon bei 330° und bei 440° ist sie unter Bildung von metallischem Natrium eine vollständige. Bei 390° ist die Gasentwickelung eine langsame und es hinterbleibt eine gelblich-weiße, schillernde, an der Luft unbeständige Substanz, die aus einem Gemisch von metallischem Natrium, Stickstoffnatrium (Na_3N) und Natriumamid besteht.

[1]) Nancy 1902.

Das Lithiumamid ist unterhalb 400° eine hellgrüne Flüssigkeit; bei 430° wird es, im Ammoniakstrome erhitzt, rötlich und gerät zugleich unter Entwickelung von Wasserstoff und Stickstoff ins Sieden. Beim Erkalten im Ammoniakstrom bildet sich reines Amid zurück. Im Vakuum beginnt die Gasentwickelung bei 370°. Bei 450° hinterbleibt ein weißes, an feuchter Luft unbeständiges Produkt, wahrscheinlich Lithiumimid Li_2NH oder ein Gemisch von Amid und Stickstofflithium. Zwischen 750 und 800° ist die Zersetzung in metallisches Lithium und Ammoniak eine vollständige.

Beim Erhitzen von metallischem Lithium mit überschüssigem Lithiumamid im Vakuum bis auf 460° trat eine Bildung von Imid nicht ein.

Titherley (Journ. of the Chem. Soc. 1894, Bd. 65 S. 504—522 und Jahrgang 1897, Bd. 71 S. 469) beschreibt die Darstellung von Natriumamid durch Behandeln von Natrium mit Ammoniakgas, sowie die Bildung von Rubidiumamid. Für einige Metallamide bestimmte Titherley die Schmelzpunkte:

$NaNH_2$	+ 155°
KNH_2	+ 270—272°
$RbNH_2$	+ 285—287°
$LiNH_2$	+ 380—400°.

Diese Metallamide lassen sich namentlich in einem Ammoniakgasstrome unzersetzt destillieren.

Titherley glaubt auch annehmen zu dürfen, daß die obigen Metallamide die entsprechenden Metalle auflösen können.

Anhang.

Im Anschluß an das bereits über die Alkalimetallamide Ausgeführte sei hier darauf hingewiesen, daß man bis in die neueste Zeit hinein der Darstellung dieser Verbindungen durch Erhitzen der Metalle im Ammoniakgas viel Interesse entgegenbringt.

Es dürfte daher vielleicht nicht überflüssig sein, die neuesten Veröffentlichungen darüber an dieser Stelle kurz zu besprechen und daran anknüpfend einiges über das chemische Verhalten der Alkalimetallamide hinzuzufügen.

In einer ganzen Reihe von Patenten, die von Pfleger in Gemeinschaft mit der Deutschen Gold- und Silber-Scheide-Anstalt vorm. Rössler herrühren, wird die Herstellung der Alkalimetallamide für sich oder in Verbindung mit der Darstellung von Cyanamiden behandelt. Schon aus diesen Patentschriften geht hervor, daß zur Erzielung hoher Ausbeuten die Einhaltung ganz gewisser Temperaturen sowie das Durchdringenlassen des Ammoniakgases durch die geschmolzene Masse selbst unerläßliche Faktoren sind. Noch viel präzisere Angaben haben über denselben Gegenstand Dennis und Browne veröffentlicht.

Die Patentansprüche der hier in Betracht kommenden Patente lauten:

D. R.-P. 117623, Kl. 12 (1901):

„Verfahren zur Darstellung von Alkaliamid, dadurch gekennzeichnet, daß man zum Zwecke der Vermeidung von Ammoniakverlusten durch Aufspaltung (in seine Komponenten) das Ammoniak in das Innere des geschmolzenen Alkalimetalles oder einer Legierung desselben in raschem Strome einleite und in möglichst feiner Verteilung aufsteigen läßt."

In der Patentbeschreibung wird noch u. a. die Angabe gemacht, daß man auf 6 kg geschmolzenes Natrium 1 kg Ammoniak in einer Stunde einwirken läßt.

D. R.-P. 124977, Kl. 12, 1901 (Amerik. Pat. 671709):

1. „Verfahren zur Darstellung von Alkalicyanamid, dadurch gekennzeichnet, daß das Amid des Alkalimetalls mit dem Cyanid desselben oder eines anderen Alkalimetalls zur Reaktion gebracht wird, wobei sich ein Dialkalicyanamid bildet entsprechend der Formel:

$$AlkNH_2 + AlkCN = Alk_2NNC + H_2.$$

2. „Die Ausführung des unter 1 gekennzeichneten Verfahrens in der Weise, daß man die bekannte Bildung von Alkaliamid aus Alkalimetall und Ammoniak sich in Gegenwart von geschmolzenem Alkalicyanid vollziehen läßt, wobei das gebildete Amid im Momente seines Entstehens auf das Cyanid unter Bildung von Dialkalicyanamid einwirkt."

D. R.-P. 126241, Kl. 12, 1901 (Amerik. Pat. 682741):

„Ein Verfahren zur direkten Darstellung (im Gegensatz zum D. R.-P. 90999) von Cyanalkalien aus Alkalimetall, Ammoniak und Kohle, dadurch gekennzeichnet, daß man, um die andernfalls eintretende Zersetzung von Amid zu vermeiden, intermediär ein Dialkalicyanamid bildet, indem man außer dem Alkalimetall und der Kohle die zur Bildung des Cyanamids jeweils notwendige Menge Cyanid in dem Reaktionsgefäß vorschlägt und bei einer nur wenig über dem Schmelzpunkt des Cyanids gelegenen Temperatur Ammoniak einleitet."

Aus anderen Angaben geht noch hervor, daß die Umwandlung des Dialkalicyanamids in Alkalicyanid bei einer Temperatur zwischen 750—800° stattfindet.

Das amerikanische Patent 686949 bringt weitere Mitteilungen über die Darstellungen von Cyaniden, aus denen ersichtlich ist, daß die Bildung von Cyanamiden bei 350—600° vor sich geht und daß zur Umwandlung der letzteren zu Alkalicyaniden die Temperatur dann bis auf 750—800° gesteigert wird.

Ferner wird im amerikanischen Patente 686950 die Darstellung von Cyanamiden beschrieben, welche bei 300—400° nach der Gleichung

$$2NaNH_2 + C = Na_2N_2C + 4H$$

verläuft. Bei Temperaturen über 800° findet dagegen die Bildung von Cyaniden statt: $NaNH_2 + C = NaCN + H_2$.

In England sind diese Verfahren unter den folgenden Nummern patentiert:

EWAN und PFLEGER	Alkaliamide	15598,	1900.
D. Gold- und Silber-Scheide-Anstalt,	Alkalicyanide	21820,	1900.
„ „ „ „	Cyanamide	21819,	1900.
„ „ „ „	Cyanamide	3328,	1901.
„ „ „ „	Cyanide	3329,	1901.

Aus den bereits erwähnten Untersuchungen von DENNIS und BROWNE (Zeitschr. f. anorgan. Chem. 1904, Bd. 40, S. 68—110) geht hervor, daß die Herstellung von Natriumamid am günstigsten bei 350° verläuft. Überschreitet man diese Temperatur, so findet, wie bereits TITHERLEY[1]) beobachtet hat, eine Sublimation statt. Unterhalb 250° bildet sich eine Substanz, die zwar kein freies Natrium erhält, aber eine vom Natriumamid bedeutend abweichende Zusammensetzung aufweist. Läßt man das Ammoniakgas über die Oberfläche des geschmolzenen Natriums streichen und leitet man ein anderes Mal unter sonst gleichen Bedingungen das Ammoniakgas mittels eines Rohres in das geschmolzene Natrium hinein, so beansprucht die Überführung des Natriums in Natriumamid im ersten Falle $4^1/_2$ Stunden und im zweiten Falle nur eine Stunde. Will man ganz reines Präparat erhalten, so empfiehlt es sich, in Nickelgefäßen zu arbeiten.

Beim Erhitzen von Natriumamid in einem Strom von trockenem Stickstoffoxydulgas auf 150—250° findet die von WISLICENUS[2]) beschriebene Bildung von Natriumtrinitrid statt:

$$2NaNH_2 + Na_2O = NaOH + NaN_3 + NH_3.$$

[1]) Journ. Chem. Soc. 1894, Bd. 65 S. 504; vergl. dies Kapitel S. 129.
[2]) Ber. d. D. Chem. Ges. 1892, Bd. 25 S. 2084.

Die Ausbeute an Natriumtrinitrid beträgt dabei ca. 50 %.

SCARVASY[1]) arbeitete bei Temperaturen zwischen 190 und 220° und erhielt 56 % Ausbeute. DENNIS und BROWNE fanden, daß, wenn man die Reaktion bei 190° ausführt und Überhitzungen vermeidet, die Ausbeute an Natriumtrinitrid bis über 90 % wächst. Bei höheren Temperaturen scheint eine sekundäre Reaktion

$$NaN_3 + 2 N_2O = NaNO_2 + 3 N_2$$

einzutreten.

Ähnlich wie Natriumamid verhalten sich die Amide des Kaliums und des Zinks dem Stickoxydul gegenüber.

Aus einer älteren Arbeit von BEILSTEIN und GEUTHER (LIEBIGS Ann. d. Chem. und Pharm. 1858, Bd. 108 S. 88—102) sei hier über das Verhalten von Natriumamid folgendes mitgeteilt: Unter der Einwirkung von Kohlenoxydgas selbst bei mäßiger Wärme schmilzt das Natriumamid, und indem es zu kochen beginnt, entwickelt sich viel Ammoniakgas. Die Reaktion ist beendet, wenn die geschmolzene Masse wieder fest wird. Man erhält Cyannatrium und Natron; letzteres sowohl als das entweichende Ammoniak rühren von einer sekundären Reaktion zwischen dem entstehenden Wasser und Natriumamid:

$$NaNH_2 + CO = NaCN + H_2O.$$

Mit Schwefelkohlenstoff beginnt die Reaktion ebenfalls schon bei geringem Erhitzen, und falls man den Schwefelkohlenstoffstrom nicht mäßigt, beginnt das Natriumamid zu glühen. Unter Freiwerden von etwas Ammoniak entsteht hierbei Rhodannatrium. Auch Kohlensäuregas über Natriumamid geleitet wirkt schon bei geringer Erhitzung ein. Das Natriumamid schmilzt, fängt zu kochen an und entwickelt viel Ammoniak. Die Masse wird zeitweise rotglühend. Wenn der Kohlensäurestrom sehr stark ist, tritt eine geringe Bildung eines weißen Sublimats (carbaminsaures Ammonium) auf, sonst aber wird die Kohlensäure vollständig absorbiert. Die Analysen der erhaltenen fleischroten Masse ergaben:

	I.	II.	III.	Berechnet für $CN(NH_2)$
C	29,00	28,64	—	28,57
H	5,14	5,31	—	4,76
N	—	—	63,9	66,67

Diese Verbindung, welche die gleiche Zusammensetzung wie Cyanamid hat, erwies sich als nicht identisch mit dem letztgenannten.

[1]) Journ. Chem. Soc. 1900, Bd. 77 S. 603.

Beilstein und Geuther hielten diese neue Verbindung für ein polymerisiertes Cyanamid und benannten es Paran.

Trocknes Salzsäuregas, über Natriumamid in einem langsamen Strome geleitet, entwickelt unter Bildung von Chlornatrium viel Ammoniakgas.

Chloräthyl und Natriumamid. Bei gelinder Wärme entweicht unter Bildung von Chlornatrium viel Ammoniakgas neben Leuchtgas. Die Bildung von Äthylamin konnte nicht nachgewiesen werden.

Chlorkohlenoxyd. Das angewandte Gas enthielt wahrscheinlich viel Kohlenoxyd. Das Reaktionsprodukt bestand aus Cyannatrium, Natriumcarbonat und Natriumchlorid; Beilstein und Geuther hofften auf diesem Wege Harnstoff zu erhalten — wovon sich jedoch keine Spur bildete.

Chloroform wirkte bei gewöhnlicher Temperatur auf Natriumamid nicht ein, es trat aber sogleich heftige Explosion ein, wenn man ein Stückchen Natriumamid mit Chloroform befeuchtete und einen Schlag darauf führte. Ebenso wirken auch viele andere Chlorkohlenstoffverbindungen. Mit trocknem Chlor- oder Jodammonium erhitzt liefert das Amid — Natriumchlorid oder -jodid und Ammoniakgas. Entstehung eines polymeren Ammoniaks wurde nicht beobachtet.

Trocknes Kaliumamid (Schumann, Zeitsch. f. anorgan. Chem. 1900, Bd. 23 S. 43—66) wirkt bei gewöhnlicher Temperatur weder auf Schwefeldioxydgas noch auf flüssiges Schwefeldioxyd ein. Beim Erhitzen von Kaliumamid in einem Strome von Schwefeldioxydgas erfolgte bei 200° eine äußerst lebhafte Reaktion, welche in wenigen Sekunden beendet war und unter intensiver Wärmeentwickelung, meist sogar unter Feuererscheinung vor sich ging. Infolge dieser großen Wärmeentwickelung zersetzte sich ein Teil des Kaliumamides unter Entwickelung von Ammoniak, welches dann mit Schwefeldioxyd die bereits erwähnten[1]) Verbindungen NH_3SO_2 und $(NH_3)_2SO_2$ ergab. Außerdem fand hierbei Schumann neben unzersetzt gebliebenem Kaliumamid eine rotgelbe Substanz, die Kalium, Ammoniak und Schwefeldioxyd enthielt, deren Analyse aber keine konstante Zusammensetzung ergab.

Versuche über die Einwirkung von Jod auf Natriumamid stellte Ruff (Ber. d. Chem. Ges. 1900, Bd. 33_3 S. 3025) an, über die im nächsten Kapitel Näheres mitgeteilt wird.

[1]) Vergl. Schwefeldioxyd und Ammoniakgas, zweites Kapitel S. 59.

Fünftes Kapitel.

Verflüssigtes Ammoniak als Lösungsmittel.

(Neuere Arbeiten.)

A. Allgemeine Übersicht.

Etwa 25 Jahre nach GORES Untersuchung über das Lösungsvermögen des verflüssigten Ammoniaks unternahmen FRANKLIN und KRAUS (American chem. Journ. 1898, Bd. 20 S. 820—836), unterstützt von den Nordamerikanischen Fabriken für verflüssigtes Ammoniak, die Wiederholung und Erweiterung der Arbeit von GORE. Sie dehnten ihre Untersuchung auf 500 Substanzen aus und benutzten für ihre Versuche nicht das in FARADAYschen Röhren von ihnen selbst verflüssigte Ammoniakgas, sondern das gewöhnliche käufliche flüssige Ammoniak, wie es in der Eisfabrikation gebraucht wird. Aus den Stahlflaschen wurde die Flüssigkeit in DEWARsche Gefäße mittlerer Größe abgezapft. Die Versuche selbst wurden in kleineren DEWARschen Röhren ausgeführt und die Überführung der Flüssigkeit aus dem größeren in das kleinere Glas geschah mittels einer kleinen Pipette. Von den zu untersuchenden Substanzen wurden nur geringe Mengen genommen; feste Subtanzen wurden stets als feines Puver angewandt.

Soweit es möglich war, waren sie bestrebt, den Grad der Löslichkeit abzuschätzen. Um zu bestimmen, ob eine Substanz, die sich nicht aufzulösen schien, ganz unlöslich oder nur sehr wenig löslich war, wurde die elektrische Leitfähigkeit der Lösung bestimmt. In Fällen, wo dieselbe wesentlich die gleiche geblieben war, wurden die Substanzen als unlöslich, wo dagegen die Leitfähigkeit sich als wesentlich höher erwies, wurden die betreffenden Substanzen als sehr wenig löslich bezeichnet.

Auch FRANKLIN und KRAUS waren sich klar, daß die von ihnen ausgeführten Bestimmungen über das Lösungsvermögen des flüssigen Ammoniaks nicht in allen Fällen, namentlich nicht bei allen organischen Substanzen absolut einwandfrei sind, aber im großen und ganzen dürften die Resultate der Wirklichkeit entsprechen. Die Einzelergebnisse der Löslichkeit bei Siedetemperatur des Lösungsmittels und bei Normaldruck wurden von ihnen tabellarisch zusammengestellt und sind mit verschiedenen Vervollständigungen am Schlusse dieses Werkes wiedergegeben.

Übersicht über die Einzelergebnisse.

Elemente. Nach Gore sind von den Elementen löslich: die Alkalimetalle Lithium, Natrium, Kalium und Rubidium und von den Nichtmetallen Jod,[1] Schwefel und Phosphor. Kupfer zeigt mit flüssigem Ammoniak namentlich in Gegenwart von Luft eine schwache Reaktion. Franklin und Kraus fanden außerdem, daß auch Cäsium und Selen[2] löslich sind.

Die Fluoride sind unlöslich; nach Gore erwiesen sich von 15 untersuchten Fluoriden drei als löslich.

Chloride der Alkalimetalle sind meistens schwer löslich, während die Chloride der Schwermetalle sich oft als viel leichter löslich erwiesen haben. Die Chloride der Erdalkalimetalle sind, vom praktischen Standpunkte aus beurteilt, unlöslich. Beim Zusatz der Chloride von Magnesium, Calcium, Strontium, Baryum, Zink, Cadmium, Mangan, Kobalt, Nickel und Blei zum flüssigen Ammoniak findet eine starke Erwärmung statt, und mit den Salzen scheint zu gleicher Zeit ein dem Löschen von gebranntem Kalk ähnlicher Prozeß vorzugehen. Die mehr oder weniger dichten Salzteilchen quellen auf und verlieren ihre Form, bilden eine voluminöse Masse, die zwar im Ammoniak meistens unlöslich, in der Diverschen Flüssigkeit aber oft in merklicher Weise löslich ist. Die aufgequollenen voluminösen Massen sind wahrscheinlich die bereits bekannten Additionsprodukte der entsprechenden Salze. Die Analyse der mit wasserfreiem Chlorcalcium erhaltenen Masse ergab:

1. 0,1893 g dieser Masse wurden in Wasser gelöst und die Titration mit Normalsäure ergab 0,1002 g = 53,00 % Ammoniak.
2. 0,4735 g obiger Masse wurde calciniert, wobei 0,5515 g = 53,12 % Ammoniak entwichen.

Bei der Annahme, daß die Zusammensetzung der Masse der Formel $CaCl_2 . 8NH_3$ entspricht, müßte der Ammoniakgehalt 55,15 % betragen. Diese Annahme erscheint um so wahrscheinlicher, als auch Joannis bei

[1] Über Jod vergl. die Arbeiten von Chattaway u. Orton, Guyard, Hugot, Moissan, Ruff.

[2] Die späteren Arbeiten von Hugot ergaben, daß reines Selen unlöslich ist.

Behandlung von wasserfreiem Baryumchlorid mit flüssigem Ammoniak die analoge Verbindung $BaCl_2 . 8NH_3$ erhalten hat.

Bromide. Nach dem Verhalten der in nur geringer Anzahl zu den Versuchen zugezogenen Bromide zu urteilen, sind dieselben bedeutend löslicher als die Chloride; das übrige Verhalten ist demjenigen der Chloride ähnlich.

Jodide sind meistens sehr leicht löslich. Als zu den Lösungen verschiedener Salze in flüssigem Ammoniak eine gleichartige Lösung von Jodammonium zugesetzt wurde, bildete sich nur bei Lösungen von Baryum- und Strontiumnitrat ein Niederschlag und aus der kristallinischen Struktur desselben konnte man auf die Schwerlöslichkeit der Jodide dieser beiden Metalle schließen. Die Zink-, Cadmium- und Magnesiumjodide (mit Calcium-, Baryum- und Strontiumjodiden wurden keine Versuche angestellt) quollen auf und wiesen auch im übrigen genau das Verhalten der Chloride und Bromide auf. Nur waren die erhaltenen voluminösen Massen löslicher als die der übrigen Haloidsalze. Die Blei-, Silber- und Quecksilberjodide lösen sich mit solcher Schnelligkeit auf, daß der oben erwähnte „Löschprozeß“ kaum verfolgt werden kann.

Sulfate sowie Schwefelsäure und Ammoniumsulfat sind gänzlich unlöslich. Auch noch so fein gepulvertes Ammoniumsulfat blieb völlig ungelöst; andererseits wurde durch Zusatz von Ammonium-, Natrium-, Kalium-, Blei-, Silber- und Quecksilbersulfat der hohe elektrische Widerstand des Lösungsmittels nicht verändert.

Sulfide. Nur wenige Sulfide wurden auf ihre Löslichkeit geprüft. Schwefeleisen sowie gediegenes Blei-, Antimon- und Kupfersulfid erwiesen sich als unlöslich, Ammoniumsulfid und gediegenes Schwefelarsen (AS_2S_3) sind löslich.

Die schwefligsauren Salze sowie die Carbonate sind unlöslich.

Die Oxyde und Hydroxyde, soweit sie zu den Versuchen genommen wurden, erwiesen sich als unlöslich. Quecksilberoxyd ist mit Leichtigkeit in der Diverschen Flüssigkeit löslich. Dasselbe ist, wenn auch in geringerem Maße, mit Kobaltoxyd der Fall.

Phosphate. Die Orto-, Meta- und Pyrophosphate erwiesen sich als unlöslich; die Hypophosphite sind schwer löslich.

Oxalsäure sowie oxalsaures Ammonium sind unlöslich.

Arsensaures Ammonium sowie das entsprechende Kupfersalz sind unlöslich.

Cyanide sind meistens leicht löslich.

Cyansaure und rhodansaure Salze erwiesen sich alle, soweit mit denselben Versuche gemacht worden sind, als sehr leicht löslich.

Kaliumferro- und -ferricyanid erwiesen sich als unlöslich.

Nitrate waren alle mit Ausnahme von Wismutnitrat löslich, aber auch dieses löste sich beim Zusatz von Ammoniumnitrat auf.

Nitrite erwiesen sich als leicht löslich.

Die Kohlenwasserstoffe der Fettreihe sind entweder sehr schwer oder ganz unlöslich; nur Hexan und Diisoamyl sind etwas mehr, aber auch noch in unbedeutendem Maße löslich.

Die Halogenderivate des Methans und Äthans sind mit flüssigem Ammoniak zum Teil mischbar, zum Teil darin leicht löslich, dagegen sind die Halogenverbindungen der höheren Reihen schwer löslich.

Einwertige Alkohole. Die niedrigen Reihen bis inkl. Octylalkohol sind mischbar, Cetylalkohol ist dagegen unlöslich.

Äther. Schwefeläther (Diäthyläther) ist mischbar, Diamyläther nur schwer löslich.

Mehrwertige Alkohole. Glykol und Glycerin sind mischbar. Erythrit, Dulcit und Mannit sind schwer löslich.

Aldehyde. Die einfacheren Repräsentanten dieser Gruppe sowie ihre Derivate sind zum Teil leicht löslich, zum Teil sogar mischbar.

Die Fettsäuren sowie ihre Halogensubstitutionsprodukte sind leicht löslich, jedoch vermindert sich die Löslichkeit mit dem Steigen der Anzahl der Kohlenstoffatome im Säuremolekül, so daß die eigentlichen Fettsäuren überhaupt nicht mehr in nennenswertem Maße löslich sind.

Die zweibasischen Säuren sind unlöslich.

Die Ester sind leicht löslich. Manche derselben aus der niederen Reihe sind sogar mischbar, die Löslichkeit geht aber mit dem wachsenden Molekulargewicht zurück.

Stickstoffhaltige Kohlenwasserstoffe der Fettreihe: Die Abkömmlinge des Cyans, der Cyansäure, der Sulfocyansäure, sowie Amine, Amidosäuren, Säureamide und Ureide sind im allgemeinen leicht löslich. Die zweifach substituierten Amine sind nicht so leicht löslich, als die einfach substituierten; dagegen war das einzige zu den Versuchen zugezogene dreifach substituierte Amin — das Trimethylamin — mit flüssigem Ammoniak mischbar.

Oxysäuren. Die einbasischen Oxysäuren sind leicht, die zweibasischen Oxysäuren dagegen schwer löslich.

Die Zuckerarten sind leicht löslich. Rohrzucker bildet in konzentrierten Lösungen einen Sirup.

Aromatische Kohlenwasserstoffe. Bei normalem Druck löst flüssiges Ammoniak ca. 10 % Benzol auf; Toluol ist schwer löslich. Die verschiedenen Xylole sowie Äthylbenzol sind noch weniger löslich als Toluol; die höheren Homologen sind in merklicher Weise überhaupt nicht mehr löslich.

Die Halogenderivate sind schwer löslich.

Die Nitroderivate sind etwas mehr löslich.

Amide. Anilin und Toluidine sind sehr leicht löslich, die zwei- und dreifach substituierten Amine dagegen schwer löslich.

Die Phenole sowie deren Ester erwiesen sich als äußerst leicht löslich.

Substituierte Phenole. Die Nitro- und Amidophenole sind sehr leicht löslich.

Alkohole, von denen nur zwei zu den Versuchen genommen worden sind, erwiesen sich als mischbar.

Aldehyde. Soweit Versuche mit ihnen angestellt wurden, erwiesen sie sich als sehr leicht löslich.

Säuren. Die einbasischen Säuren sind leicht löslich.

Substituierte Säuren. Die Halogen-, Oxy-, Nitro- und Amidosubstituierten Säuren sind im allgemeinen leicht löslich.

Die zweibasischen Säuren sind unlöslich.

Die Ester sind löslich.

Sulfosäuren. Alle angewandten Salze und andere Derivate der Sulfosäuren sind leicht löslich.

Dasselbe trifft auch für Säureamide und -anilide zu.

Nur mit wenigen Repräsentanten der Naphtalinreihe wurden Versuche angestellt. Naphtalin selbst ist schwer löslich, die Naphtole und Naphtylamine dagegen leicht löslich.

Das Pyridin und Chinolin sind mischbar, das Isochinolin dagegen ist schwer löslich.

Die Terpene erwiesen sich als unlöslich.

Der Verlauf der von Gore mit Schwefel und Phosphor in flüssigem Ammoniak angestellten Versuche veranlaßte Franklin und Kraus, Untersuchungen über das Verhalten dieser und anderer Substanzen bei Temperaturen vorzunehmen, die weit über dem Siedepunkte des Lösungsmittels bei normalem Drucke liegen. Für diese Versuche wurden dickwandige Glasröhren in ein Bad von flüssigem Ammoniak eingesetzt und mit etwas von der zu untersuchenden Substanz sowie mit 2—3 ccm flüssigem Ammoniak beschickt. Die Röhrchen wurden dann mittels einer Gebläseflamme zugeschmolzen, aus dem Bade herausgenommen und auf die Temperatur des Laboratoriums gebracht. Bei diesen Versuchen wurde konstatiert, daß manche Substanzen, die bei — 38° kaum in merklicher Weise löslich waren, sich bei + 25° reichlich auflösten. Im einzelnen seien folgende Versuchsergebnisse hervorgehoben:

Schwefel[1]) löst sich in flüssigem Ammoniak nur in geringen Mengen und mit schmutzig-grüner Farbe; beim Abkühlen wird die Lösung rot, eine Ausscheidung irgend welcher festen Substanz findet jedoch nicht statt; die Lösung leitet den elektrischen Strom. Beim Eindampfen der Lösung hinterbleibt eine gelbe Flüssigkeit, welche mit Wasser unter Ausscheidung von Schwefel mischbar ist.

Selen ist sehr wenig löslich; die Lösung zeigt im allgemeinen ein dem der Schwefellösung ähnliches Verhalten.

Phosphor reagiert zwar bei etwa + 25° mit Ammoniak, aber in wesentlich geringerem Maße, als es bei Schwefel der Fall ist. Es entsteht eine dunkelbraune, beinahe undurchsichtige Lösung, aus der sich jedoch selbst bei Abkühlung kein fester Bodensatz abscheidet. Die Lösung leitet den elektrischen Strom.

Hexan ist selbst bei + 25° nur sehr wenig löslich; bei Kühlung wird die Lösung milchig.

Benzol, welches bei — 38° nur mäßig löslich ist, wird bei + 25° außerordentlich leicht löslich. Bei Abkühlung scheidet sich ein fester Körper, wahrscheinlich Benzol, aus.

Metaxylol ist bei — 38° sehr wenig löslich, bei höherer Temperatur dagegen ist es in allen Verhältnissen mischbar; bei Kühlung findet eine reichliche Ausscheidung von Xylol statt.

Triphenylmethan, welches bei — 38° kaum in merkbarer Weise löslich ist, wird bei höherer Temperatur leicht löslich; bei Abkühlung kristallisiert es aus der Lösung aus.

Naphtalin. Als die gepulverte Substanz mit Ammoniak bei normalem Druck etwas eingedampft wurde, schien es in dem Lösungsmittel wenig löslich zu sein; beim Anwärmen des Lösungsmittels löst sich Naphtalin in reichlichen Mengen auf, fällt jedoch bei Abkühlung der Lösung wieder aus.

Anthracen ist bei + 25° sehr schwer löslich.

---

[1]) Über Schwefel, Phosphor und Selen vergl. die späteren Arbeiten von HUGOT, von MOISSAN und von STOCK.

Pinen ist bei $+25^0$ nur wenig löslich; bei Abkühlung wird die Lösung milchig, was auf die Ausscheidung des Pinens aus der Lösung hindeutet.

Chlor- und Jodbenzol. Diese beiden Halogen-substituierten Benzole, die bei -38^0 sehr schwer löslich sind, werden bei höherer Temperatur mischbar in jedem Verhältnis.

Dibrombenzol löst sich bei $+25^0$ mit großer Leichtigkeit auf. Bei Abkühlung der Lösung findet eine sofortige Ausscheidung schön ausgebildeter Kristalle statt.

Phtalsäurekristalle verlieren in flüssigem Ammoniak ihre Kristallform, indem sie wahrscheinlich in phtalsaures Ammonium übergehen; das letztere ist aber selbst bei $+25^0$ in flüssigem Ammoniak unlöslich.

Benzanilid ist bei $+25^0$ löslicher als bei -38^0.

Stearinsäure ist bei $+25^0$ sehr wenig löslich; bei Abkühlung findet eine schwache Niederschlagbildung statt.

Bernsteinsäurekristalle verlieren in flüssigem Ammoniak ihre Kristallform, indem sie wahrscheinlich in bernsteinsaures Ammonium übergehen, welches bei $+25^0$ unlöslich ist.

Paraoxybenzoesäure (*p*-Salicylsäure) ist bei -38^0 schwer, bei $+25^0$ dagegen recht leicht löslich; bei Abkühlung der Lösung scheidet sich nur wenig Substanz aus.

Cadmiumjodid ist bei $+25^0$ nur kaum löslicher als bei -38^0.

Chromsaures Ammonium ist bei höherer Temperatur etwas löslicher; bei Abkühlung der Lösung scheiden sich an den Glasrohrwänden gelbe Kristalle aus.

Chromsaures Kalium bleibt unlöslich, wie bei niederer so auch bei höherer Temperatur.

B. Metalloide in verflüssigtem Ammoniak.

Gelegentlich seiner bereits besprochenen Untersuchungen über das Verhalten von Kalium- und Natriumammonium gegen verschiedene Metalloide machte Hugot (Ann. de Chim. et de Phys. 1900 [7], Bd. 21 S. 5—87) die Beobachtung, daß Schwefel bei Laboratoriumstemperatur selbst unter dem Drucke von 5—6 Atm. von gasförmigem Ammoniak in keiner Weise verändert wird.[1] Dagegen ist der Schwefel in der Kälte, namentlich wenn unter Druck gearbeitet wird, in flüssigem Ammoniak leicht löslich (1 g löste sich in 4—5 ccm des Lösungsmittels,

[1]) Selbst beim Destillieren von Schwefel im Ammoniakgasstrom fanden keinerlei Reaktionen statt.

wozu ca. 2 Stunden nötig waren). Die Lösung ist zuerst hellviolett, wird aber später dunkler; dieser Farbenumschlag tritt auch bei verdünnteren Lösungen ein. Beim Eindampfen der Lösungen im Vakuum und bei verschiedenen Temperaturen erhielt HUGOT stets die gleichen gelben nadelförmigen Kristalle. FRANKLIN und KRAUS erhielten mit ihrem Ammoniak beim Erwärmen eine schmutzig-grüne Schwefellösung, die beim Erkalten rot wurde, und die elektrisch leitend war.

Selen ist nach HUGOT bei Temperaturen von -30^0 bis $+10^0$ in flüssigem Ammoniak unlöslich.

Über das Verhalten von Schwefel in seinen verschiedenen Modifikationen (oktoedrische Kristalle aus Schwefelkohlenstofflösung, in prismatischen Kristallen erstarrter Schwefel und der im Schwefelkohlenstoff unlösliche Schwefel) liegt außerdem noch eine eingehende Untersuchung von MOISSAN (C. R. 1901, Bd. 132 S. 510—518) vor.

MOISSAN setzte zuerst die drei Modifikationen des Schwefels einer Temperatur von -80^0 aus und konnte dabei die von DEWAR beschriebene Erscheinung beobachten, daß Schwefel in dieser Kälte fast gänzlich farblos wird; erst wenn der Schwefel die gewöhnliche Temperatur angenommen hat, erhält er wieder seine Farbe, seine Löslichkeit bezw. Unlöslichkeit im Schwefelkohlenstoff.

Drei Glasröhren wurden bei -80^0 mit je einer der Schwefelmodifikationen und mit völlig wasserfreiem flüssigem Ammoniak beschickt, dann evakuiert und zugeschmolzen. Eine Färbung der Flüssigkeit wurde bei -80^0 nicht wahrgenommen.

Mit dem Steigen der Temperatur konnte man beobachten, wie die unlösliche Schwefelmodifikation bei -38^0 mit dem Ammoniak in Reaktion eintritt, indem sie ihm eine charakteristische Pupurfärbung verleiht; die anderen beiden Modifikationen färben bei dieser Temperatur die Flüssigkeit nicht, erhielten aber selbst die ihnen zukommende gelbe Schwefelfarbe wieder. Erst bei $-15{,}5^0$ tritt eine Reaktion bei dem prismatischen Schwefel unter rascher Färbung der Flüssigkeit ein und schließlich bildet bei $-11{,}5^0$ auch die oktoedrische Modifikation eine intensiv rote Lösung von Sulfammonium. Weitere Versuche ergaben, daß völlig wasserfreies flüssiges Ammoniak bei $+20^0$ (in zugeschmolzenen Röhren) bis ca. 30 % Schwefel auflöst. Kühlt man die purpurrote Lösung stark ab, so scheiden sich keine Kristallisationen aus, sondern die Flüssigkeit wird erst 4—5^0 unter dem Erstarrungspunkte des reinen flüssigen Ammoniaks fest, ohne dabei ihre Färbung zu verlieren. Erwärmt man im zugeschmolzenen Rohr eine verdünnte Lösung von prismatischem Schwefel in flüssigem Ammoniak, so bleibt die Färbung bis gegen $+90^0$ intensiv rot; bei weiterem langsamen Erwärmen sieht man deutlich, wie die Färbung immer blasser wird und Schwefel sich an den Wandungen ausscheidet; bei $+131^0$, der kritischen Temperatur, verschwindet die Färbung gänzlich und man unterscheidet im Rohr nichts als einige blassgelbe Schwefelkügelchen. Wenn bei nachfolgendem langsamem Abkühlen der Meniskus der Flüssigkeit wieder erscheint — ist sie ganz farblos; beim Herumschwenken des Rohres vermengen sich die beiden Flüssigkeiten, die sich nicht zusammenmischen. Erst bei 100^0 erscheint die erste schwache Färbung der Flüssigkeit, die mit fortschreitender Abkühlung immer intensiver wird.

In der Kälte löste das flüssige Ammoniak viel mehr Schwefel als in der Wärme, so daß die bei -23^0 hergestellten Lösungen bis $39\,^0/_0$ Schwefel enthielten. Eine solche Lösung erstarrt erst bei -85^0 (10^0 tiefer als reines Ammoniak). Setzt man eine verdünnte Lösung von Schwefel in Ammoniak der Kälte aus, so kann man bei ca. -75^0 das Auftreten von weißen Lamellen von erstarrendem Ammoniak innerhalb der erst tiefer einfrierenden Lösung beobachten.

Das Sulfammonium ist in vielen Flüssigkeiten, wie z. B. in absolutem Alkohol, wasserfreiem Äther, Chloroform u. a. m. löslich oder gar mischbar; die erhaltenen Lösungen sind bei niedrigen Temperaturen haltbar.

Beim Zusatz von Benzol zur ammoniakalischen Sulfammoniumlösung entsteht eine braune Flüssigkeit; Schwefelkohlenstoff ruft eine schöne blaue Färbung hervor. Beim Zusatz von Perchloräthylen (bichlorure de carbon) erhält man schöne farblose Kristalle und eine bei gewöhnlichem Druck dissoziierende orangegefärbte Substanz.

Bei Versuchen unter Druck (bis zu 45 Atm.) gelang es, aus den ammoniakalischen Schwefellösungen farnkrautartige rote Kristalle von Sulfammonium zu erhalten.

Moissan gibt dem Sulfammonium die Formel $(NH_3)_nS$ und vermutet, daß die ammoniakalischen Lösungen bei Temperaturen zwischen 0 und $+20^0$ der Zusammensetzung $(NH_3)_2S \cdot 2NH_3$ und bei -23^0 derjenigen von $(NH_3)_2S \cdot NH_3$ entsprechen.

Jod wird durch überschüssiges Sulfammonium entfärbt und beim Verdunsten des Ammoniaks bleibt eine Ammoniakjodschwefelverbindung zurück.

Selen bleibt ohne Einwirkung.

Calciumammonium (im Überschusse) gibt Schwefelcalcium, welches in flüssigem Ammoniak unlöslich ist. Wenn dagegen Sulfammonium im Überschusse ist, so entsteht Calciumpersulfid, (-polysulfid), welches sich mit überschüssigem Ammoniak verbindet.

Quecksilber gibt mit Sulfammonium eine Verbindung, die sich teilweise zersetzt und schwarzes Quecksilbersulfid zurückläßt.

Wasserfreies Calciumoxyd bildet mit Sulfammonium rote Kristalle und eine leicht zersetzbare feste Substanz.

Zinkoxyd bildet zerfließliche orangegelbe Kristalle.

Chlor- und Bromnatrium blieben unverändert.

Wasserfreies Manganchlorür bildet eine kristallinische gelbe Verbindung.

Bleichlorid gibt mit Sulfammonium leicht zersetzliche schwarze Kristalle.

Quecksilberchlorid gibt mit Sulfammonium eine dunkle, in flüssigem Ammoniak unlösliche Verbindung, welche sich an der Luft unter Bildung von Quecksilbersulfid zersetzt.

Die Herstellung von Sulfamid gelingt nach RUFF (Ber. d. D. Chem. Ges. 1903, Bd. 36_3 S. 2900) am besten, wenn man in das mit Ammoniak gesättigte Chloroform oder Ligroin unter starker Kühlung Sulfurylchlorid ebenfalls mit Chloroform bezw. Ligroin vermischt zutropfen läßt. Aus 100 g Sulfurylchlorid erhält man auf diese Weise 8—9 g reines Sulfamid[1]) $SO_2N_2H_4$ vom Schmelzpunkt 92° (korrig. 93°), das aus Essigester leicht rein kristallisiert.

Gelegentlich der Untersuchung über die Valenz des Schwefels im Schwefelstickstoff N_4S_4 stellten RUFF und GEISEL (Ber. d. D. Chem. Ges. 1904, Bd. 37_2 S. 1579—1581) auch Versuche über das Verhalten von Schwefelstickstoff zu Ammoniak an.

Ammoniakgas wird vom Schwefelstickstoff in reichlichen Mengen absorbiert; in verflüssigtem Ammoniak ist es, wenn die Flüssigkeit nicht kälter als $-40°$ ist, leicht und in erheblichen Mengen mit bordeauxroter Farbe löslich. Läßt man aus der Lösung das Ammoniak entweichen, so hinterbleibt eine harte braunrote, im Wasser leicht lösliche Substanz. Im frischen Zustande der Luft ausgesetzt, färbt sie sich unter Ammoniakentwickelung rasch schwarz und wird später orangerot; blieb dagegen die braunrote Substanz eine Zeit lang in einer Ammoniakatmosphäre aufbewahrt, so wird sie dabei heller und, der Luft ausgesetzt,

[1]) Bei der Arbeitsweise nach TRAUBE (Ber. d. D. Chem. Ges. 1892, Bd. 25 S. 2472; 1893, Bd. 26 S. 610) und derjenigen von HANTZSCH und HOLL (Ber. d. D. Chem. Ges. 1901, Bd. 34, S. 3435) erhält man aus 100 g Sulfurylchlorid nur 1—2 g Sulfamid.

viel haltbarer. Bei 100—120° geht die ursprünglich braunrot gewesene Substanz, ganz gleich ob sie frisch dargestellt worden ist oder nicht, in Schwefelstickstoff über. Aus den Analysen der bei verschiedenen Temperaturen erhaltenen braunroten Substanz schließen Ruff und Geisel, daß Schwefelstickstoff 2 Molek. Ammoniak aufzunehmen vermag und damit lose Verbindungen bildet.

Erhitzt man die Lösung von Schwefelstickstoff in verflüssigtem Ammoniak während einiger Stunden im zugeschmolzenen Rohr auf 100°, so erhält man eine blauviolette Lösung, welche beim Verdunsten des Ammoniaks den gesamten Schwefel des angewandten Schwefelstickstoffs abscheidet und den Stickstoff beim Öffnen der Röhre entweichen läßt.

Die Einwirkung von Ammoniak auf Tellurtetrachlorid (C. R. 1897, Bd. 124 S. 32—35) untersuchte Metzner in drei Reihen von Versuchen:

Bei Einwirkung von Ammoniakgas auf Tellurtetrachlorid bei 200—250° wird das letztere unter Bildung von Ammoniumchlorid und Stickstoffentwickelung der folgenden Gleichung gemäß zu Tellur reduziert:

$$3\,TeCl_4 + 16\,NH_3 = 3\,Te + 12\,NH_4Cl + 4\,N.$$

Bei 0° entsteht unter bedeutender Volumenvergrößerung die Verbindung $TeCl_4 . 3\,NH_3$. Beim Erhitzen verliert die letztere einen Teil des Ammoniaks, dann destilliert ein Gemisch von Tellurdichlorid mit Chlorammonium und ganz zuletzt Salzsäuregas. Arbeitet man bei noch niedrigeren Temperaturen mit verflüssigtem Ammoniak, so entsteht die sehr explosive Verbindung Tellurstickstoff. Die Darstellung darf nur mit größeren Vorsichtsmaßregeln unternommen werden (von 12 Versuchen konnten nur zwei zu Ende geführt werden).

Tellurstickstoff (TeN) ist ein amorpher zerreiblicher Körper, der beim Stoß oder bei Erwärmung auf 200° äußerst heftig explodiert. Er reagiert weder mit Wasser noch mit verdünnter Säure, welcher Umstand sein Auswaschen von Ammoniak sehr erleichtert. Ätzkali zersetzt diese Verbindung, wobei der ganze Stickstoff in Form von Ammoniak entweicht.

Das Verhalten des von Stock und Poppenberg dargestellten Borsulfidsulfhydrates[1]) $B_2S_3 . H_2S$ zu flüssigem Ammoniak untersuchten Stock und Blix (Ber. d. D. Chem. Ges. 1901, Bd. 34_2 S. 3039—3047).

$B_2S_3 . H_2S$ wurde mit wasserfreiem flüssigem Ammoniak in Röhren eingeschmolzen und geschüttelt. Das Sulfid löst sich vollständig auf

[1]) Ber. d. D. Chem. Ges. 1901, Bd. 34, S. 399.

und bildet eine gelbe Lösung, die eine schlecht kristallisierende gelbe Substanz von der Zusammensetzung $B_2S_3 . 6NH_3$ hinterläßt. Beim Erhitzen dieser Substanz in einem trocknen Wasserstoff- oder Ammoniakgasstrom erhält man ein mit Schwefel verunreinigtes Borimid, welches nach folgender Gleichung entstehen konnte:

$$B_2S_3 . 6NH_3 = 3NH_4SH + B_2(NH)_3.$$

In reinerem Zustande wurde das Borimid erhalten, indem das Borsulfidsulfhydrat längere Zeit einem trocknen Ammoniakgasstrom zuerst bei $+ 75^0$, bis das Ammoniakgas unabsorbiert blieb, und dann noch mehrere Tage bei $+ 115$ bis 120^0 ausgesetzt wurde. Das so erhaltene Borimid bildet ein leichtes weißes Pulver. Mit Wasser zersetzt es sich unter starker Erhitzung in Borsäure und Ammoniak. In reinem flüssigem Ammoniak ist das Borimid unlöslich, wohl aber wenn das Lösungsmittel etwas Schwefel gelöst enthält. Eine solche Borimidlösung zeigt eine dunkelblaue Farbe und hinterläßt eine tiefblaue amorphe Substanz zurück, deren Zusammensetzung noch bestimmt werden soll.

Mit Salzsäure bildet das Borimid ein kristallinisches Chlorhydrat $B_2(NH)_3 . 3HCl$.

Beim direkten Erhitzen des Borimids über 125^0 beginnt es sich zu zersetzen, und zwar nach der Gleichung

$$B_2(NH)_3 = 2BN + NH_3.$$

Dieser Borstickstoff ist mit dem gewöhnlichen Borstickstoff nicht identisch und zersetzt sich schon in kaltem, schneller aber in warmem Wasser oder in wässeriger Ammoniaklösung sowie in verdünnter Alkalilauge unter Entwickelung von Ammoniak. Durch Glühen geht dieser Borstickstoff in die bekannte gewöhnliche Modifikation über.

Über die Darstellung von Borstickstoff durch starkes Glühen von Bortrioxyd im Ammoniakstrome und über die starke reduzierende Wirkung des so erhaltenen Borstickstoffs vergl. Moeser und Eidmann (Ber. d. D. Chem. Ges. 1902, Bd. 35_1 S. 535—539).

Wie bereits gelegentlich der Absorptionsfähigkeit des Ammoniakgases erwähnt wurde, erhielt Berzelius bei Behandlung von Borchlorid mit Ammoniakgas die Verbindung $(BCl_3)_2 . 3NH_3$. Bei starkem Erhitzen dieser Verbindung entsteht nach Martius Borstickstoff. Besson erhielt bei Einhaltung der Temperatur von $+ 8^0$ die Verbindung $(BCl_3)_2 . 9NH_3$.

Joannis (C. R. 1903, Bd. 135 S. 1106) wiederholte diese Versuche und fand, daß die erhaltenen Substanzen von wechselnder Zusammensetzung sind, und daß die zuerst entstehenden Produkte infolge der starken Selbsterhitzung der Reaktionsmasse bei der Ammoniakabsorption eine partielle Zersetzung erleiden.

Infolgedessen änderte Joannis die Versuchsbedingungen in der Weise, daß er durch verflüssigtes Ammoniak einen langsamen über Borchlorid streichenden Wasserstoffstrom bei — 50 bis — 70° durchgehen ließ. Da der Gasstrom unter diesen Bedingungen nur wenig Borchlorid mitriß, und die Ammoniakflüssigkeit von außen stark gekühlt werden konnte, so wurde eine Temperaturerhöhung gänzlich vermieden. Nachdem das ganze Borchlorid auf diese Weise eingetragen wurde, setzte Joannis die Röhre, die nun eine weiße Substanz und einen Überschuß von Ammoniak enthielt, in ein Methylchloridbad von — 23° ein. Nach dem Verdunstenlassen des überschüssigen Ammoniaks unter Normaldruck blieb bei dieser Temperatur eine Substanz zurück, die auf 1 Molek. Borchlorid 15 Molek. Ammoniak enthielt. Als nun kein Ammoniakgas mehr entwich, wurde das Rohr in ein Bad von 0° gesetzt; bei dieser Temperatur war wiederum eine konstante Dampfspannung von 1041 mm so lange zu beobachten, bis nicht 9 Molek. Ammoniak auf je 1 Molek. Borchlorid entwichen waren. Diese Dampfspannung entspricht aber genau der von Troost für $NH_4Cl \,.\, 3\,NH_3$ gefundenen, und daraus schließt Joannis, daß auch hier dieses ammoniakalische Ammoniumchlorid sich gebildet haben muß, indem der ganze Chlorgehalt des Borchlorids während der oben beschriebenen Manipulationen vom Ammoniak gebunden wurde.

Auf Grund der Wägungen vor und nach der Reaktion und des Umstandes, daß während der Behandlung des flüssigen Ammoniaks mit Borchlorid im Wasserstoffstrom keine Stickstoffentwickelung und beim Arbeiten im Luftstrom keine Wasserstoffentwickelung stattfand, stellte Joannis für den sich abgespielten Vorgang die folgenden zwei Gleichungen auf:

I. Phase bei — 23°

$$BCl_3 + 15\,NH_3 = 3(NH_4Cl \,.\, 3\,NH_3) + B(NH_2)_3.$$

II. Phase bei 0°

$$BCl_3 + 6\,NH_3 = 3\,NH_4Cl + B(NH_2)_3.$$

Erhitzte man diese Substanz weiter, so entwich etwas Ammoniak und es hinterblieb bei 440° ein Borimid[1])

$$2\,B(NH_2)_3 = B_2(NH)_3 + 3\,NH_3.$$

Diese Imidbildung geht nur langsam vor sich, wodurch auch erklärt wird, warum Besson den Körper $(BCl_3)_2 \,.\, 9\,NH_3$ erhielt. Tat-

[1]) Das von Stock und Blix (Ber. D. Chem. Ges. 1903, Bd. 36, S. 319) erhaltene Borimid beginnt, wie bereits erwähnt, schon bei 125° Ammoniak abzuspalten.

sächlich muß bei BESSONS Versuch folgende Reaktion sich abgespielt haben:

$$2 BCl_3 + 9 NH_3 = 6 NH_4Cl + B_2(NH)_3.$$

Die Trennung des Boramids von dem zu gleicher Zeit mit ihm entstandenen Ammoniumchlorid gelingt durch Waschen mit flussigem Ammoniak, in welchem das Chlorammonium viel leichter löslich ist; ein großer Teil des Amides geht jedoch mit der Waschflüssigkeit verloren. Dagegen kann auf diese Weise das in flüssigem Ammoniak nur sehr wenig lösliche Borimid mit Leichtigkeit in reinem Zustande erhalten werden.

Das geschilderte Verhalten von Borchlorid ließ bei JOANNIS die Vermutung aufkommen, daß die von STOCK und BLIX erhaltene Verbindung $B_2S_3 . 6 NH_3$ in der Wirklichkeit vielleicht auch ein Gemisch von Schwefelammonium und Borimid war. STOCK und BLIX (Ber. d. D. Chem. Ges. 1903, Bd. 36, S. 319) halten dies jedoch für ausgeschlossen, da das Borimid in verflüssigtem Ammoniak nicht löslich ist und daher von Schwefelammonium durch dieses Lösungsmittel getrennt werden würde. Auch die Tatsache, daß beim Durchleiten eines neutralen Gases durch das Reaktionsgemisch das sonst so flüchtige Schwefelammonium erst bei Temperaturen oberhalb 100^0 zu entweichen beginnt, spreche gegen die Vermutung von JOANNIS.

Nicht ganz analog dem Borchlorid verhält sich nach JOANNIS (C. R. 1904, Bd. 139 S. 364—366) das Borbromid, welches, mit wasserfreiem Ammoniak bei -10^0 behandelt, Borimid und nicht, wie von anderen gefunden wurde, ammoniakalische Additionsprodukte bildet.

JOANNIS stellt für diese Borimidbildung die folgende Gleichung auf:

$$2 BBr_3 + 27 NH_3 = 6 (NH_4Br . 3 NH_3) + B_2(NH)_3.$$

Aus der Beschreibung der Arbeitsweise geht nicht hervor, ob das reine Imid aus dieser Reaktion isololiert wurde; vielmehr wird darin die Bildung des Borimids nur aus der gleichzeitigen Entstehung des Bromammoniums, dessen Gegenwart durch Messung der Dissoziationsspannung nachgewiesen wurde, gefolgert.

Das Borimid zersetzt sich seinerseits unter Abspaltung von Ammoniak.

Phosphor läßt sich in einer Ammoniakatmosphäre, wie die Versuche von BINEAU[1]) zeigten, destillieren, ohne daß irgendwelche Reaktion dabei wahrnehmbar wird. HUGOT (Ann. de Chim. Phys. 1900 [7], Bd. 21 S. 28) wiederholte diese Versuche. Phosphor zersetzte

[1]) Ann. de Chim. et de Phys. (2), Bd. 67 S. 129.

das Ammoniakgas erst bei Rotglut, wobei Stickstoff und Phosphorwasserstoff entwichen.

In flüssigem Ammoniak löst sich weißer Phosphor sehr langsam; die Lösung färbt sich braun und wird beim Stehen dunkler. Beim Verdunsten des Ammoniaks hinterbleibt ein brauner Niederschlag, der im Wasser, Schwefelkohlenstoff, Alkohol und Äther unlöslich, in verdünnter Salpetersäure aber löslich ist.

Der rote Phosphor ist in flüssigem Ammoniak unlöslich.

Gelegentlich der Mitteilung von Schenck über die Entdeckung des hellroten ungiftigen Phosphors (Ber. d. D. Chem. Ges. 1903, Bd. 36_1 S. 979) machte Stock (ibid. S. 1120—1123) eine vorläufige Mitteilung über die Einwirkung wasserfreien Ammoniaks auf die verschiedenen Phosphormodifikationen.

Bei Behandlung von farblosem (weißem) Phosphor mit einem Überschuß flüssigen Ammoniaks kann „unter gewissen Bedingungen“ ein feines tiefschwarzes Pulver erhalten werden, welches in dem überstehenden farblosen Ammoniak sich rasch zu Boden setzt und beim Verdunsten der Flüssigkeit im Rohre zurückbleibt. Der schwarze Körper enthält neben Phosphor noch Stickstoff und Wasserstoff und färbt sich unter Einwirkung von feuchter Luft, Wasser oder verdünnten Säuren lebhaft orangerot. Durch Ammoniak oder andere alkalische Reagentien wird die schwarze Farbe wieder hergestellt; dieser Farbenumschlag läßt sich beliebig oft wiederholen. Stock vermutet, daß die Bildung des schwarzen Körpers nach der Gleichung

$$7\,P + 3\,NH_3 = 3\,P_2NH_2 + PH_3$$

und die Umwandlung des schwarzen Produktes in das rote nach der Gleichung

$$2\,P_2NH_2 + H_2O = P_4O + 2\,NH_3$$

verlaufe und daß die rote Substanz mit dem Phosphorsuboxyd von Michaelis identisch sei. Unter dem Mikroskop erwies sich die rote Substanz als aus bernsteingelben, durchsichtigen, nicht doppeltbrechenden kristallisierten dünnen Blättchen bestehend. Die Analyse derselben ergab wiederholt annähernd 88,5 % P, welch Phosphorgehalt dem des Suboxydes entspricht.

Läßt man Ammoniakgas bei gewöhnlicher Temperatur auf Phosphorpentasulfid einwirken, so erhält man nach Stock und Hoffmann (Ber. d. D. Chem. Ges. 1903, Bd. 36_1 S. 314—319) $P_2S_5 \,.\, 6\,NH_3$ und bei -20^0 eine weiße Substanz $P_2S_5 \,.\, 7\,NH_3$. Löst man $P_2S_5 \,.\, 6\,NH_3$ oder, was zu demselben Ergebnis führt, das Pentasulfid selbst in flüssigem Ammoniak auf, so nimmt es nach einigem Stehen noch $1\,NH_3$ auf und spaltet sich in zwei farblose Körper $PS_3N_4H_{13}$ und $PS_2N_3H_8$. Ersterer ist in flüssigem Ammoniak sehr schwer löslich und scheidet sich schön kristallisiert aus. Letzterer ist im Ammoniak leicht löslich und durch Eindampfen der Mutterlauge erhältlich.

Diese Verbindungen können als das Triammoniumsalz der Imidotrithiophosphorsäure $NH = P(NH_4S)_3$ und als das Diammoniumsalz der Nitrilodithiophosphorsäure $N \equiv P(NH_4S)_2$ aufgefaßt werden.

Durch vorsichtige Einwirkung von Wasser läßt sich die Imidogruppe der erstgenannten Verbindung durch Sauerstoff ersetzen, und die entstehende Verbindung zeigt alle Eigenschaften des Trithiophosphates.

Beim Erhitzen gehen die beiden Verbindungen $PS_3N_4H_{13}$ und $PS_2N_3H_8$, ohne daß sie voneinander getrennt zu werden brauchen, unter successiver Abspaltung von NH_3 und H_2S und Bildung mehrerer Zwischenprodukte in Phosphorstickstoff über.

Zur Darstellung desselben wird P_2S_5 mit trocknem Ammoniakgas in einer Kältemischung gesättigt, das entstandene Produkt dann in einer Glasröhre im Ammoniakstrom allmählich auf 230° und dann im Wasserstoff- oder Stickstoffstrom noch weiter erhitzt. Es entweicht zuerst Schwefelammonium, dann Phosphor und zuletzt Schwefel; bei heller Rotglut hinterbleibt Phosphorstickstoff P_3N_5. Um die letzten Prozente Schwefel aus demselben zu entfernen, muß fast bis zur Zersetzung des P_3N_5 erhitzt werden.

Der reine Phosphorstickstoff ist ein weißer, geruch- und geschmackloser Körper. Beim Erhitzen im Vakuum sowie im Stickstoff- oder Wasserstoffstrom zerfällt er bei heller Rotglut in Phosphor und Stickstoff, bezw. in Ammoniak (im Wasserstoffstrom).

Es hat sich herausgestellt, daß die günstigste Entstehungstemperatur etwas unterhalb der der Ammoniakbildung liegt; es empfiehlt sich daher, um einen Anhaltspunkt bei der Ofenregulierung zu haben, im Wasserstoffstrom zu arbeiten und die Hitze nicht bis zur Bildung von Ammoniak steigen zu lassen.

Ein Lösungsmittel für den Phosphorstickstoff ist bis jetzt noch nicht bekannt; auch konzentrierte Salpetersäure greift ihn nicht an. Im Chlorstrom erhitzt, fängt er Feuer bei der Temperatur der Erweichung von Hartglas und reagiert dann ohne äußere Wärmezufuhr weiter. Mit Sauerstoff erfolgt die Glüherscheinung erst bei noch höherer Temperatur.

Magnesium, mit P_3N_5 erhitzt, gibt Phosphormagnesium. Bleioxyd wie auch Arsenik werden bei dunkler Rotglut und Antimonoxyd bei etwas höherer Temperatur zu Metallen reduziert. Nach Aufzählung der bereits seit DAVYS Zeiten gemachten Versuche, diese Verbindung zu erhalten, wird die bereits hier berichtete Arbeit von BESSON erwähnt und auf die event. Möglichkeit, auf Grund der von BRIEGLEB und GEUTHER[1]) vorgeschlagenen Reaktion

$$5\,Mg_3N_2 + 6\,PCl_5 = 2\,P_3N_5 + 15\,MgCl_2$$

zu Phosphorstickstoff zu gelangen, hingewiesen.

Durch Einwirkung von verflüssigtem Ammoniak auf Phosphorchlorür bildet sich nach JOANNIS (C. R. 1904, Bd. 139 S. 364) selbst beim Einhalten der Reaktionstemperatur während der ganzen Dauer der Behandlung auf -78^0 eine Substanz, die entweder aus einem Gemisch von Phosphoramid und -imid oder, was JOANNIS für wahrscheinlicher hält, aus dem Körper $NH = P - NH_2$ besteht.

Zur Durchführung dieser Reaktion, die nach folgender Gleichung verlaufen würde:

$$PCl_3 + 14\,NH_3 = 3(NH_4Cl\,.\,3\,NH_3) + PNHNH_2,$$

wurde ein langsamer, mit Phosphorchlorür gesättigter Wasserstoffstrom in das auf -78^0 gekühlte flüssige Ammoniak geleitet.

Die Bildung des Amides beansprucht 15 Molek. Ammoniak auf ein Molek. PCl_3, diejenige des Imides — 13,5 Molek. und die Bildung des $PNHNH_2$ — 14 Molek. Ammoniak; JOANNIS verbrauchte bei zwei verschiedenen Versuchen, bei welchen die Stärke des Wasserstoffstromes verschieden war, 15,04 und 14,09 Molek. Ammoniak auf ein Molek. Phosphorchlorür.

Beim Erwärmen der erhaltenen Substanz findet eine langsame Abspaltung des Ammoniaks statt:

$$2\,PNHNH_2 = P_2(NH)_3 + NH_3.$$

Bei der Einwirkung von Ammoniakgas auf Arsentrichlorid, -bromid und -jodid wird das Gas absorbiert und es entstehen weiße bis hellgelbe, an der Luft leicht zerfließende Substanzen von verschiedener Zusammensetzung. So erwähnt PERSOZ[2]) $AsCl_3\,.\,3\,NH_3$, ROSE[3]) $(AsCl_3)_2\,.\,7\,NH_3$, BESSON[4]) $AsCl_3\,.\,4\,NH_3$, $AsBr_3\,.\,3\,NH_3$. $AsJ_3\,.\,4\,NH_3$ und $AsJ_3\,.\,12\,NH_3$ und LANDAU[5]) $(AsBr_3)_2\,.\,7\,NH_3$.

HUGOT, dem diese Literaturangaben entnommen sind, unternahm die Untersuchung des Verhaltens dieser Arsenverbindungen dem flüssigen

---

1) Ann. d. Chem. 1862, Bd. 123 S. 235.
2) Ann. de Chim. et de Phys. 1830 (2), Bd. 44 S. 320.
3) POGGEND. Ann. 1840, Bd. 52 S. 62.
4) C. R. 1890, Bd. 110 S. 1258.
5) Inaug.-Diss., Berlin 1888.

Ammoniak gegenüber (C. R. 1904, Bd. 139 S. 54—56), indem er dieselben mit Ammoniakgas bei der Temperatur zwischen —40 und —30° sättigte. Das Volumen der Substanzen vergrößerte sich dabei ganz bedeutend; eine bemerkenswerte Wärmeentwickelung fand dabei nicht statt. Durch Auswaschen mit flüssigem Ammoniak konnte Hugot ein Arsenamid und die von Troost[1]) bereits beschriebenen ammoniakalischen Halogenammoniumsalze isolieren. Die sich dabei abspielende Reaktion kann durch die folgende Gleichung veranschaulicht werden:

$$AsCl_3 + 6\,NH_3 = As(NH_2)_3 + 3\,NH_4Cl.$$

Bei Temperaturen über 0° findet diese Reaktion nicht statt. Das Arsenamid bildet ein hellgraues, in flüssigem Ammoniak unlösliches Pulver, welches in trockener Luft unterhalb 0° oder bei gewöhnlicher Temperatur in einer Ammoniakatmosphäre sich ohne Zersetzung hält.

An der Luft bei Temperaturen über 0° erleidet das Arsenamid eine langsame, durch Ammoniakentwickelung begleitete Zersetzung, und geht in das Imid über:

$$2\,As(NH_2)_3 = As_2(NH)_3 + 3\,NH_3.$$

Diese Umwandlung ist bei 60° beendet, und das erhaltene Arsenimid ist eine hellgelbe, amorphe luftbeständige Substanz. Selbst im Vakuum auf 100° erhitzt erleidet sie keine Zersetzung. Mit Wasser zersetzt sie sich etwas langsamer als das Amid unter Bildung derselben Zersetzungsprodukte — As_2O_3 und Ammoniak. Erhitzt man das Imid stärker, so geht es bei etwa 250° in Stickstoffarsen über:

$$As_2(NH)_3 = 2\,AsN + NH_3.$$

Arsenstickstoff ist eine gelblich-rote Substanz, die bei etwas stärkerer Erhitzung in die freien Elemente zerfällt; das Arsen scheidet sich dabei in Form eines dunklen Beschlages auf den Glaswänden des Apparates aus.

Das Verhalten von Siliciumtetrachlorid zu Ammoniak ist bereits mehrfach untersucht worden. Beim Arbeiten mit trocknem Ammoniakgas erhält man nach Persoz[2]), und wie es später Besson[3]) bestätigt fand, $SiCl_4 . 6\,NH_3$.

Beim Erhitzen des so erhaltenen ammoniakalischen Siliciumtetrachlorides soll nach Wöhler und Deville[4]) Siliciumstickstoff Si_2N_3 entstehen. Dann beschäftigte sich Schutzenberger[5]) mit demselben Gegen-

---

[1]) C. R. 1879, Bd. 88 S. 578; 1881 Bd. 92 S. 715.

[2]) Ann. de Chim. et Phys. 1830 (2), Bd. 44 S. 315.

[3]) C. R. 1890, Bd. 110 S. 240; vergl. zweites Kapitel S. 60.

[4]) Pogg. Ann. 1857, Bd. 102 S. 317; Ann. Chem. (Liebig) Bd. 104 S. 256.

[5]) C. R. 1879, Bd. 89 S. 644.

stande und fand, daß beim Erhitzen eine Siliciumstickstoffwasserstoff-Verbindung hinterbleibt. GATTERMANN[1]) erhielt bei Behandlung von Siliciumtetrachlorid mit Ammoniakgas ein weißes Pulver, welches nach seiner Meinung die Zusammensetzung eines Siliciumdiimids $Si(NH)_2$ oder die des Silicocyamids $NSiNH_2$ haben konnte.

Eingehend beschäftigte sich mit dem Verhalten des Siliciumtetrachlorids Ammoniak gegenüber LENGFELD (Americ Chem. Journ. 1899, Bd. 21 S. 531—537), der im Gegensatz zu allen seinen Vorgängern nicht direkt Ammoniakgas auf das Tetrachlorid, sondern die Lösungen dieser beiden Reagentien im Benzol aufeinander einwirken ließ. Besonderes Gewicht legte LENGFELD bei dieser Arbeit auf die vollständige Wasserfreiheit der angewandten Substanzen, und er arbeitete in einer Stickstoffatmosphäre.

Die dabei sowie bei der Analyse in Gegenwart von Wasser sich abspielenden Vorgange drückt LENGFELD durch folgende Gleichungen aus:

$$SiCl_4 + 8\,NH_3 = Si(NH_2)_4 + 4\,NH_4Cl;$$
$$Si(NH_2)_4 + 4\,NH_4Cl + 4\,H_2O = Si(OH)_4 + 4\,NH_3 + 4\,NH_4Cl;$$
$$Si(NH_2)_4 + 4\,NH_4Cl + 8\,KOH = Si(OK)_4 + 8\,NH_3 + 4\,KCl + 4\,H_2O.$$

LENGFELD beschreibt sein Siliciumtetramid als einen festen weißen Körper, der sehr unbeständig ist und selbst bei niedrigen Temperaturen sich ohne Zersetzung und Bildung von Siliciumdiimid nicht trocknen läßt. Schon bei gewöhnlicher Temperatur und unter Benzol entwickelt das Siliciumtetramid Ammoniak, und fügt man zum frisch dargestellten Präparat Ligroin hinzu, so findet eine sofortige Ammoniakentwickelung und Imidbildung $Si(NH)_2$ statt.

Diese Arbeitsweise LENGFELDS gestattete wohl mehr oder weniger ammoniakfreie Präparate herstellen, da das Benzol wie das Ligroin Ammoniak auflösen; trotzdem waren die erhaltenen Siliciumtetramide und Siliciumimide nicht rein, sondern stark mit Chlorammonium, welches in den angewandten Lösungsmitteln unlöslich ist, verunreinigt.

VIGOUROUX und HUGOT nahmen diese Untersuchung (C. R. 1903, Bd. 136 S. 1670—1672) von neuem auf, wobei sie als Lösungsmittel verflüssigtes Ammoniak anwandten. Sie benutzten den bekannten HUGOTschen H förmigen Apparat, dessen einer Schenkel mit einer abgewogenen Menge Siliciumtetrachlorid gefüllt und auf -50^0 abgekühlt wurde. Unter Beibehaltung dieser Temperatur wurde durch das flüssige Siliciumtetrachlorid ein sehr langsamer Ammoniakgasstrom bis zum völligen Verschwinden des Tetrachlorids durchgeleitet. Die Beendigung

[1]) Ber. D. Chem. Ges. 1889, Bd. 22_1 S. 194; vergl. dieses Kapitel, S. 155.

der Reaktion erkannten Vigouroux und Hugot daran, daß die sonst mit jedem Ammoniakgasbläschen eintretende Wärmeentwickelung aufhörte. Nach Verflüssigung eines neuen Quantums Ammoniakgas befand sich in der Flüssigkeit ein weisses Pulver von bedeutend größerem Umfange als das ursprüngliche Tetrachlorid. Durch Filtrieren und Waschen mit flüssigem Ammoniak läßt sich das Amid $Si(NH_2)_4$ rein erhalten. Es ist ein weißes amorphes Pulver, welches nur unterhalb 0° beständig und in flüssigem Ammoniak gänzlich unlöslich ist. Aus dem Filtrat konnte man das von Troost[1]) beschriebene, bei + 7° schmelzende ammoniakalische Chlorammonium erhalten.

Bei Temperaturen über 0° geht das Amid unter langsamer Ammoniakentwickelung in Imid über:

$$Si(NH_2)_4 = Si(NH)_2 + 2 NH_3.$$

Die Umwandlung ist bei gewöhnlichem Druck erst bei 120° und im Vakuum bei etwa 100° beendet.

Das erhaltene Imid ist amorph und außerordentlich beständig, so daß es selbst das Erhitzen bis auf die Temperatur des Glaserweichens vertragen kann; auch war es unmöglich, durch Behandlung mit Ammoniak das Imid in das Amid überzuführen. Mit Wasser zersetzt es sich nach der Gleichung:

$$Si(NH)_2 + H_2O = SiO_2 + 2 NH_3.$$

Im allgemeinen erinnert das Siliciumimid wie in der Entstehung so im Verhalten an das von Joannis aus Bortrichlorid erhaltene Borimid.

Siliciumsulfobromid im Überschuß von Benzol gelöst gibt nach Blix[2]) (Ber. d. D. Chem. Ges. 1903, Bd. 36_4 S. 4219) bei Behandlung mit Ammoniakgas einen rein weißen Niederschlag, der aus Silicosulfoharnstoff und Ammoniumbromid besteht:

$$SiSBr_2 + 4 NH_3 = SiS(NH_2)_2 + 2 NH_4Br.$$

In kaltem, flüssigem Ammoniak ist Silicosulfoharnstoff gänzlich unlöslich, dagegen ist Ammoniumbromid darin leicht löslich, so daß damit der Weg zur Reindarstellung des neuen Körpers gegeben ist. Er bildet ein an der Luft ziemlich beständiges, rein weißes amorphes Pulver, welches sich in feuchter Luft nach und nach zersetzt:

$$SiS(NH_2)_2 + 2 H_2O = SiO_2 + 2 NH_3 + H_2S.$$

Silicosulfoharnstoff besitzt basische Eigenschaften und bildet mit Halogensäuren Salze.

---

[1]) C. R. 1891, Bd. 112 S. 715.

[2]) Blix erhielt diese Verbindung durch Behandlung von Siliciumtetrabromid mit Schwefelwasserstoff in Gegenwart von etwas Aluminiumbromid: $SiBr_4 + H_2S = SiSBr_2 + H_2S$.

Bei Behandlung mit flüssigem Ammoniak nicht in der Kälte, sondern bei Temperaturen von über 0° fand eine Schwefelabspaltung und Bildung von Siliciumimid statt, welches jedoch auf diesem Wege schwefelfrei nicht erhalten werden konnte.

Zur Darstellung von Siliciumimid $Si(NH)_2$ versuchten Blix und Wirbelauer (Ber. d. D. Chem. Ges. 1903, Bd. 36_4 S. 4220 bis 4228) das von ihnen erhaltene Siliciumdisulfid mit flüssigem Ammoniak im Einschlußrohr zu behandeln. Die sich hierbei abspielende Reaktion verläuft wahrscheinlich nach der Gleichung

$$SiS_2 + 4\,NH_3 = Si(NH)_2 + 2\,NH_4 \,.\, SH.$$

Das erhaltene, durch eine besondere Filtriervorrichtung abgeschiedene, Produkt war noch stark schwefelhaltig.

Bedeutend günstiger gestaltete sich die Reaktion, als das Siliciumdisulfid durch Siliciumsulfochlorid ersetzt wurde; aber auch hier enthielt das nach der Gleichung

$$SiSCl_2 + 5\,NH_3 = Si(NH)_2 + 2\,NH_4Cl + NH_4SH$$

entstehende Siliciumimid noch 2—3 % Schwefel, das zu entfernen nicht gelang.

Völlig reines Siliciumimid wurde erhalten durch Behandlung des von Persoz[1]) dargestellten Siliciumchloridammoniaks $SiCl_4 \,.\, 6\,NH_3$ mit flüssigem Ammoniak im Einschmelzrohr:

$$SiCl_4 \,.\, 6\,NH_3 = Si(NH)_2 + 4\,NH_4Cl.$$

Nach 20—30 maligem Auswaschen des $SiCl_4 \,.\, 6\,NH_3$ mit flüssigem Ammoniak bei 80—90° erhält man ein vollkommen chlorfreies Produkt. Das Rohr wird in flüssiger Luft abgekühlt und bei der Filtrationseinengung[2]) auseinander geschnitten. Die erhaltene Substanz, welche noch viel Ammoniak enthielt, wurde im Vakuum-Exsiccator bei 8—12 mm Druck über Chlorcalcium 24—48 Stunden gehalten und ergab dann ein leichtes lockeres rein weißes Pulver, welches in feuchter Luft sich nach folgender Gleichung zersetzt:

$$Si(NH)_2 + 2\,H_2O = SiO_2 + 2\,NH_3.$$

Mit Wasser verläuft diese Reaktion unter großer Wärmeentwickelung. Das Siliciumimid ist nicht schmelzbar und geht bei 1000° langsam aber vollständig unter Ammoniakbildung in stickstoffreichere Siliciumverbindungen über.

---

[1]) Ann. de Chim. et Phys. 1830 (2), Bd. 44 S. 318.

[2]) Vergl. die Fig. 4 und 5 im Abschnitt „Versuchstechnik usw." erstes Kapitel S. 32.

Das Siliciumimid besitzt wie das bereits erwähnte Borimid basische Eigenschaften und bildet mit Säuren Salze. Bei Behandlung mit verflüssigtem Chlorwasserstoffgas im Einschmelzrohr wurde ein weißes, an der Luft ziemlich beständiges Pulver von der Zusammensetzung $Si(NH)_2 . 2HCl$ erhalten.

GATTERMANN,[1]) der sich schon früher mit der Darstellung des Siliciumimides befaßte, hielt zwei Konstitutionsformeln für möglich:

$$1.\ Si \begin{matrix} = NH \\ = NH \end{matrix} \quad \text{und} \quad 2.\ Si \begin{matrix} \equiv N \\ - NH_2. \end{matrix}$$

BLIX und WIRBELAUER halten die erste dieser Formeln für wahrscheinlicher. Zur Darstellung des $SiCl_4 . 6NH_3$ in fein verteilter Form eignet sich gut der hier abgebildete Apparat (Fig. 10). Sie versuchten darin Siliciumchloriddampf mit trocknem Wasserstoff gemengt in flüssiges Ammoniak einzuleiten, sowie flüssiges Tetrachlorid mit flüssigem Ammoniak zusammenzubringen und erhielten stets nur $SiCl_4 . 6NH_3$.

Die Darstellung des Körpers $Si_8N_{10}Cl_3H$, welchen SCHÜTZENBERGER und COLSON[2]) erhielten und der in DAMMERS Handbuch als eine chemische Verbindung beschrieben ist, wollte BLIX und WIRBELAUER nicht gelingen.

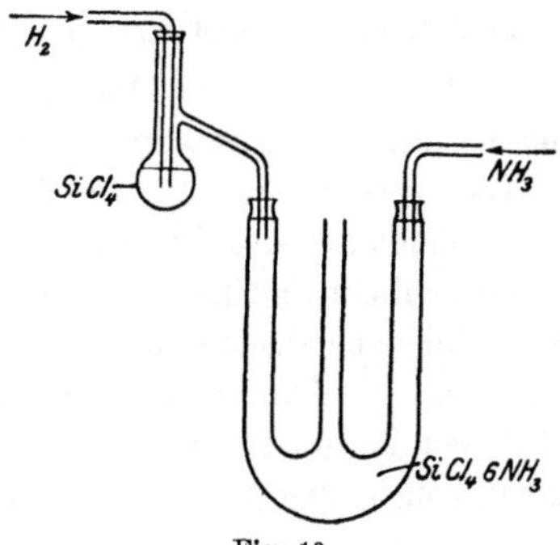

Fig. 10.

Wird das Siliciumimid bei ca. 900° in einer indifferenten, vollkommen trocknen Atmosphäre (z. B. Stickstoff) erhitzt, so erhält man das von SCHÜTZENBERGER und COLSON beschriebene, dem Phospham PN_2H analog zusammengesetzte Siliciumstickstoffimid (Silicam)

$$2Si(NH)_2 = Si_2N_3H + NH_3.$$

Es bildet ein geruch- und geschmackloses, rein weißes und nicht mehr durch Wasser zerlegbares Pulver, das sich beim Kochen in Alkalien unter Bildung von Kieselsäure und Ammoniak auflöst.

Bei weiterem Erhitzen des Siliciumstickstoffimides auf ca. 1300° gelang es einmal, den Siliciumstickstoff zu erhalten:

$$3Si_2N_3H = 2Si_3N_4 + NH_3.$$

Versuche über das Verhalten von Titanchlorid und Zirkonchlorid, die BLIX mit einigen Mitarbeitern (Ber. D. Chem. Ges. 1903,

---

[1]) Ber. d. D. Chem. Ges. 1889, Bd. 22_1 S. 194.

[2]) Jahresbericht der Fortschritte der Chem. 1879 S. 201, 1881 S. 202.

Bd. 36_4 S. 4228) begonnen hat, sind noch nicht abgeschlossen. Bei Versuchen mit Titan diente als Ausgangsmaterial der Titanchloridäther von ROSENHEIM und SCHÜTTE,[1]) aus dem ein ammoniakalisches Titanchlorid $TiCl_4 . 4 NH_3$ erhalten wurde. Dieses ließ sich in einen, wahrscheinlich dem Titanamid $Ti(NH_2)_4$ entsprechenden, Körper überführen.

In der bereits erwähnten zusammenfassenden Veröffentlichung von HUGOT (Ann. de Chim. et de Phys. 1900, 7. Serie, XXI S. 5—87 und C. R., Bd. 130 S. 505—508) wird darauf hingewiesen, daß die zahlreichen Arbeiten über Jodstickstoff[2]) untereinander durchaus nicht übereinstimmend sind. Auf Grund der Arbeiten von SEELY und GORE nahm man an, daß Jod in verflüssigtem Ammoniak löslich ist, und daß man beim Verdunsten rotschwarze Kristalle unveränderten Jodes erhält; auch FRANKLIN und KRAUS, die ihre Untersuchungen erst in neuerer Zeit ausführten, widersprachen nicht. HUGOT nahm diese Versuche wieder auf und erhielt mit Jod und flüssigem Ammoniak gut definierte Verbindungen.

Eine U-Röhre mit Jod wurde mit einem Kältegemisch umgeben und trocknes Ammoniakgas unter Druck durch die Röhre geleitet. Das Gas verflüssigte sich; zuerst war die Flüssigkeit schwarz; je mehr aber Ammoniak sich kondensierte, desto röter wurde die Flüssigkeit, bis sie schließlich eine ganz hellgelbe Farbe annahm. Auf dem Boden der U-Röhre befanden sich tiefgrüne, feine nadelförmige Kristalle. Ließ man nun das Ammoniak verdunsten, so konnte man einen genau umgekehrten Vorgang beobachten und man sah, wie die Flüssigkeit wieder tiefrot wurde und wie die grünen Kristalle verschwanden.

Die tiefgrünen Kristalle wurden isoliert; bei $+10^0$ halten sie sich, selbst der Einwirkung des Lichtes ausgesetzt, noch sehr gut. Bei $+20^0$ geht die Zersetzung schon schnell vor sich, und 1 g der Substanz braucht zu seiner Zersetzung kaum mehr als 24 Stunden. Die Zersetzungsprodukte sind Jod, Ammoniumjodid, Ammoniak und Stickstoff. Die Analyse der unzersetzten Substanz zeigte, daß die Zusammensetzung der Kristalle etwa dem Ausdruck $NJ_3 . 3{,}3 NH_3$ (oder rund $NJ_3 . 3 NH_3$) entspricht. Dann ließ HUGOT die Ammoniaklösung, aus der sich die

---

[1]) Zeitschr. f. anorgan. Chem. 1901, Bd. 26 S. 239.

[2]) COURTOIS, Ann. de Chim. Bd. 88 S. 804 (1813); GAY-LUSSAC (NJ_3), Ann. de Chim. Bd. 91 S. 5 (1814); COLIN (NJ_3), Ann. de Chim. Bd. 91 S. 252 (1814); VAUQUELIN (NJ_3), Ann. de Chim. et de Phys. Bd. 90 S. 229 (1814); DAVY (NJ_3), Ann. de Chim. et de Phys. Bd. 91 S. 89 (1814); SÉRULLAS, Ann. de Chim. et de Phys., 2. Serie, Bd. 22 S. 72.

Kristalle abgesetzt hatten, unter Vakuum verdunsten. Dabei entwich Ammoniak und sehr wenig Stickstoff. Die Farbe der Lösung wurde immer mehr und mehr rot, was darauf schließen läßt, daß immer mehr Jod dabei in Freiheit gesetzt wurde. Der zurückbleibende Rückstand bestand fast ausschließlich aus Ammoniumjodid. Diese Vorgänge veranschaulicht HUGOT wie folgt:

$$16\,NH_3 + 6\,J = 3(NH_4J\,.\,3\,NH_3) + NJ_3\,.\,3\,NH_3.$$

Die Reaktion verläuft nur dann bis zum vollständigen Verbrauch von Jod, wenn man mit einem großen Ammoniaküberschusse und unter Überdruck arbeitet.

Die Verbindung $NH_4J\,.\,3\,NH_3$, die im übrigen mit der von TROOST[1]) bereits beschriebenen Verbindung $NH_4J\,.\,3\,NH_3$ identisch ist, erwies sich bei der Versuchstemperatur als eine Flüssigkeit, die Jod sowie auch Jodstickstoff aufzulösen vermag; da aber die Lösung von Jodammonium in verflüssigtem Ammoniak nur wenig Jodstickstoff auflöst, so erhält man den weitaus größten Teil des letzteren in kristallisiertem Zustande. Durch Dekantieren befreit man die Lösung von dem größten Teil des Jodstickstoffs und die Lösung enthält dann Ammoniak, ammoniakalisches Jodammonium, Spuren von freiem Jod, sowie etwas Jodstickstoff. Beim Verdunsten dieser Lösung zersetzt sich der letztere in Jod, welches die Lösung rot färbt, und Stickstoff, welcher entweicht. Wird Jodstickstoff $NJ_3\,.\,3\,NH_3$ im Vakuum der Temperatur von -30^0 ausgesetzt, so verliert er 1 Molek. Ammoniak und man erhält eine schön kristallisierte messinggelbe Substanz von der Zusammensetzung $NJ_3\,.\,2\,NH_3$.

Wird diese nun der Temperatur von 0^0 ausgesetzt, so erhält man violette, ganz kleine nadelförmige Kristalle, die aus $NJ_3\,.\,NH_3$ bestehen.

Ammoniakfreien Jodstickstoff zu erhalten, ist bis jetzt noch nicht gelungen, weil bei noch so vorsichtiger Erwärmung selbst im Vakuum stets eine, wenn auch recht langsame Zersetzung des Jodstickstoffs in Ammoniak, Stickstoff und Jod vor sich geht.

Bei $+20^0$ wird schon die Zersetzung recht wahrnehmbar. Frisch vorbereitetes Präparat läßt sich bis auf $+50^0$ erwärmen, ohne dabei zu explodieren; bei einige Tage alten Präparaten tritt schon die Explosion viel früher ein, und das Manipulieren mit dieser Substanz ist nicht ohne Gefahr. In Berührung mit Wasser zersetzt sich die Verbindung $NJ_3\,.\,NH_3$ oft unter Explosion; sie verliert im Wasser ihre

[1]) C. R. 1891, Bd. 112 S. 715.

Kristallform, wird schwarz, die Flüssigkeit färbt sich gelb und wird alkalisch; selbst bei diffusem Licht findet eine Stickstoffentwickelung statt. Die Jodstickstoffpartikelchen, unter dem Mikroskope von schwacher Vergrößerung betrachtet, erscheinen mit Gasbläschen umgeben.

Die bei der Zersetzung mit Wasser entweichenden Gase enthalten keinen Sauerstoff.

Die Messung der Dampftension des Jodstickstoffs $NJ_3 . NH_3$ bei verschiedenen Temperaturen ergab bei

$-29,5^0$ . . .	76,0 cm,	$-3,5^0$. . . .	215,4 cm,
$-27,0^0$ . . .	88,3 „	$0,0^0$. . . .	309,6 „
$-22,0^0$ . . .	96,2 „	$+1,0^0$. . . .	314,2 „
$-15,0^0$ . . .	147,6 „	$+5,0^0$. . . .	348,0 „ .
$-12,0^0$ . . .	184,5 „		

Die Versuchsergebnisse von Hugot wurden durch die gleich danach veröffentlichten Untersuchungen von Ruff (Ber. D. Chem. Ges. 1900, Bd. 33_3 S. 3025/29) bestätigt.

Zum Zwecke Jodstickstoff zu erhalten, behandelte Ruff das in flüssigem Ammoniak gelöste Natriumamid bei -60^0 mit Jod. Diese so niedrige Reaktionstemperatur wurde deshalb gewählt, um mit Sicherheit jedwede etwaige Einwirkung von Jod auf das Lösungsmittel selbst zu vermeiden. Indes fand Ruff, daß das selbst bei dieser Temperatur in Ammoniak eingetragene Jod rasch zu einem schwarzen Pulver zerfällt, das sich allmählich mit gelber Farbe wieder auflöst und, falls genügend Jod zugesetzt war, in Form von grünlich schillernden braunroten Blättchen auskristallisiert. Beim Arbeiten bei -60^0 erhielt Ruff die Verbindung $NJ_3 . 12 NH_3$ und bei -35 bis -40^0 die Verbindung $NJ_3 . 3 NH_3$ (wie Hugot), welche beim Trocknen im Vakuum, wie bei Hugot, in $NJ_3 . 2 NH_3$ und $NJ_3 . NH_3$ übergeht.

Arbeitet man in Gegenwart von Natriumamid, welches mit flüssigem Ammoniak nicht reagiert, so muß das Reaktionsgemisch sehr sorgfältig mit flüssiger Luft gekühlt werden, da sonst die Reaktion zu heftig verläuft.

Je nach der Menge des hinzugefügten Jods erhält man entweder nur eine schwarze Verbindung allein, die annähernd der Zusammensetzung $Na_2 NJ_3$ entspricht, oder aber dieselbe Verbindung mit Jodnatrium vermengt — etwa nach folgender Gleichung:

$$3 Na NH_2 + 4 J = Na_2 NJ_3 + Na J + 2 NH_3.$$

Schließlich wird noch auf die Reaktion zwischen Natriumamid und Jodammonium verwiesen:

$$NaNH_2 + NH_4J = NaJ + (NH_3)_2.$$

Im Anschluß an die Bildung von Jodstickstoff in flüssigem Ammoniak dürfte es vielleicht nicht ohne Interesse sein, hier die neueren Arbeiten über die Bildung der Jodstickstoffverbindungen aus wässerigen Lösungen kurz zu besprechen. In einer ausführlichen Arbeit teilt GUYARD (C. R. 1883, Bd. 97 S. 526—531) darüber folgendes mit:

Jodstickstoff NJ_3 ist wie im Wasser so in wässeriger Ammoniaklösung gegen Wärme, Licht und Stoß in gleicher Weise empfindlich. Im Wasser verläuft gewöhnlich die Zersetzung zuerst ruhig, dann aber findet eine heftige Detonation statt; in wässerigem Ammoniak dagegen ist die Zersetzung zwar recht energisch, aber ohne Überraschungen. Findet die Zersetzung infolge Einwirkung von Licht (ganz gleich ob diffuses oder direktes Licht) statt, so ist dieselbe durch eine Stickstoffentwickelung und Bildung von Ammoniumjodid und etwas jodsaurem Ammonium begleitet. Auch ist für den Verlauf der Zersetzung ohne Belang, ob dieselbe bei Zimmertemperatur im rasch fließenden Wasserstrome, oder bei 10^0, 5^0 bezw. 1^0 C. stattfindet.

Was speziell die Verbindung NH_2J, die fast immer in größeren Mengen in Jodstickstoff vorhanden ist, anbetrifft, so zersetzt sie sich im Wasser unter Einwirkung von Licht ohne Explosion nach folgender Gleichung:

$$2NH_2J = NH_4J + N.$$

Arbeitet man in wässeriger Ammoniaklösung, so findet eine reichere Stickstoffentwickelung statt.

Für die Zersetzung des Jodstickstoffs von der Zusammensetzung NHJ_2 gibt GUYARD ein nicht ganz korrektes und daher umgerechnetes Schema an:

$$9NHJ_2 + 21NH_3 = 18NH_4J + 12N.$$

Dieselben Endprodukte erhält man durch direkte Einwirkung von Jod auf Ammoniak von 22^0 Bé., so daß GUYARD die während der Reaktion

$$12NH_3 + 9J = 9NH_4J + 3N$$

freiwerdende Stickstoffmenge zur Messung der chemischen Wirksamkeit der Lichtstrahlen benutzt.

Bringt man Jod mit wässeriger Ammoniaklösung zusammen, so findet zuerst die folgende Reaktion statt:

$$3NH_3 + 4J = 2NH_4J + NHJ_2 \quad \text{(nach ODLING-GUYARD)}$$

oder

$$5NH_3 + 6J = 3NH_4J + N_2H_3J_3 \quad \text{(nach BUNSEN)}.$$

Dann aber unter Einwirkung von Licht findet die Zersetzung der Verbindungen NHJ_2 bezw. $N_2H_3J_3$ in Ammoniumjodid und Stickstoff in bereits erwähnter Weise statt.

Jodstickstoff, der zum größeren Teil aus NHJ_2 besteht, explodiert sehr heftig mit Schwefelsäure, Salzsäure und schwefliger Säure, selbst wenn die Säuren verdünnt sind. Alle Stickstoffjodide werden durch eine Lösung von unterschwefligsaurem Natron unter Bildung von Jodnatrium, Ammoniak und schwefelsaurem Ammoniak aufgelöst. Kaliumcyanid löst ebenfalls Stickstoffjodid unter Stickstoffentwickelung auf.

Recht kompliziert und verschiedenartig verläuft die Reaktion von Jodkalium auf Stickstoffjodid, je nachdem, ob sie im Licht oder in der Dunkelheit stattfindet. Schließlich beschreibt Guyard eine Doppelverbindung von Jodstickstoff mit Kupferjodür, die merkwürdigerweise ziemlich beständig ist. Die Zusammensetzung dieser Verbindung ist $Cu_2J_2 . N_2H_4J_2$.

In einer umfassenden Abhandlung über Jodstickstoff, dargestellt aus Jodmonochlorid und wässerigem Ammoniak besprechen Chattaway und Orton (Americ Chem. Journ. 1900, Bd. 23 S. 363—368 und 369 bis 376) die oxydierende Wirkung ihres Jodstickstoffs folgenden Verbindungen gegenüber:

$$H_2SO_3,\ Na_2SO_3,\ As_2S_3,\ Sb_2O_3,\ SnCl_2,\ H_2S.$$

In zwei weiteren Abhandlungen (Chattaway, Americ Chem. Journ. 1900, Bd. 24 S. 138—158, sowie Chattaway und Orton, ibid. 159—167) wird die Bestimmung der Zusammensetzung des in verschiedener Weise erhaltenen Jodstickstoffs (mittelst wässerigem Ammoniak) sowie das Verhalten des Jodstickstoffs dem Licht gegenüber behandelt. Je nach der Art der Darstellung und der Dauer des Waschens schwankt der Jodstickstoff in seiner Zusammensetzung, welche im großen und ganzen sich der Formel $N_2H_3J_3$ nähert.

Außerdem seien hier noch folgende Untersuchungen erwähnt:

Chattaway und Stevens (Americ Chem. Journ. 1900, Bd. 24 S. 331 bis 341): Über Einwirkung von Säuren auf Jodstickstoff.

Chattaway und Orton (ibid. S. 318): Einwirkung von Alkalihydroxyden, Wasser und Wasserstoffsuperoxyd auf Jodstickstoff.

Chattaway und Orton (ibid. S. 342): Bildung und Konstitution des Jodstickstoffs.

Silberrad (Proceed. Chem. Soc. 1904, Bd. 20 S. 192) schreibt dem Jodstickstoff auf Grund der Reaktion $NH_3 : NJ_3 + 3\,Zn(C_2H_5)_5 = 3\,Zn(C_2H_5)J + NH_3 + N(C_2H_5)_3$ die Strukturformel $H_3N = NJ_3$ zu.

C. Metallsalze und flüssiges Ammoniak.

Über das Verhalten von Salzen der schweren Metalle in verflüssigtem Ammoniak liegen nur wenige ausführlichere Arbeiten vor; dieselben beziehen sich auf Silber- und Kupfersalze. Wie das Wasser von vielen Salzen in Form von „Kristallwasser“ gebunden wird, so wird auch Ammoniak von diesen Salzen unter Bildung von „Additionsverbindungen“ gebunden.

Einige Beispiele über Bildung solcher ammoniakalischen Additionsprodukte mittelst gasförmigem Ammoniak sind bereits im Anschluß an die Arbeiten von Divers erwähnt worden. Andererseits ist schon vorher einiges über das Verhalten der Haloidsalze der Alkalien und Erdalkalien in flüssigem Ammoniak (Weyl, Joannis, Franklin und Kraus) mitgeteilt und auf die Bildung der Gruppen $NaCl \,.\, 5\,NH_3$, $CaCl_2 \,.\, 8\,NH_3$, $BaCl_2 \,.\, 8\,NH_3$ hingewiesen worden. Um einen Vergleich zwischen dem Verhalten der gleichen Salze zu gasförmigem und verflüssigtem Ammoniak zu erleichtern, sollen hier noch die Versuche von Joannis und Croizier (C. R. 1894, Bd. 118 S. 1149) und die von Jarry (C. R. 1898, Bd. 126 S. 1138—1142), die solche Vergleichungsuntersuchungen mit Silbersalzen angestellt haben, näher besprochen werden.

Joannis und Croizier sättigten die zu untersuchenden Salze zuerst mit Ammoniakgas und ließen dann noch verflüssigtes Ammoniak darauf einwirken. Die Resultate, die dabei erhalten wurden, weichen von denjenigen, die Rammelsberg, Rose, Isambert und andere erhielten, ab.

Silberbromid, das nach Rammelsberg[1]) kein Ammoniak absorbiert, hat drei Verbindungen, die alle weiß und fest waren, ergeben.

$AgBr$, $3\,NH_3$	mit der Dissoziationstemperatur von	$3{,}5^0$	bei normalem Druck.
$AgBr$, $1^1/_2\,NH_3$	„ „ „ „	$34{,}0^0$	
$AgBr$, NH_3	„ „ „ „	$51{,}5^0$	

Auch das Jodsilber, von dem bisher keine ammoniakalischen Verbindungen bekannt waren, ergab die Verbindungen:

AgJ, NH_3	Dissoziationstemperatur	$3{,}5^0$	bei normalem Druck.
AgJ, $^1/_2\,NH_3$	„	90^0	

Cyansilber gibt die Verbindung $AgCy$, NH_3, die bereits von Isambert[2]) erhalten wurde; dieselbe ist in verflüssigtem Ammoniak von -10^0 sehr löslich. Die Dissoziationstemperatur beträgt unter

[1]) Pogg. Ann. Bd. 48, S. 170 und Bd. 55 S. 248.

[2]) Annales scientifiques de l'Ecole Normale Supérieure 1868; vergl. außerdem seine Veröffentlichungen in C. R. 1868, 1878 und 1880.

normalem Druck 102°; bei 100° betrug die Dampfspannung der nach mehreren Verfahren hergestellten Cyansilberpräparaten 690 mm (ISAMBERT fand 550 mm).

Von ammoniakalischen Silbernitraten sind drei Verbindungen bekannt:[1] $AgNO_3 . 3NH_3$, $AgNO_3 . 2NH_3$ und $AgNO_3 . NH_3$, von denen das erste in flüssigem Ammoniak unterhalb —10° sehr leicht löslich ist. Das Silbernitrat $AgNO_3 . 3NH_3$ dissoziiert bei normalem Druck bei 63° und geht in das ammoniakärmere $AgNO_3 . 2NH_3$ über, welches bei 170° weiter dissoziiert; die Dissoziation verläuft unregelmäßig; die dritte Verbindung $AgNO_3 . NH_3$ ist noch nicht näher untersucht worden.

Die soeben erwähnten Angaben RAMMELSBERGS[2]), daß trockenes Silberbromid kein Ammoniakgas absorbiert und daß die aus einer ammoniakalischen Lösung von Silberbromid sich ausscheidenden Silberbromidkristalle kein Ammoniak enthalten, veranlaßten auch JARRY, eine eingehendere Untersuchung über diese Frage vorzunehmen.

Setzt man nach JARRY[3]) trocknes Bromsilber der Einwirkung von verflüssigtem Ammoniak bei etwa —30° aus, so verliert das Salz seine gelbe Färbung und geht in ein weißes Pulver über. Läßt man dann das verflüssigte Ammoniak verdunsten, indem man nach und nach die Temperatur steigert, so beobachtete man bei +40° eine starke Ammoniakentwickelung. Die zurückbleibende Substanz behält jedoch ihr Aussehen, bis die Temperatur auf +35° steigt, wo nochmals ein starker Ammoniakgasverlust stattfindet und die Substanz das gewöhnliche Aussehen des Bromsilbers annimmt. Die Volumina des bei +4° und +35° entweichenden Ammoniaks sind gleich groß. Die Analysen ergaben, daß man hier mit der Verbindung $AgBr . 3NH_3$ zu tun hat; bei +4° verliert dieselbe die Hälfte ihres Ammoniakgehaltes und geht in die Verbindung $AgBr . 1{,}5NH_3$ über, die nun ihrerseits bei +35° ganz dissoziiert. Die Dissoziationsspannungen in Millimeter Quecksilber betrugen bei:

a) $AgBr . 3NH_3$

bei . . .	—23°	—18°	—8°	0°	+3,5°	+8°	+14°	+20°	+23°
mm . . .	140	195	360	605	745	920	1310	1820	2140

[1]) ROSE, POGG. Ann. Bd. 20 S. 153; KANE, Ann. Chim. Phys. Bd. 62 S. 282; REYCHTES, Ber. d. D. Chem. Ges. 1883, Bd. 16 S. 990.

[2]) Ann. der Phys. und Chem. Bd. 55 S. 248.

[3]) Über das Verhalten von Chlorsilber zu wässerigen Ammoniaklösungen und seine Löslichkeit darin vergl. JARRY (C. R. 1897, Bd. 124 S. 288—290). In demselben Bande S. 963—965 behandelt JARRY die Löslichkeit von Chlorsilber in flüssigem Monomethylamin sowie in wässeriger Monomethylaminlösung.

b) $AgBr . 1,5 NH_3$

bei . . .	0°	4°	10,4°	11,2°	14°	16,6°	28,6°	43,8°	53°
mm . . .	88	107	166	174	206	249	513	1225	1986

Aus diesen Versuchen müßte man schließen, daß, wenn man Ammoniakgas bei entsprechend niedriger Temperatur über Bromsilber leitet, man ebenfalls ammoniakalisches Salz bekäme. Das trifft auch zu, nur verläuft die Absorption äußerst langsam, und das ist wohl auch der Grund, warum die Versuche RAMMELSBERGS negativ ausfielen. JARRY führt einen Versuch an, wo Bromsilber, trotzdem es bei — 20° während 15 Stunden dem Ammoniakstrome ausgesetzt war, nur 2,75 Molek. Ammoniak absorbiert hat. JARRY ist es auch gelungen, die beiden Verbindungen kristallisiert zu erhalten, wobei für $AgBr . 3 NH_3$ verflüssigtes Ammoniak und für $AgBr . 1,5 NH_3$ ammoniakalisches Wasser als Lösungsmittel dienten. $AgBr . 3 NH_3$ bildet kleine, nadelförmige, durchsichtige Kristalle, die doppelbrechend sind; auch die Kristalle von $AgBr . 1,5 NH_3$ sind nadelförmig und farblos; der Luft ausgesetzt, gehen sie sehr schnell in das gewöhnliche gelbe Bromsilber über.

Über die Versuche JARRYS, die Lösungskurven von Bromsilber in wässerigem Ammoniak zu finden, seien hier nur die Resultate dieser Versuche angeführt. 10 ccm wässeriges Ammoniak von verschiedenem Ammoniakgehalte lösen bei 0° Bromsilber:

Ammoniakgehalt in g in den 10 ccm	Gelöstes Bromsilber in mg	Ammoniakgehalt in g in den 10 ccm	Gelöstes Bromsilber in mg
0,307	8,0	2,627	106,7
0,488	9,6	3,126	156,8
0,669	17,2	3,389	198,7
0,829	21,2	3,652	266,9
1,151	34,9	3,722	288,8
1,532	55,7	3,770	293,0
1,809	72,2	3,926	289,2
1,953	74,1	3,995	285,0

Das Verhalten von Kupfersalzen dem Ammoniak gegenüber und die Wärmeabsorption bei der Bildung der ammoniakalischen Additionsprodukte untersuchte BOUZAT (Ann. Chim. et Phys. 1903 [7], Bd. 29 S. 305—323). Auf den ersten Teil seiner Arbeit, betreffend das Verhalten der Kupferverbindungen den wässerigen Ammoniaklösungen gegenüber (C. R. 1902, Bd. 134 S. 1216, 1310 u. 1502), kann hier ebensowenig wie auf die Versuche von LOCKE und FORSSAL über die Wirkung von Ammoniak auf wässerige Kupfersulfatlösungen (Americ. Chem. Journ. 1904, Bd. 31 S. 268—298) näher eingegangen werden. Beim Arbeiten mit wasserfreiem Kupferchlorid und verflüssigtem Ammoniak erhielt BOUZAT außer dem von ROSE erhaltenen $CuCl_2 . 6\,NH_3$ und dem von GRAHAM beschriebenen $CuCl_2 . 2\,NH_3$ noch das $CuCl_2 . 4\,NH_3$. BOUZAT stellt sich die Zusammensetzung dieser Körper den folgenden Formeln entsprechend vor:

$$Cu{<}^{NH_2}_{NH_2}\Big\}\,2\,HCl, \quad Cu{<}^{NH(NH_4)}_{NH(NH_4)}\Big\}\,2\,HCl, \quad Cu{<}^{N(NH_4)_2}_{N(NH_4)_2}\Big\}\,2\,HCl.$$
$$(CuCl_2 . 2\,NH_3) \qquad (CuCl_2 . 4\,NH_3) \qquad (CuCl_2 . 6\,NH_3).$$

Die Absorption von trocknem Ammoniakgas durch wasserfreies Kupferchlorid geht anfangs schon bei gewöhnlicher Temperatur sehr schnell vor sich, verlangsamt sich jedoch alsbald und es dauert sehr lange, bis man ein gesättigtes Produkt erhält, so daß die von ROSE erhaltene Verbindung nur der Zusammensetzung $CuCl_2 . 5{,}76\,NH_3$ entsprach. Im flüssigen Ammoniak erhält man dagegen die Verbindung $CuCl_2 . 6\,NH_3$ mit Leichtigkeit, indem man bei -30^0 das überschüssige Ammoniak verdunsten läßt.

$CuCl_2 . 6\,NH_3$ ist, wenn wasserfrei, von hellblauer Farbe und zeigt nicht, wie es ROSE angibt, die dunkelblaue Farbe der ammoniakalischen Kupferlösung im Wasser. Im Wasser ist $CuCl_2 . 6\,NH_3$ löslich und man muß die Lösung schon recht stark verdünnen, um einen Niederschlag von Kupferhydroxyd zu erhalten. Im verflüssigten Ammoniak ist $CuCl_2 . 6\,NH_3$ unlöslich. Beim Erwärmen verliert es etwas Ammoniak und bei 90^0 bleibt die Verbindung $CuCl_2 . 4\,NH_3$ zurück.

$CuCl_2 . 4\,NH_3$ ist eine blaue Substanz, die in wenig Wasser löslich ist; verdünnt man die Lösung, so fällt Kupferhydroxyd aus. Beim Erhitzen über 90^0 beginnt es, sein Ammoniak zu verlieren, und es bleibt bei 140^0 die Verbindung $CuCl_2 . 2\,NH_3$ zurück.

$CuCl_2 . 2\,NH_3$ ist ein grünes Pulver, welches mit Wasser einen Niederschlag von Kupferoxychlorid gibt.

Die Bildungswärmen dieser drei Verbindungen betragen:

		Wärmeentwickelung für je $2\,NH_3$
$CuCl_2$ (fest) + $2\,NH_3$ (gaz) = $CuCl_2 . 2\,NH_3$ (fest)	+ 45,6 Kal.	45,5
$CuCl_2$ (fest) + $4\,NH_3$ (gaz) = $CuCl_2 . 4\,NH_3$ (fest)	+ 72,08 „	26,6
$CuCl_2$ (fest) + $6\,NH_3$ (gaz) = $CuCl_2 . 6\,NH_3$ (fest)	+ 94,3 „	22,3

Die beobachteten Dampfspannungen entsprechen der von MATIGNON angegebenen Formel für ammoniakalische Chloride, $\frac{Q}{T} = 0{,}031$ bis $0{,}033$, wo T die absolute Temperatur der Dissoziation unter Atmosphärendruck und Q die Wärmeentwickelung bedeutet, die bei der Bindung eines Ammoniakmoleküls stattfindet.

Bouzat wandte dieselbe Arbeitsmethode auch bei der Behandlung von wasserfreiem Kupfersulfat mit verflüssigtem Ammoniak an und erhielt außer den bekannten Verbindungen $CuSO_4 . 5NH_3$ (Rose), $CuSO_4 . 2NH_3$ und $CuSO_4 . NH_3$ (Graham und Kane) noch eine gut definierte Verbindung $CuSO_4 . 4NH_3$ (C. R. 1902, Bd. 135 S. 534).

Behandelt man wasserfreies $CuSO_4$ mit verflüssigtem Ammoniak im Überschuß und läßt dann das Ammoniak, sei es bei gewöhnlicher Temperatur oder bei -30^0, entweichen, so erhält man $\boldsymbol{CuSO_4 . 5NH_3}$ in Form eines im Wasser löslichen Pulvers von eigenartiger blauvioletter Färbung; aus der verdünnten Lösung scheidet sich ein Niederschlag von basischem Kupfersulfat aus. $CuSO_4 . 5NH_3$ ist in flüssigem Ammoniak unlöslich. Die Dissoziationsspannung wird konstant bei 90^0 und es bleibt $\boldsymbol{CuSO_4 . 4NH_3}$ zurück, welches die gleichen Eigenschaften und Aussehen wie $CuSO_4 . 5NH_3$ hat. Erhitzt man $CuSO_4 . 4NH_3$ über 90^0, so erhält man bei 150^0 $\boldsymbol{CuSO_4 . 2NH_3}$ ein grünes Pulver, welches mit Wasser einen Niederschlag von basischem Kupfersulfat gibt. Im Vakuum bis auf 260^0 erhitzt, geht das $CuSO_4 . 2NH_3$ in $\boldsymbol{CuSO_4 . NH_3}$ über, das die gleichen Eigenschaften wie $CuSO_4 . 2NH_3$ hat.

Die Bildungswärmen der vier Verbindungen betragen:

$CuSO_4$ (fest) $+ NH_3$ (gaz) $= CuSO_4 . NH_3$ (fest) . . $+ 23{,}5$ Kal.
$CuSO_4$ (fest) $+ 2NH_3$ (gaz) $= CuSO_4 . 2NH_3$ (fest) . $+ 43{,}14$ „
$CuSO_4$ (fest) $+ 4NH_3$ (gaz) $= CuSO_4 . 4NH_3$ (fest) . $+ 73{,}70$ „
$CuSO_4$ (fest) $+ 5NH_3$ (gaz) $= CuSO_4 . 5NH_3$ (fest) . $+ 88$ „

Aus der Erwägung, daß die Bildungswärmen der ammoniakalischen Chloride und Sulfate des Kupfers untereinander fast identisch sind, schließt Bouzat auf die Notwendigkeit, die Existenz von complexen Radikalen in diesen Verbindungen anzuerkennen.

Bei Einwirkung von verflüssigtem Ammoniak auf violettes Chromchlorid entsteht nach Lang und Carson[1]) (Proceedings of Chem. Soc. 1903, Bd. 19 S. 147) ein lachsrotes Pulver. Bei Behandlung der gewonnenen Substanz mit Wasser erhält man zwei verschiedene Produkte, welche im Vakuum gut kristallisieren und die Zusammensetzung $Cr_2Cl_6 . 12NH_3 . 2H_2O$ und $Cr_2Cl_6 . 10NH_3$ haben. Die erste dieser Substanzen ist gelb, die andere von Kobaltnitratfarbe.

Das ursprüngliche lachsrote Pulver besteht bei $+15^0$ aus gelben und roten Kristallen, aus denen beim Erhitzen auf 110^0 eine einheitliche rote Substanz resultiert. Diese Verbindungen zerfallen gänzlich bei 180^0.

---

[1]) Ausführlicher im Journ. of Americ. Chem. Soc. 1904, Bd. 26, S. 414.

Sechstes Kapitel.

Umsetzungen in verflüssigtem Ammoniak.

A. Allgemeine Übersicht.

Die Eigentümlichkeit des flüssigen Ammoniaks, für so viele Substanzen als Lösungsmittel zu dienen, veranlasste viele Forscher, die sich mit diesem Lösungsmittel beschäftigt haben, nicht nur die Eigenschaften einzelner Lösungen in flüssigem Ammoniak für sich allein, sondern auch das gegenseitige Verhalten verschiedener solcher Lösungen zueinander in Bereich ihrer Untersuchungen zu ziehen. Von solchen Untersuchungen sei hier an erster Stelle diejenige von Franklin und Kraus (Americ. Chem. Journ. 1899, Bd. 21 S. 1—8) erwähnt, die sich die Frage vorlegten, ob die doppelten Umsetzungen zwischen verschiedenen in flüssigem Ammoniak gelösten Salzen in ähnlicher Weise verlaufen, wie es zwischen wässerigen Lösungen der Fall ist. Die Art und Weise, wie diese Umsetzungen stattfinden, und die Schnelligkeit, mit der sie verlaufen, sollten auch darüber Aufschluß geben, in welchem Grade die Dissoziation der Salze im Ammoniak derjenigen im Wasser nahekommt.

Zwecks dieser Untersuchung wurden Nitrate verschiedener Metalle in verflüssigtem Ammoniak aufgelöst und mit wasserfreier ammoniakalischer Lösung von Ammoniumsulfid, -chlorid, -bromid, -jodid, -chromat und -borat zusammengebracht. Die Anwendung der Nitrate schien durch deren leichte Löslichkeit angezeigt zu sein, auch waren sie gerade bei der Hand.

Die Versuche wurden in kleinen Dewarschen (mit Vakuummantel versehenen) Probierröhrchen durchgeführt.

Die Versuchsresultate sind der Übersichtlichkeit und Raumersparnis halber tabellarisch zusammengestellt und bedürfen kaum irgend welcher näheren Erörterung. Diese Resultate bestätigen auch die direkt angestellten Beobachtungen über die Löslichkeit der Halogensalze in verflüssigtem Ammoniak, und zwar daß die Jodide am leichtesten und die Chloride am wenigsten von ihnen in verflüssigtem Ammoniak löslich sind.

Das als Reagens angewendete Ammoniumsulfid wurde auf zweierlei Art hergestellt: trocknes Schwefelwasserstoffgas wurde durch verflüssigtes Ammoniakgas durchgeleitet. Das Schwefelwasserstoffgas wird hierbei unter Bildung einer klaren farblosen Lösung von der Flüssigkeit absorbiert. Andererseits wurde bei der Temperatur der aus fester Kohlensäure und Äther bestehenden Mischung flüssiges Ammoniakgas zum Schwefelwasserstoff hinzugegeben, wobei das Ganze sofort zu einer weißen und festen, aus Ammoniumsulfid bestehenden Masse erstarrt. Dieselbe löst sich in überschüssigem verflüssigtem Ammoniak bei dessen Siedetemperatur klar auf. Aus der in solcher Weise hergestellten gesättigten Lösung scheiden sich beim Abkühlen auf die Temperatur der Kohlensäure-Äther-Kältemischung reichliche Mengen von Kristallen ab. Eine Analyse der oben erwähnten festen Masse wurde zwar nicht ausgeführt, aber die Identität derselben mit Ammoniumsulfid unterlag keinem Zweifel.

Alle untersuchten Metallsalze, mit Ausnahme der Alkalisalze, bildeten mit Ammoniumsulfid Niederschläge, die, nach allem zu beurteilen, mit den unter gleichen Umständen in wässerigen Lösungen entstehenden Niederschlägen identisch zu betrachten sind. Mit Sicherheit ist dies bei Blei festgestellt worden. Besonderes Interesse erweckten die Niederschläge, welche mit Baryum-, Strontium-, Calcium- und Magnesiumsalzen erhalten wurden, da diese Salze in wässeriger Lösung mit Ammoniumsulfid keinen Niederschlag bilden. Der mit Magnesium erhaltene Niederschlag wurde daher analysiert. Zu diesem Zwecke wurde derselbe durch einen kühlbaren Trichter abfiltriert, darin gewaschen und in einem Ammoniakstrom bei Zimmertemperatur über Natronkalk getrocknet. Der so behandelte Niederschlag riecht bei der Laboratoriumstemperatur stark nach Ammoniak und Schwefelwasserstoff. Frisch hergestellt ist es im Wasser vollkommen löslich. Der Niederschlag wurde mit rauchender Salpetersäure oxydiert. Drei verschiedentlich erhaltene Niederschläge zeigten folgende Zusammensetzung:

	I.	II.	III.	Berechnet für $2MgS, (NH_4)_2S . 9NH_3$	$2MgS, (NH_4)_2S . 10NH_3$
Gewicht der analysierten Substanz	0,1691	0,1906	0,2780		
pyrophosphorsaures Magnesium	0,1171	0,1266	0,1793		
Baryumsulfat	0,3166	0,3954	0,5828		
Magnesium	0,0231	0,0274	0,0387		
Schwefel	0,0435	0,0537	0,0794		
Daraus ergibt sich:					
Magnesium in Prozent .	13,60	14,44	13,92	14,41	13,71
Schwefel	25,70	28,19	28,37	28,82	27,42
Ammoniak (aus der Differenz)	60,70	57,37	57,71	56,16	58,28.

Nach Franklin und Kraus:	Lösungen der in erster Spalte benannten Metallnitrate — Ammoniumchlorid — ergaben:	Lösungen der in erster Spalte benannten Metallnitrate — Ammoniumbromid — ergaben:
Lithium-nitrat	Niederschlag in konzentrierter Lösung	Niederschlag nur in sehr konzentrierten Lösungen
Natrium- „	keinen Niederschlag	keinen Niederschlag
Kalium- „	Niederschlag in konzentrierter Lösung	do. do.
Calcium- „	sofortigen Niederschlag	sofortigen Niederschlag
Strontium- „	do. do.	do. do.
Baryum- „	do. do.	do. do.
Magnesium- „	do. do.	nach und nach entstehenden Niederschlag
Zink- „	do. do.	do. do.
Mangan- „	sofortigen weißen Niederschlag	sofortigen Niederschlag
Kobalt- „	do. do.	sofortigen weißen Niederschlag
Nickel- „	sofortigen hellvioletten Niederschlag	sofortigen hellvioletten Niederschlag
Cadmium- „	sofortigen Niederschlag	sofortigen Niederschlag
Merkuri- „	keinen Niederschlag	keinen Niederschlag
Blei- „	bei konzentrierter Lösung Niederschlag	bei konzentrierter Lösung Niederschlag
Silber- „	do. do.	do. do.
Kupfer- „	do. do. blauen Niederschlag	do. do. blauen Niederschlag
Nach Moissan (vergl. Sulfammonium):		
Jod	—	—
Selen	—	—
Calciumammonium	—	—
Quecksilber und sein Chlorid Bleichlorid	—	—
Zinkoxyd	—	—
Manganchlorür, wasserfrei	—	—
Chlor- und Bromnatrium	—	—
Nach Franklin u. Stafford:		
Metallisches Magnesium	—	Ausscheidung von Magnesiumbromidkristallen

in verflüssigtem Ammoniak, zusammengebracht mit Lösungen von:			
Ammoniumjodid	Ammoniumsulfid	Ammoniumchromat	Ammoniumborat
ergaben:			
keinen Niederschlag	keinen Niederschlag	keinen Niederschlag	keinen Niederschlag.
do. do.	do. do.	do. do.	do.
do. do.	do. do.	schwachen flockigen Niederschlag	do.
do. do.	weißen, nach und nach entstehenden Niederschlag	flockigen Niederschlag	Niederschlag.
kristallin. Niederschl.	sofortig. Niederschlag, weiß	do. do.	do.
do. do.	do. do.	do. do.	do.
keinen Niederschlag	weißen, kristallinisch., nach u. nach entsteh. Niederschl.	do. do.	do.
do. do.	sofortig. weiß. Niederschlag	do. do.	do.
schwachen Niederschlag	do. do., der sich beim Wasserzusatz auflöst	do. do.	do.
keinen Niederschlag	nelkenroten Niederschlag, der beim Wasserzusatz schwarz wird	do. do.	do
do. do.	weißen Niederschlag, löslich beim Wasserzusatz	do. do.	do.
schwachen Niederschlag	weißen Niederschl., d. durch Wasserzusatz gelb wird	do. do.	do.
keinen Niederschlag	sofort. schwarzen Niederschl.	do. do.	do.
do. do.	do. do.	do. do.	do.
do. do.	do. do. (dasselbe bei Wismut)	do. do.	do.
do. do.	bei konzentrierter Lösung braungelben Niederschlag	do. do.	do.
—	wird entfärbt; Bildung einer löslichen Verbindung	—	—
—	ohne Einwirkung	—	—
—	Schwefelcalciumniederschlag, der beim Zusatz von Sulfammonium sich löst	—	—
—	schwarzes Quecksilbersulfid	—	—
—	orangegelbe Kristalle	—	—
—	kristallin. gelbe Verbindung	—	—
—	unverändert	—	—
—	—	—	—

Über das Verhalten einiger Indikatoren in gereinigtem verflüssigtem Ammoniak machten FRANKLIN und KRAUS (Americ. Chem. Journ. 1900, Bd. 23 S. 305) folgende Beobachtungen:

Phenolphtalein löst sich in flüssigem Ammoniak mit einer Rosafärbung, die durch Zusatz von Natriumamid bedeutend dunkler wird. Die Färbung verschwindet gänzlich beim Zusatz von Benzolsulfinid oder Ammoniumbromid.

Karmin löst sich nur in geringen Mengen mit einer roten Farbe auf; beim Zusatz von Natriumamid schlägt die Färbung in ein reines Blau um, und diese wird durch Ammoniumbromid hellrot.

Safranin ist leicht löslich und bewirkt eine schöne karmesinrote Färbung, die durch Natrium- oder Kaliumamid blau wird; beim Zusatz von Säureamiden oder Ammoniumsalzen erscheint die karmesinrote Färbung wieder.

Auch manche anderen Lösungen in flüssigem Ammoniak, wie z. B. *m*-Dinitrobenzol, Trinitrotoluol, *o*-Nitrophenol, Alizarin u. a. m. ändern beim Zusatz von Amiden und Ammoniumsalzen ihre ursprünglichen Färbungen.

B. Flüssiges Ammoniak als Trennungsmittel.

Das hohe Lösungsvermögen des Ammoniaks für Ammoniumnitrat benutzte GRAIG (Amerik. Pat. 573964 und D. R.-P. 92172, Kl. 75), um dieses Salz von Ammoniumsulfat und anderen Salzen rein zu erhalten. Merkwürdigerweise wird in dieser Patentschrift auch von „schwachen und starken Ammoniaklösungen“ gesprochen, und es ist vielleicht nicht ausgeschlossen, daß es hier vielmehr um die Anwendung von sehr starken und unter Druck gesättigten Ammoniaklaugen und nicht von „verflüssigtem Ammoniak“ des Handels sich handelt.

Die Patentschrift 92172 lautet wie folgt:

„Gegenstand vorliegender Erfindung ist ein Verfahren zur Gewinnung von Ammoniumnitrat aus solches enthaltenden Salzmischungen, wie solche z. B. durch Umsetzung von Kali- oder Natronsalpeter mit Ammoniumsulfat in bekannter Weise, etwa wie folgt, erhalten werden.

„Man erhitzt Kalisalpeter oder Natronsalpeter oder beide enthaltende Mischungen mit genügender Menge schwefelsauren Ammoniaks und Wasser, um die Zersetzung zu sichern. Die entstehende Mischung wird getrocknet (es ist nicht nötig, sie vollkommen wasserfrei zu machen) und die heiße teigartige Masse während der Abkühlung durchgerührt, wobei sie eine pulverartige Form annimmt.

„Gemäß vorliegender Erfindung wird nun das abgekühlte Pulver mit Ammoniak behandelt, welches das Ammoniumnitrat löst und das

Kalium- bezw. Natriumsulfat bezw. beide und Ammoniumsulfat ungelöst zurückläßt.

„Bei diesem Verfahren kann man zweckmäßigerweise den auf der Zeichnung (Fig. 11) dargestellten Apparat benutzen. Ein luftdichtes Gefäß *a*, welches ein Filter *b* enthält, wird mit der oben genannten Mischung gefüllt und diese mit starkem Ammoniak digeriert, das in einem Kühler *c* oder Zylinder *l* enthalten sein kann und von einem geeigneten Apparat erzeugt wird. Je niedriger die Temperatur ist, bei welcher die Behandlung stattfindet, desto niedriger ist der Druck im Apparat und desto reiner das entstehende Produkt. Es ist erforderlich, daß das Ammoniak im Überschuß angewendet wird. Das Filtrat kann 80 Gewichtsprozente Ammoniumnitrat enthalten; da aber eine so starke Lösung auch leicht einige der anderen Salze lösen kann, so arbeitet man derart, daß das Filtrat nur etwa 50—60 $^0/_0$ Ammoniumnitrat enthält, wodurch der genannte Übelstand vermieden wird.

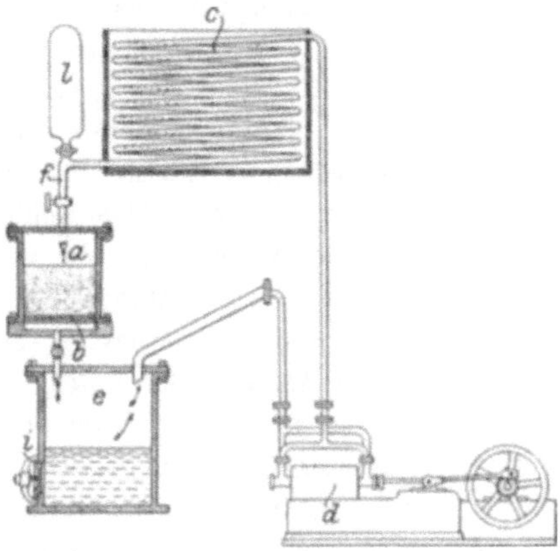

Fig. 11.

„Die entstehende Flüssigkeit läßt man durch das Filter in ein Gefäß *e* ablaufen. Mittelst einer Saugpumpe *d* wird das flüchtige Ammoniak aus dem oberen Teil des Gefäßes *e* abgesaugt und im Kühler *c* verflüssigt, worauf es wieder in das Gefäß *a* durch Rohr *f* eintritt und von neuem auf die darin enthaltenen Stoffe einwirkt. Dieser Kreislauf des Auslaugeprozesses wird so lange wiederholt, bis die Auslaugung beendet ist.

„Aus dem Rückstande im Gefäß *a* kann man das Ammoniak dann auch noch durch Absaugen und Erhitzen wiedergewinnen. Das Ammoniumnitrat, welches im Gefäß *e* zurückbleibt, wird in gleicher Weise von Ammoniak befreit, worauf es als weiße Masse am Boden des Gefäßes *e* zurückbleibt, aus dem es durch das Mannloch *i* geholt werden kann. Nachdem die im Gefäß *a* befindlichen Rückstände entfernt sind, füllt man es wieder mit den eingangs angegebenen Stoffen.

„Wendet man schwache Ammoniaklösung an, so erhält man ein mehr oder weniger unreines Ammoniumnitrat. Dieses enthält dann noch Kalium- bezw. Natrium- und Ammoniumsulfat und kann dann von diesen Stoffen durch Anwendung stärkerer Ammoniaklösungen oder durch Ausfällen befreit werden."

Patent-Anspruch:

„Verfahren zur Gewinnung von Ammoniumnitrat aus letzteres enthaltenden Salzmischungen durch Auslaugen des Ammoniumnitrats durch starke Ammoniaklösung, wobei vorteilhaft das benutzte Ammoniak durch geeignete Vorrichtungen abgesaugt und wieder zum Auslaugen benutzt wird, bis den erwähnten Mischungen das Ammoniumnitrat entzogen ist."

Ein Verfahren zur Reinigung von Rohanthracen und Rohanthrachinon mittelst verflüssigtem Schwefeldioxyd ist den Farbenfabriken vorm. Friedr. Bayer & Co. (D. R.-P. 68474, Kl. 22) patentiert worden. Das Verfahren beruht auf der Unlöslichkeit des Anthrachinons und Anthracens in verflüssigtem Schwefeldioxyd, welches aber die Verunreinigungen dieser beiden Kohlenwasserstoffe auflöst. Auf diese Weise kann bei Anwendung von vier Gewichtsteilen Schwefeldioxyd auf ein Gewichtsteil Rohanthracen von 30 % Gehalt an chemisch reinem Anthracen ein Produkt, welches 70—80 % Anthracen enthält, gewonnen werden. Nach Angaben der Patentschrift sollen dabei beim Anthracen nicht viel mehr als 2 % und von Anthrachinon 1 % durch Auflösung im Schwefeldioxyd verloren gehen.

Nach Wilton ist jedoch verflüssigtes Ammoniak zur Reinigung von Anthracen weit geeigneter, und sein darauf sich beziehendes deutsches Patent 113291, Kl. 12 lautet wie folgt:

„Die bekannten Verfahren zum Reinigen des Anthracens durch Kristallisieren aus flüssigen Basen oder Waschen des Rohanthracens mit unter Druck stehender schwefliger Säure leiden mehr oder weniger an dem Übelstande, daß ein nicht unerheblicher Teil des Anthracens, da letzteres in den bisher verwendeten Lösungsmitteln meist leichter löslich ist als die auszuscheidenden Verunreinigungen, zusammen mit diesen Verunreinigungen abgeht, wodurch die Ausbeute beeinträchtigt wird. Außerdem sind diese Verfahren verhältnismäßig kostspielig und umständlich.

Das den Gegenstand der vorliegenden Erfindung bildende neuartige Verfahren ermöglicht bei geringerem Kostenaufwande die Erzielung einer höheren Reinheit des nach diesem Verfahren behandelten Anthracens und beruht auf der Tatsache, daß verflüssigtes

Ammoniakgas die Fähigkeit besitzt, die meisten Verunreinigungen des rohen Anthracens zu lösen und auszuscheiden, während dabei das Anthracen selbst unlöslich oder so gut wie unlöslich ist. Mit dem schon früher vorgeschlagenen Verfahren des Extrahierens von salpetersaurem Ammonium aus salpetersaurem Kali, Natron oder anderen dasselbe enthaltenden Mischungen durch Behandeln mit wasserfreiem oder hochgehaltigem Ammoniak hat das vorliegende Verfahren nichts zu tun. Ebensowenig werden hier die bei jenem Verfahren angewendeten Kondensiereinrichtungen, welche auch bei dem vorliegenden Verfahren der Bequemlichkeit und Billigkeit halber Anwendung finden, als neu in Anspruch genommen.

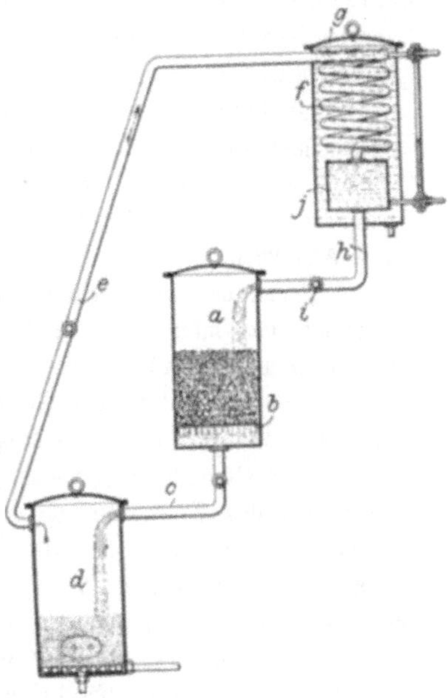

Fig. 12.

„Zur Ausführung des neuen Verfahrens dient zweckmäßig eine Vorrichtung, wie sie in der Zeichnung (Fig. 12) durch einen schematisch gehaltenen senkrechten Schnitt dargestellt ist. Es kann indessen auch irgend eine andere zweckentsprechende Vorrichtung benutzt werden. Die Vorrichtung besteht aus einem mit Siebboden *b* ausgestatteten luftdichten Aufnahmebehälter *a*. Unterhalb des Siebbodens ist dieser Behälter durch ein Rohr *c* an ein unteres Gefäß *d* angeschlossen. Letzteres ist zwecks Ermöglichung des Arbeitens mit ununterbrochenem Betriebe durch ein Rohr *e* mit einem Rohrschlangenkondensator *f* verbunden, der sich innerhalb eines über dem Behälter *a* angeordneten, an letzteren durch das Rohr *h* mit Absperrhahn *i* angeschlossenen Gefäßes *g* befindet.

„Bei Anwendung dieser Vorrichtung zur Ausführung des Verfahrens wird das zu reinigende Anthracen pulverisiert und in den Aufnahmebehälter *a* eingebracht, worauf man den ganzen Apparat luftdicht verschließt. Alsdann unterwirft man das Anthracen der Einwirkung des Ammoniaks, indem man letzteres in flüssiger Form und unter hohem Druck, beispielsweise von 9 Atm., hindurchgehen läßt. Bei dem Vorgange läuft die Masse, welche durch die ‚selektive' Wirkungsweise des Lösungsmittels aus dem in Behandlung befindlichen Anthracen ausgeschieden wird, in flüssiger Form durch das Rohr *e* in das untere Gefäß *d*, von welchem sie später entnommen wird, während der von dem Lösungsmittel nicht beeinflußte Rückstand in dem Behälter *a* bleibt und aus diesem entnommen werden kann. Das in dem unteren Gefäße *c* befindliche Ammoniak kann unter Anwendung von Wärme oder auf anderem Wege aus den ausgeschiedenen Verunreinigungen heraus verdunstet werden; die Dünste ziehen dann durch das Rohr *e* aufwärts, treten nach in der Rohrschlange *f* erfolgter abermaliger Kondensation in das Gefäß *j* und von dort bei geöffnetem Hahn *i* durch das Rohr *e* in den Aufnahmebehälter *a*. Auf diese Weise bleibt das Anthracen in sehr reinem Zustande im Behälter *a* und kann zu wiederholten Malen der gleichen Behandlung mit Ammoniak unterworfen werden, wobei der erforderliche Druck in der Vorrichtung während des ganzen Vorganges aufrecht erhalten wird."

Patent-Anspruch:

„Verfahren zum Reinigen von Anthracen, dadurch gekennzeichnet, daß man das Rohanthracen mit flüssigem Ammoniak unter hohem Druck auslaugt."

Das andere Patent von Wilton (D. R.-P 113675, Kl. 12 [1900]) bezieht sich auf die Reindarstellung von Cyaniden. Da die Löslichkeit verschiedener Cyanide in verflüssigtem Ammoniak verschiedenartig ist, so läßt sich das Verfahren auch zum Trennen verschiedener Cyanide voneinander verwenden (z. B. zum Scheiden von Cyankalium und Cyannatrium mittelst fraktionierter Lösung, da die letztgenannte Cyanverbindung in flüssigem Ammoniak leichter löslich ist).

Im übrigen ist dieses Verfahren sowie der hierfür benutzte Apparat mit dem soeben beschriebenen Verfahren zur Darstellung von Anthracen identisch.

Der Patent-Anspruch lautet:

„Verfahren zum Reinigen von Alkalicyaniden, darin bestehend, daß man die Cyanide der Einwirkung verflüssigten Ammoniakgases unter einem Druck aussetzt, der genügt, um die flüssige Form des Ammoniaks aufrecht zu erhalten, wodurch entweder das Cyanid oder die anderen Stoffe oder Verunreinigungen durch Lösung abgeschieden werden."

C. Synthesen im flüssigen Ammoniak.

Nach Joannis (C. R. 1904, Bd. 138 S. 1498) kann als ein allgemeines Verfahren zur Herstellung von Cuprosalzen die folgende Reaktion gelten:

$$2ANH_4 + Cu_2O = A_2Cu_2 + 2NH_3 + H_2O,$$

wo A einen Säurerest bezeichnet. Zur Verwirklichung dieser Reaktion wird ein Ammoniumsalz in verflüssigtem Ammoniak aufgelöst, und die Lösung mit Kupferoxydul zusammengebracht, wobei eine doppelte Umsetzung nach obiger Gleichung stattfindet.

Auf diese Weise erhielt JOANNIS mit ameisensaurem Ammonium Cuproformiat $(HCOO)_2Cu_2 . 4NH_3 . {}^1/_2H_2O$, welches bei -78^0 aus flüssigem Ammoniak kristallisiert und in feuchter Luft schwach blau, in trockner Luft dunkelbraun wird. Mit verdünnten Säuren gibt das Salz einen gelben Niederschlag von Kupferoxydul.

In gleicher Weise ist auch kristallisiertes Cuprobenzoat $(C_6H_5 . . COO)_2Cu_2 . 5NH_3$, welches an der Luft sehr leicht zersetzlich ist, dargestellt worden.

Eine Reihe von Parallelversuchen mit verflüssigtem und alkoholischem Ammoniak in bezug auf dessen Wirkung auf Monoalkyl- und Dialkylmalonester und Bildung von Amiden führten EMIL FISCHER und DILTHEY (Ber. d. D. Chem. Ges. 1902, Bd. 35_1 S. 844 bis 856) aus. Die erhaltenen Resultate sind von ihnen in folgender Tabelle zusammengestellt worden. (Die Ausbeuten sind in Prozenten der theoretisch möglichen Werte ausgedrückt.)

Art der erhaltenen Amide	Mit flüssigem Ammoniak bei $+17^0$	Mit alkoholischem, bei 0^0, gesättigtem Ammoniak
Malonamid . . .	63 % (nach 10 Tagen)	98 % (nach 5 Tagen bei $+17^0$)
Methylmalonamid .	50 „ („ 28 „)	34 „ („ 5 „ „ $+18^0$) 40 „ („ 26 Stund. „ $+130^0$)
Äthylmalonamid .	63 „ („ 21 „)	53 „ („ 26 „ „ $+130^0$)
Propylmalonamid .	89 „ („ 21 „)	61 „ („ 26 „ „ $+130^0$)
Dimethylmalonamid	—	2,6 „ („ 30 „ „ $+145^0$)
Diäthylmalonamid .	1,1 % (nach 60 Tagen)	Spuren (nach 12 Stunden bei 140 bis 150^0).
Dipropylmalonamid	2,6 „ (nach 60 Tagen) (noch unrein)	0 % (nach 12 Stunden bei 140 bis 150^0).

D. Reaktionsfähigkeit der Metallamide.

Bevor das Verhalten der Metallamide bei Umsetzungen in verflüssigtem Ammoniak erörtert wird, sei hier einiges über die Reaktionsfähigkeit der Alkalimetallamide in anderen Lösungsmitteln kurz erwähnt.

Die Anwendung von Kaliumamid zur Synthese organischer Verbindungen beschäftigte bereits 1859 BAUMERT und LANDOLT (Ann. d. Chem. u. Pharm. Bd. 111 S. 1—11).

In dieser Abhandlung wird ausführlich dargelegt, in welcher Weise das Kaliumamid (NH_2K) durch Durchleiten von trockenem Ammoniakgas über das in einem Glaskolben geschmolzene Kaliummetall erhalten wurde, und darauf hingewiesen, daß das richtige Innehalten der Temperatur (nicht zu starkes Erhitzen) für das Gelingen der Reaktion sehr wesentlich ist.

Das gebildete Kaliumamid zog sich beim Erstarren so bedeutend zusammen, daß es später sehr leicht vom Glase losgelöst werden konnte. Nach dem Erkalten erschien es gelblichbraun oder fleischfarbig, in dünnen Schichten weiß und durchsichtig und nicht selten von kristallinischem Gefüge. Da das von Gay-Lussac und Thénard dargestellte Kaliumamid als eine dunkelolivengrüne Masse bezeichnet worden war, so analysierten Baumert und Landolt ihr Produkt und fanden es von obiger Zusammensetzung. Die Darstellung von Natriumamid sowie eines Gemisches von Kalium- und Natriumamid fiel nie so befriedigend aus wie die des Kaliumamides allein; der Grund hierzu dürfte in dem höheren Schmelzpunkte des Natriums zu suchen sein.

Mit Benzoylchlorid (C_6H_5COCl) tritt Kaliumamid in eine sehr heftige Reaktion ein. Dieselbe verläuft jedoch regelmäßig, wenn man als Verdünnungsmittel wasserfreien Äther benutzt. Man erhält einen Kristallbrei, bestehend aus Benzamid und Dibenzamid und der mit geringen Mengen von benzoesaurem Kalium und Ammoniak verunreinigt ist. Baumert und Landolt drücken den Vorgang wie folgt aus:

$$3\,C_6H_5COCl + 3\,KNH_2 = NH(C_7H_5O)_2 + C_7H_5ONH_2 + 3\,KCl + NH_3.$$

Mit Chlorphenyl (Chlorbenzol) reagiert Kaliumamid nur beim Erhitzen in zugeschmolzener Röhre, wobei man eine dunkelbraune Masse erhält, die bei der Prüfung sich als ganz frei von Anilin erwiesen hat.

Chloracetyl wirkt, wenn es vollkommen frei von Salzsäure ist, weder für sich allein noch mit Äther gemischt, auf Kaliumamid ein. Ebensowenig ist es Baumert und Landolt gelungen, mit den Jodverbindungen der Alkoholradikale (Jodäthyl) die entsprechenden Amide zu erhalten. Die Versuche scheiterten stets an der Explosion der Röhren. Chloräthyl[1]) in ätherischer Lösung zeigte gar keine Einwirkung.

Mit absolutem Alkohol reagiert gepulvertes Kaliumamid unter lebhafter Ammoniakgasentwickelung nach folgender Gleichung:

$$C_2H_5OH + KNH_2 = C_2H_5OK + NH_3.$$

In ähnlicher Weise reagiert es mit Phenol in wasserfreiem Äther gelöst: $C_6H_6O + NHK_2 = C_6H_5OK + NH_3.$

---

[1]) Vergl. die Versuche von Beilstein und Geuther viertes Kap. S. 133.

Mit Essigsäureanhydrid erhält man Acetamid und essigsaures Kali.

Milchsäureanhydrid tritt nur unvollständig in die Reaktion ein, wobei eine Entwickelung von Ammoniakgas vor sich geht. Die Bildungsprodukte wurden bei diesem Versuche nicht näher bestimmt.

Bernsteinsäureäther wirkt auf Kaliumamid nicht ein. Im allgemeinen war die Zersetzung der zusammengesetzten Ester, in Gegenwart von Kaliumamid, stets mit Ammoniakgasentwickelung und Bildung einer gelben harzartigen Substanz (Aldehydharz) verbunden.

Über die Verwendung von Natriumamid bei der Synthese von Indigo teilt FRIEDLÄNDER (Chemiker-Zeitung, Cöthen 1902, Bd. 26_2 S. 700) folgendes mit:

„Die Konkurrenz zwischen dem Verfahren zur Herstellung von Indigo, das auf der Verarbeitung von Naphthalin zu Phtalsäure ⟶ Anthranilsäure basiert, und anderen Synthesen (namentlich aus *O*-Nitrobenzaldehyd und Diphenylthioharnstoff) ist eine so scharfe, daß geringe Verbesserungen in der Ausbeute der einzelnen Zwischenprodukte, die billigere Beschaffung dieses oder jenes Hilfsproduktes den Ausschlag geben und einer Fabrik, die sich mit großen Kosten für eine Methode eingerichtet hat, die unliebsamsten Überraschungen bereiten können. Eine solche scheint nicht ausgeschlossen infolge einer Beobachtung der Deutschen Gold- und Silber-Scheide-Anstalt vorm. RÖSSLER. Die Überführung von Phenylglykokoll in Indoxyl bezw. Indigo, nach der HEYMANNschen Reaktion durch Erhitzen mit Ätzalkalien, erforderte eine so hohe Temperatur, daß wegen weitgehender Zersetzung nur eine technisch ganz ungenügende Ausbeute (ca. 10 %) der Theorie) erzielt werden konnte. Es hat sich herausgestellt, daß die Indoxylbildung bei wesentlich niedrigerer Temperatur (180—210°) und mit einer Ausbeute von 70—80 % vor sich geht, wenn man als Kondensationsmittel Natriumamid verwendet, dem zur gleichmäßigeren Einwirkung noch Flußmittel wie Cyannatrium, Ätznatron u. a. zugesetzt werden können. Technischen Bedenken unterliegt diese neue Modifikation der HEUMANNschen Synthese, soweit die Beschaffung des Ausgangsmaterials in Frage kommt, nicht. Caeteris paribus ist also das Verfahren dem ersterwähnten (von der Badischen Anilin- und Soda-Fabrik herrührenden) unbedingt überlegen.“

Ungefähr zu gleicher Zeit mit dieser Mitteilung erschien auch die Veröffentlichung von FREUND und SPEYER (Ber. d. D. Chem. Ges. 1902, Bd. 35_2 S. 2321; vergl. auch Chem. Centralbl. 1902_2 S. 434) über die kondensierende Wirkung von Natriumamid bei organischen Synthesen. Sie fanden, daß es Natrium resp. Natriumäthylat vorteilhaft ersetzen kann.

Die von ihnen mitgeteilten Versuche beziehen sich auf die Darstellung von Acetessigester aus gewöhnlichem käuflichem Essigester und von Isophoron $(CH_3)_2C \genfrac{}{}{0pt}{}{\diagup CH_2 - C(CH_3) \diagdown\!\!\diagdown}{\diagdown CH_2 \text{———} CO \diagup} CH$ aus Aceton. Die Anwendung von Natriumamid zu demselben Zwecke ist auch der Gegenstand einer am 25. Mai 1902 zur Auslegung gelangten Patentanmeldung der Höchster Farbwerke.

Zur Herstellung von Acetessigester trägt man in 250 g gut gekühlten Essigesters ca. 50 g Natriumamid ein, wobei viel Ammoniak entweicht und das Produkt infolge der Ausscheidung von Natriumacetessigester erstarrt. Die Ausbeute betrug 14 g Natriumacetessigester und außerdem wurde 130 g Essigester zurückgewonnen.

Um Isophoron zu erhalten, wurde 150 g feingepulvertes Natriumamid in 1 kg trockenes käufliches Aceton unter Kühlung eingetragen. Bei nachheriger Destillation mit Dampf ging zuerst 750 g Aceton über, und dann folgte ein gelbes, stark lichtbrechendes, nach Pfefferminze riechendes Öl, welches im Vakuum bei 90—115° siedete und zum größten Teil Isophoron (Siedepunkt im Vakuum 110°) enthielt.

Denselben Gegenstand — die Anwendung von Natriumamid zur Synthese organischer Verbindungen — behandelt die bereits erwähnte, etwas ältere Veröffentlichung von Titherley (Journ. of the Chem. Soc. 1897, Bd. 71 S. 460—469).

Das Natriumamid wurde in fein pulverisiertem Zustande verwendet, was nach Titherley sich leicht bewerkstelligen läßt, wenn man das Amid mit Benzol oder Äther anfeuchtet.

Bei der Substituierung verhalten sich am aktivsten, wie es scheint, die Wasserstoff- und nicht die Natriumatome, wie man annehmen könnte.

Die Reaktionen mit halogensubstituierten Verbindungen vollziehen sich schwierig.

Titherley beschreibt dann die Bildung weiter aufgezählter Verbindungen bei Erwärmung der betreffenden Amide mit Natriumamid, sei es für sich allein, oder in Benzollösung:

1. Natriumacetoxim (im Benzol) . . . $(CH_3)_2\,C = N - ONa.$
2. Natriumformamid . . . . $H - CO - NHNa.$
3. Natriumacetamid (im Benzol) . . . $CH_3 - CO - NHNa.$
4. Natriumpropionamid (im Benzol) . . $C_2H_5 - CO - NHNa.$
5. Natriumphenylhydrazin (im Benzol) . $C_6H_5 - NNa - NH_2.$
6. Natriumdiphenylamin . . . . $(C_6H_5)_2NNa.$

7. Natriumanilin . . . . . . C_6H_5NHNa.
8. Natriumnaphtylamin . . . . $C_{10}H_7NHNa$.

Gelegentlich ihrer Untersuchungen über die Leitfähigkeit und Dissoziation von Lösungen in verflüssigtem Ammoniak versuchten FRANKLIN und KRAUS (Americ. Chem. Journ. 1900, Bd. 23 S. 304) einige in verflüssigtem Ammoniak gelöste organische Amide mit Alkaliamiden zusammenzubringen — im Gegensatz zu TITHERLEY, der mit Lösungen in Benzol und Äther experimentierte.

Diese mehr provisorischen Versuche, die mit Natriumamid und Magnesiumamid und einigen Säureamiden ausgeführt worden sind, wurden später von FRANKLIN und STAFFORD (Americ. Chem. Journ. 1902, Bd. 28 S. 83—106) wiederholt und erweitert.

Die von FRENZEL[1]) und von ihnen selbst gemachten Erfahrungen über das Verhalten der verschiedenen Lösungen in verflüssigtem Ammoniak ließen darauf schließen, daß das Verhalten von Alkaliamiden zu Säureamiden in flüssigem Ammoniak den Reaktionen zwischen Säuren und Basen in wässerigen Lösungen ganz analog ist, und daß in gleicher Weise wie z. B. Kaliumhydroxyd auf Essigsäure auch die Alkaliamide auf Säureamide reagieren:

$$KOH + CH_3COOH = CH_3COOK + H_2O,$$
$$KNH_2 + CH_3CONH_2 = CH_3CONHK + NH_3,$$
$$2KNH_2 + CH_3CONH_2 = CH_3CONK_2 + 2NH_3.$$

In Anbetracht der zahlreichen solcher Umsetzung fähigen Säureamide erscheint die Zahl der bis jetzt dargestellten Metallamide als nicht sehr bedeutend (Amide des Natriums, Kaliums, Lithiums, Calciums, Baryums und Zinks[2]); es ist aber recht wahrscheinlich, daß durch doppelte Umsetzung zwischen Kaliumamid und in flüssigem Ammoniak gelösten Metallsalzen sich noch zahlreiche neue Metallamide herstellen lassen werden.

Das für die Versuche nötige Kaliumamid wurde durch Einführung einer vorher berechneten und abgewogenen Menge Kaliummetall in das bis *a* mit flüssigem Ammoniak gefüllte Rohr *I* (Fig. 13, a. folg. Seite) dargestellt. Das Metall löst sich darin unter Bildung der bekannten blauen Flüssigkeit; nach und nach verschwindet jedoch die Färbung, und nach ca. vier Stunden erhält man eine klare, leicht bewegliche Kaliumamidlösung von hellgelber Farbe; meistens enthält die Lösung noch etwas von

---

[1]) Vergl. nächstes Kapitel S. 191.

[2]) FRANKLAND, Jahresberichte 1857, S. 418: $Zn(C_2H_5)_2 + 2NH_3 = Zn(NH_2)_2 + 2C_2H_6$.

einer weißen amorphen, aus Kalihydrat bestehenden Masse beigemengt, das sein Entstehen dem Wassergehalte der angewandten Substanz verdankt. Durch vorsichtiges Dekantieren der Flüssigkeit nach *b* kann der Niederschlag gänzlich in *a* zurückgelassen werden. Bei *B* wird das Rohr schon vorher zugeschmolzen, man kühlt dann den Teil *b* mit verflüssigtem Ammoniak, öffnet die Kapillare *c*, schneidet das Rohr bei *d* durch und schmilzt den Ansatz *e* an das Rohr *b* bei *d* an, so daß der Apparat die Form III der Fig. 13 annimmt. Unter ununterbrochener Kühlung des Teiles *b* wird durch das Ansatzrohr *f* das Säureamid und event. noch frisches verflüssigtes Ammoniak eingeführt und bei *f* das Rohr zugeschmolzen.

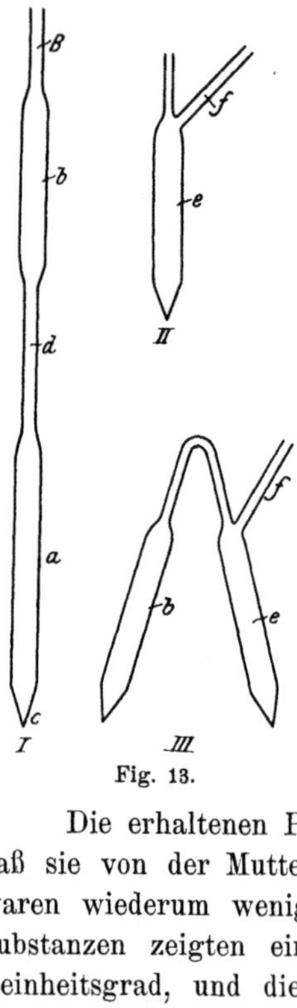

Fig. 13.

Alle Versuche wurden mit Hilfe von Kaliumamid ausgeführt, weil diese Verbindung sich am schnellsten bildet — bei Laboratoriumstemperatur genügten 5 Stunden zur völligen Überführung des Kaliumammoniums in Kaliumamid, über dessen Zusammensetzung Franklin und Stafford sich durch Analysen Sicherheit verschafft haben. Ein anderer Vorteil der Anwendung des Kaliumamides ist seine große Löslichkeit in flüssigem Ammoniak; sind die Lösungen sehr konzentriert, so scheidet sich das Amid in Form einer farblosen, schön kristallisierten, aber stark hygroskopischen Masse aus. Dagegen dauert die Umwandlung von Natrium- und Lithiumammonium in die entsprechenden Amide mehrere Tage, und in manchen Röhren war das Natriumammonium selbst nach 60 Tagen noch nicht ganz verschwunden.

Die erhaltenen Produkte zeigten zum Teil so große Löslichkeit, daß sie von der Mutterlauge nicht getrennt werden konnten; andere waren wiederum wenig oder ganz unlöslich. Nicht alle erhaltenen Substanzen zeigten einen zur Vornahme von Analysen genügenden Reinheitsgrad, und die Substanzen, die analysiert wurden, sind, um Mißverständnisse auszuschließen, im Folgenden mit dem Vermerk „analys." bezeichnet.

Monokaliumacetamid (analys.) $CH_3CONHK + (NH_3)_n$ entsteht in der Kälte aus äquivalenten Mengen Kaliumamid und Acetamid und bildet farblose Kristalle, die sich jedoch nur aus konzentrierten Lösungen ausscheiden: infolge der großen Löslichkeit der Kristalle konnten sie nicht gewaschen werden. Die Kristalle enthalten „Kristallammoniak“; sie verwittern bei Laboratoriumstemperatur sehr schnell und verlieren dabei ihre Durchsichtigkeit.

Die gleiche Verbindung entsteht auch bei der Einwirkung von metallischem Kalium auf eine Acetamidlösung; die Reaktion verläuft dabei unter Wasserstoffentwickelung recht stürmisch.

Dikaliumacetamid CH_3COONK_2 entsteht aller Wahrscheinlichkeit nach beim Zusammenbringen von Lösungen von 2 Molek. Kaliumamid und 1 Molek. Acetamid. Aus sehr konzentrierten Lösungen scheidet sich eine bei -38^0 fast feste kristallisierte Masse aus, die infolge ihrer großen Löslichkeit in verflüssigtem Ammoniak von der Mutterlauge nicht getrennt werden konnte.

Monokaliumphenylacetamid (analys.) $C_6H_5CH_2CONHK + (NH_3)_n$ wird in Form eines Konglomerats schöner Kristalle erhalten, falls bei einer Temperatur unterhalb -33^0 gearbeitet wird; bei höherer Temperatur sind die Kristalle in verflüssigtem Ammoniak sehr leicht löslich; da die Kristalle beim Trocknen ihren Glanz verlieren, so kann daraus gefolgert werden, daß sie „Kristallisations“ammoniak enthalten.

Monokaliumbenzamid (analys.) C_6H_5CONHK. Äquivalente Mengen der beiden Amide geben einen umfangreichen kristallinischen Niederschlag, welcher wahrscheinlich kein Ammoniak additioniert enthält; die Verbindung ist in flüssigem Ammoniak und im Überschuß des einen wie des anderen Amides löslich.

Dikaliumbenzamid (analysiert) $C_6H_5CONK_2$. Voluminöser kristallinischer, in flüssigem Ammoniak löslicher Niederschlag.

Monokaliumbenzolsulfamid (analys.) $C_6H_5SO_2NHK$. An der Stelle, wo die Lösungen der beiden Amide in Berührung kommen, bildet sich sofort eine feste Scheidewand, die die Vermischung der beiden Flüssigkeiten nicht zuläßt. Durch starkes Schütteln konnten die Lösungen doch zusammengebracht werden, und kurz danach, namentlich bei gekühlten Röhren, schieden sich farblose, gut ausgebildete Kristalle aus; sie sind in flüssigem Ammoniak ziemlich gut und bei Überschuß des Acetamides sogar sehr leicht löslich, bei Überschuß von Kaliumamid dagegen unlöslich. Da die Kristalle, selbst auf dem Wasserbade erhitzt, weder an Form noch an Glanz einbüßen, so werden sie wohl kein Ammoniak additioniert enthalten.

Dikaliumbenzolsulfamid (analys.) $C_6H_5SO_2NK_2$. Beim Zusammenbringen von Benzolsulfamid mit einem Überschuß von Kaliumamid entstand ein sehr voluminöser weißer Niederschlag, der sich aber nicht setzen wollte, so daß das Auswaschen unmöglich war; auch nach der Abtreibung des Ammoniaks (durch Kühlung des Kaliumamidschenkels) hinterblieb eine klebrige amorphe, an den Rohrwandungen hängen bleibende Substanz, die noch immer zum Auswaschen ungeeignet war. Dieses wenig befriedigende Resultat schreiben FRANKLIN und STAFFORD der Gegenwart des Monokaliumproduktes zu.

Monokalium-para-Toluosulfamid (analys.) $C_6H_4 \begin{smallmatrix} < CH_3 \\ < SO_2NHK. \end{smallmatrix}$ Beim Zusammenmischen der beiden Amide bildet sich ein amorpher, im Überschuß des einen wie des anderen Amides unlöslicher Niederschlag.

Monokalium-meta-Methoxybenzolsulfamid (analys.) $C_6H_4 \begin{smallmatrix} < O - CH_3 \\ < SO_2NHK_{(m)} \end{smallmatrix}$. Beim Zusammenbringen der beiden Amidlösungen in äquivalenten Verhältnissen entsteht ein Häufchen gut ausgebildeter kleiner Kristalle, die kein Ammoniak additioniert enthalten und in flüssigem Ammoniak merklich löslich sind.

Das Dikaliumsalz (analys.) $C_6H_4 \begin{smallmatrix} < OCH_3 \\ < SO_2NK_{2(m)} \end{smallmatrix}$. Beim Zusammenbringen der Amide im entsprechenden Verhältnis entsteht ein weißer, wahrscheinlich amorpher Niederschlag, der sich gut absetzt und leicht auswaschen läßt. Das Salz enthält kein Additionsammoniak.

Monokalium-para-Methoxybenzolsulfamid (analys.) $C_6H_4 \begin{smallmatrix} < OCH_3 \\ < SO_2NHK_{(p)} \end{smallmatrix}$. Der erhaltene kristallinische Niederschlag ist in flüssigem Ammoniak sowie beim Überschuß von Acetamid löslich und enthält kein Additionsammoniak. Der Niederschlag setzt sich nicht gut ab.

Das Dikalium-para-Methoxybenzolsulfamid $C_6H_4OCH_3$-$SO_2NK_{2(p)}$ entsteht wahrscheinlich beim Zusammenmischen der entsprechenden Amidmengen. Man erhält dabei einen sehr voluminösen Niederschlag, der das ganze Rohr ausfüllt und sich nicht absetzt, so daß es nicht gelang, denselben für die Analyse auszuwaschen.

Monokaliumsulfamid $SO_2 \begin{smallmatrix} < NH_2 \\ < NHK \end{smallmatrix}$. Das hierzu angewandte Sulfamid wurde nach Vorschrift von TRAUBE[1]) frisch dargestellt, da das käufliche Sulfamid ca. 90 % Ammoniumsulfat enthält. Das Sulfamid $SO_2(NH_2)_2$ ist in flüssigem Ammoniak sehr leicht löslich und zerfließt schon unter Einfluß von Ammoniakdämpfen, welche sehr gierig absorbiert werden. Die entstehende Flüssigkeit ist im konzentrierten Zustande farblos und zäh; beim Verdünnen mit flüssigem Ammoniak

[1]) Ber. d. D. Chem. Ges. 1893, Bd. 26_1 S. 607.

wird sie dünnflüssig und ganz klar. Sie leitet gut den elektrischen Strom. Die durch Phenolphtalein rot gefärbten Kaliumamidlösungen in flüssigem Ammoniak werden durch Zusatz von Sulfamid entfärbt. Beim Zusammenbringen der Kaliumamid- und Sulfamidlösungen in flüssigem Ammoniak scheidet sich das Monokaliumsulfamid in Form eines weißen amorphen Niederschlages aus, der in Gegenwart eines Überschusses des einen oder des anderen Komponenten so gut wie unlöslich ist.

Das Dikaliumsulfamid (analys.) $SO_2N_2H_2K_2$ entsteht in Form eines voluminösen, weißen amorphen Niederschlages, welcher sich nicht gut auswaschen läßt und daher auch für die Analyse sich wenig eignet. Beim Abtreiben des überschüssigen Ammoniaks bleibt der Niederschlag an den Wandungen kleben.

Da die Amidogruppen des Sulfamids vier Wasserstoffatome enthalten, so sollte man meinen, daß man ebensoviel Kaliumatome in dasselbe einführen kann. Franklin und Stafford versuchten unter verschiedenen Bedingungen Sulfamid mit einem größeren Überschuß an Kaliumamid mit einemmal oder nach und nach in Berührung zu bringen, erhielten aber stets eine dem Dikaliumamid ähnlich zusammengesetzte Substanz. Dieselbe enthielt ja etwas mehr an Kalium (49,62 $^0/_0$ statt der 45,41 $^0/_0$ der Dikaliumverbindung), aber aller Wahrscheinlichkeit nach nur deshalb, weil der voluminöse Niederschlag nicht gut ausgewaschen war.

Wie mit Sulfamid konnten auch mit Harnstoff, CON_2H_4, welcher ebenfalls vier Amidowasserstoffe enthält, keine Tri- und Tetrakaliumverbindungen erhalten werden.

Die Lösungen des Harnstoffs in verflüssigtem Ammoniak sind recht schlechte elektrische Leiter und verhalten sich im allgemeinen als eine nur sehr schwache Säure, in der nicht einmal zwei Wasserstoffatome durch Metall völlig ersetzt werden.

Monokaliumharnstoff (analys.) CON_2H_3K. Beim Vermischen der beiden Amidolösungen in äquivalenten Mengen entsteht sofort ein weißer amorpher Niederschlag, der den ganzen Rohrschenkel ausfüllt; läßt man die Kaliumamidlösung nur tropfenweise und recht langsam in die Harnstofflösung hineinfließen, so bildet sich um jeden Kaliumamidtropfen ein „osmotisches“ Membran, durch welches die eingeschlossene Kaliumamidlösung von der weiteren Einwirkung der Harnstofflösung geschützt wird. Durch starkes Schütteln kann man die einzelnen so gebildeten Kügelchen zerstören, und dann löst sich der Niederschlag in der überschüssigen Harnstofflösung auf; in einem gewissen Momente, bevor noch die ganze äquivalente Kaliumamidlösung hineingetragen ist, wird die Harnstofflösung wolkig; kühlt man sie ab, so wird sie klar und erscheint bei der Laboratoriumstemperatur wieder wolkig; in konzentrierteren Lösungen unterscheidet man bei der Laboratoriumstemperatur sogar zwei verschiedene voneinander getrennte Flüssigkeiten, die sich allerdings in der Kälte zu einer homogenen Lösung vermischen. Je nach der Arbeitsweise erhält man den Monokaliumharnstoff in Form von ganz kleinen farblosen Kriställchen (bei langsamem Vermischen) oder aber in Form einer amorphen Masse, die sich nicht auswaschen läßt, wodurch auch die großen Zahlenunterschiede bei den 7 angeführten Analysen (37,75—46,45 $^0/_0$ Kalium statt der berechneten 39,75 $^0/_0$) erklärt werden.

Dikaliumharnstoff (analys.) $CON_2H_2K_2$. In diesem Falle wurde die Harnstofflösung tropfenweise zu der Kaliumamidlösung hinzugegeben, und es bildete sich bei jedem Tropfen ein gelatinöser, nicht verschwindender Niederschlag, welcher wahrscheinlich aus einem Gemisch von Mono- und Dikaliumharnstoff bestand. Die Analysen ergaben 48,40 bis 58,11 $^0/_0$ K statt der berechneten 57,42 $^0/_0$.

Auch beim Arbeiten mit Lösungen, die auf 1 Molek. Harnstoff 3 Molek. Kaliumamid enthielten, zeigte der entstandene Niederschlag keinen größeren Kaliumgehalt.

Kaliumsaccharin. Beim Hineintropfen von Kaliumamidlösung in die Lösung des Saccharins, $C_6H_4 \genfrac{}{}{0pt}{}{\diagup CO \diagdown}{\diagdown SO_2 \diagup} NH$ wird jeder hineinfallende Tropfen durch ein gelatinöses Membran von der Flüssigkeit abgeschlossen; bei Zerstörung des Häutchens bildet sich ein Niederschlag, der sich anfangs jedoch in der Saccharinlösung auflöst; bei weiterem Zutropfen entsteht ein dauernder Niederschlag. Bei fünf verschiedenen Versuchen mit äquivalenten Substanzmengen enthielten die Niederschläge 22,2—26,67 $^0/_0$ Kalium statt der für die Verbindung $C_6H_4SO_2CONK$ berechneten 17,67 $^0/_0$. Als bei fünf weiteren Versuchen auf 1 Molek. Saccharin 2 Molek. Kaliumamid genommen wurden, da enthielten die Niederschläge 30,20 bezw. 33,08 $^0/_0$ Kalium und 11,69 bezw. 9,80 bezw. 11,74 $^0/_0$ Schwefel. Wie Franklin und Stafford vermuten, bildet sich hierbei die Verbindung $C_6H_4 \genfrac{}{}{0pt}{}{\diagup CONHK}{\diagdown SO_2NHK}$.

Franklin und Stafford versuchten noch eine Reihe anderer Kaliumsalze der verschiedenen Säureamide herzustellen, wobei jedoch die entstehenden Produkte aus verschiedenen Gründen nicht isoliert werden konnten.

Formamid. Beim Vermischen der auf — 38° gekühlten Lösungen von einem Molekül Kaliumamid und einem Molekül Formamid entsteht anfangs ein Häufchen schöner nadelförmiger Kristalle, die sich aber sehr bald unter Wasserstoffentwickelung zersetzen, so daß die Kristalle nach kurzer Zeit ganz verschwinden, ohne daß es gelingt, sie wieder zu erhalten.

Dichloracetamid. Beim Vermischen der beiden Lösungen entsteht eine dunkelbraun gefärbte Flüssigkeit, aus der sich nach einiger Zeit ein ziegelroter Niederschlag ausscheidet, um sehr bald wieder zu verschwinden.

Thioacetamid. Beim Zugeben der Kaliumamidlösung entsteht ein Niederschlag, der sich schnell im überschüssigen Acetamid auflöst. Das Monokaliumthioacetamid, falls sich solches bildet, ist in verflüssigtem Ammoniak so löslich, daß es nicht isoliert werden konnte. Erst bei einem Überschuß an Kaliumamid entsteht ein bleibender Niederschlag, der jedoch nicht weiter untersucht wurde.

Cyanacetamid. Beim Vermischen der Lösungen von je einem Molekül Kaliumamid und Acetamid entsteht ein Niederschlag, der beim Umschütteln der Röhre sich sofort auflöst. Auch beim Kühlen konnten keine Kristalle erhalten werden. Beim Eindampfen hinterbleibt ein starker sirupartiger Rückstand, der beim weiteren Trocknen stark schäumte, so daß der Schaum das ganze Rohr ausfüllte. In Ammoniakdämpfen zerfließt der Rückstand. In einem gewissen Stadium des Zerfließens bilden sich innerhalb der Masse Kristallisationen, die sich zuerst ausbreiten, bei fortschreitendem Zerfließen jedoch gänzlich verschwinden. Die sehr leicht lösliche zerfließliche Substanz ist wahrscheinlich Monokaliumcyanacetamid. Versuche, das Dikaliumsalz zu erhalten, wurden nicht gemacht.

Parachlorbenzamid. Beim Zusatz von Kaliumamidlösung entsteht ein vorübergehender, sich im Überschuß der Säureamidlösung schnell mit roter Farbe auflösender Niederschlag; dagegen entsteht eine grüne Flüssigkeit, ohne daß ein Niederschlag zum Vorschein kommt, beim Hineinfließen der Acetamid- in die Kaliumamidlösung. Aus der roten Lösung, wenn sie gut gekühlt und konzentriert ist, gelingt es Kristalle (wahrscheinlich Monokalium-para-chlorbenzamid) zu erhalten, die in flüssigem Ammoniak sehr leicht löslich sind.

Succinimid $C_2H_4 \genfrac{}{}{0pt}{}{CO>}{CO>} NH$ gibt mit Kaliumamid einen Niederschlag, der beim Stehen sich ganz dunkel färbte.

Thioharnstoff $CS(NH_2)_2$ verhält sich Kaliumamid gegenüber fast ganz wie einfacher Harnstoff; der Niederschlag ist, wo möglich, noch gelatinöser und unbeständiger.

Allylsulfharnstoff $CS{<}^{NHC_3H_5}_{NH_2}$. Beim Vermischen von je einem Molekül der beiden Amide entsteht ein bald verschwindender Niederschlag. Bei sehr konzentrierten und gut gekühlten Flüssigkeiten geht der sirupartige Rückstand in eine Kristallmasse über, die, sobald sie vom Ammoniakbad entfernt wird, zerfließt; setzt man einen Überschuß von Kaliumamid zu, so erhält man eine etwas weniger lösliche Substanz.

Trinitranilin (Pikramid) $C_6H_2(NO_2)_3NH_2$ ist in verflüssigtem Ammoniak sehr leicht mit tiefroter Farbe löslich und leitet ganz gut den elektrischen Strom. Beim Zusatz von Kaliumamidlösung entsteht ein dunkel gefärbter amorpher, im Überschuß der Trinitranilinlösung löslicher Niederschlag. Beim weiteren Zusatz von Kaliumamid entstehen gut ausgebildete Kristalle, die aber binnen einer oder zwei Stunden verschwinden. Das Gleiche beobachtet man auch an dem beim Vermischen von Kaliumamid mit Metanitroparatoluidin entstehenden dunkel gefärbten Niederschlag.

Natriumamid sowie auch Natriumammonium verhält sich den Säureamiden gegenüber wie Kaliumamid. In vielen Fällen verhält sich auch Magnesium in dieser Hinsicht den Alkalimetallen analog. Alle drei reagieren sehr lebhaft mit Lösungen von Ammoniumsalzen in verflüssigtem Ammoniak; beim Eintragen von Magnesium in eine solche Lösung von Ammoniumnitrat scheiden sich sehr bald Kristalle von Magnesiumnitrat aus; beim Eintragen in eine Ammoniumbromidlösung schlägt sich das fast unlösliche Magnesiumbromid nieder.

Bei der Untersuchung des Verhaltens von Magnesium den Säureamiden gegenüber hat sich herausgestellt, daß Acetamid, Benzolsulfamid, Benzolsulfinid, Benzamid, Phenylacetamid, Cyanacetamid und Cyanamid das Metall angreifen, und daß Formamid, Toluolsulfamid, Bernsteinsäureamid sowie Sulfamid keine merkliche Wirkung auf das Magnesium ausüben.

Mit Acetamid bildet sich ein gut kristallisiertes Salz $(CH_3CONH)_2Mg \cdot 4\,NH_3$, welches in verflüssigtem Ammoniak etwas löslich ist; an der Luft verliert das hygroskopische Salz sein Ammoniak; im Wasser ist es nicht ganz löslich.

Außer dem Magnesiumacetamid sind noch in reinem Zustande erhalten und analysiert worden: Magnesiumbenzolsulfamid

$(C_6H_5SO_2NH)_2Mg \,.\, n\,NH_3$ — farblose Kristalle, die in verflüssigtem Ammoniak nur wenig löslich sind, und Magnesiumcyanamid $CNNMg + n\,NH_3$ — gut ausgebildete, in verflüssigtem Ammoniak etwas lösliche und beim Aufbewahren sich färbende Kristalle.

Zink, Aluminium, Eisen und Kupfer zeigten selbst nach einer sechs Monate langen Einwirkung von in verflüssigtem Ammoniak gelöstem Acetamid keinerlei Veränderung. Beim Aufbewahren von Zink in einer Lösung von Benzolsulfamid in flüssigem Ammoniak überzieht sich das Metall mit einer gelben unlöslichen Schutzschicht.

Siebentes Kapitel.

Physikalisch-chemische Untersuchungen mit verflüssigtem Ammoniak.

Die Analogie, welche zwischen Salzen mit Kristallwasser und kristallisierten Salzen, die additioniertes Ammoniak enthalten, unverkennbar ist, veranlaßte CADY (Journ. of physical Chemistry 1896—1897, Bd. 1 S. 707—713), das Verhalten solcher ammoniakalischen Salze weiter zu prüfen und namentlich die dissoziierende Kraft des flüssigen Ammoniaks auf die verschiedenen darin aufgelösten Salze zu untersuchen.

Zur Zeit als CADY seine Versuche begonnen hat, war aus einer kurzen Mitteilung von BLEEKRODE[1]) (Philosophical Magaz. 1878 [5] Bd. 5 S. 378 und Proceed. of Royal Soc. Bd. 25 S. 322) bekannt, daß flüssiges Ammoniak bei den Versuchen von BLEEKRODE den elektrischen Strom

[1]) BLEEKRODE bestimmte die elektrische Leitfähigkeit von Wasser, von verflüssigten Chlor-, Brom-, Jod-, Fluor-, Kieselfluorwasserstoffsäuren, von Schwefelwasserstoff, Cyanwasserstoff und Ammoniak, sowie von verflüssigtem bezw. geschmolzenem Schwefeldioxyd, Schwefeltrioxyd, Kohlendioxyd, Borsäure, arsenige Säure, Chromsäure, Osmiumsäure, Vanadinsäure, Molybdänsäure, Essigsäure und Benzol.

Die Versuche wurden mit Hilfe einer Batterie von 20 und einer solchen von 40 Bunsenelementen und mit Funken eines RÜHMKORFFschen Induktors von 15 mm und von 70 mm Länge ausgeführt.

BLEEKRODE fand, daß verflüssigtes Ammoniak ein guter Leiter ist, was sich dadurch erklären läßt, daß sein Ammoniak natriumhaltig war. Auch die Säureamide, wie Acetamid, Benzamid, Formamid sowie Molybdänsäure bezeichnet BLEEKRODE als gute Leiter; alle übrigen oben erwähnten Stoffe leiten den Strom entweder schlecht oder gar nicht.

Als die schlechtesten Leiter werden da die metallorganischen Verbindungen, wie z. B. Zinkäthyl, Zinkmethyl, Quecksilber- und Aluminiumäthyl, bezeichnet. Dasselbe soll auch für Zinntetrachlorid, Antimonpentachlorid und Arsentrichlorid gelten.

gut leitete, wobei sich die Flüssigkeit blau färbte; sobald man jedoch den Strom unterbrach, verschwand auch stets die blaue Färbung.

Cady bestimmte zuerst die Leitfähigkeit des flüssigen Ammoniaks selbst. Da er für seine Messungen das in Stahlflaschen käufliche verflüssigte Ammoniak, welches in der Regel durch verschiedene organische Substanzen verunreinigt ist, benutzt hat, so haben zwar seine Messungen für die physikalische Chemie nur geringen Wert, um so interessanter sind sie aber für unsere Kenntnis der Eigenschaften des technischen flüssigen Ammoniaks des Handels.

Cady führte seine Versuche in Dewarschen Röhrchen aus, in denen 15 ccm flüssiges Ammoniak bei gewöhnlicher Temperatur und normalem Druck sich über 3 Stunden halten können.

Die Versuche wurden bei normalem Druck und — 34° C. ausgeführt. Durch Glasstäbe wurden die Platinblech-Elektroden in bestimmtem Abstand voneinander gehalten, und der Strom wurde ihnen durch eingeschmolzene Drähte zugeführt. Durch das mit Natronkalk gefüllte Chlorcalciumrohr konnten die Ammoniakdämpfe entweichen, und gleichzeitig damit wurde das hygroskopische flüssige Ammoniak vor Feuchtigkeitsabsorption geschützt. Als das flüssige Ammoniak in dieser Anordnung dem Strome von 6 Akkumulatorenzellen, also von ca. 12 Volt, ausgesetzt wurde, konnte der Durchgang des Stromes nicht nachgewiesen werden. Erst als die Spannung auf 110 Volt, bei einem Elektrodenabstande von 1 cm und bei einer Elekrodenfläche von 25 qcm gebracht wurde, konnte ein Stromdurchgang von einigen Hundertsteln Ampère wahrgenommen werden. Die Flüssigkeit geriet dabei, ohne sich blau zu färben, in lebhaftes Kochen. Beim Zusatz von irgend welchen in flüssigem Ammoniak löslichen Salzen zeigte die flüssigste eine sehr gute Leitfähigkeit. In Gegenwart von Kalium- oder Natriumsalzen färbte sich die Flüssigkeit, solange sie in den Stromkreis von 110 Volt eingeschaltet blieb, blau; sobald aber der Strom unterbrochen wurde, verschwand auch die Färbung. Cady erklärt die abweichenden Wahrnehmungen Bleekrodes dadurch, daß das Ammoniak, mit welchem der letztere arbeitete, Natriumhydroxyd enthielt. Bleekrode schrieb dagegen genau wie schon früher Weyl, das Hervortreten der blauen Färbung der Bildung von Ammonium nach folgender Gleichung zu:

$$2\,NH_3 = NH_4 + NH_2.$$

Bei der Elektrolyse von flüssigem Ammoniak, welches Silber-, Kupfer- oder Baryumsalze gelöst enthielt, kam die blaue Färbung nicht zum Vorschein; an der Kathode fand eine entsprechende Metallabscheidung statt.

Wird zu den Lösungen der oben erwähnten Salze metallisches Natrium hinzugefügt, so scheiden sich ebenfalls die erwähnten Metalle aus, ohne daß eine blaue Färbung entsteht, vorausgesetzt freilich, daß vom Natrium kein Überschuß genommen wurde. In einer Lösung von Jodkalium in verflüssigtem Ammoniak findet die Elektrolyse unter lebhafter Wasserstoffentwickelung schon bei einer Spannung von 6 bis 12 Volt statt, wobei an beiden Elektroden sich Niederschläge ansammeln. Der Kathodenniederschlag ist dunkelgrau und reagiert heftig mit Wasser unter Bildung von Ammoniak und Ätzkali. Demnach ist als wahrscheinlich anzunehmen, daß der Niederschlag aus Kaliumamid KNH_2 besteht. Für eine Analyse reichte die von CADY erhaltene Substanzmenge nicht aus. Daß das bei der Elektrolyse von Jodkalium entweichende Gas Wasserstoff war, konnte durch dessen Explodierbarkeit beim Zusammenbringen mit Sauerstoff nachgewiesen werden. Der Anodenniederschlag zeigte eine von olivengrün bis blauschwarz variierende Färbung; er ist im Wasser unlöslich, in Äther, Alkohol, Chloroform sowie in Jodkaliumlösung unter Gasentwickelung löslich und explodiert beim Erhitzen, Reiben oder Berühren mit Säuren; auch bei der Elektrolyse anderer in flüssigem Ammoniak gelösten Jodide bildete sich eine ähnliche Substanz, die nach CADYS Vermutung Jodstickstoff sein muß.

Das in flüssigem Ammoniak leicht lösliche Silber- und Bleinitrat bildet mit demselben ebenfalls gut leitfähige Lösungen, aus welchen während der Elektrolyse das Metall an der Kathode abgeschieden wird.

Die Leitfähigkeit[1]) des flüssigen Ammoniaks beträgt nach CADY $71 \,.\, 10^{-7}$.

Für die molekulare Leitfähigkeit μ einiger in flüssigem Ammoniak gelösten Salze bei verschiedenen Verdünnungsgraden ($V =$ Volumen in Litern), gibt CADY folgende Werte an:

(Siehe die Tabelle Seite 191.)

Aus diesen Messungen kann nach CADY der Schluß gezogen werden, daß die Leitfähigkeit der Salzlösungen in flüssigem Ammoniak zum Teil sogar noch größer als in wässerigen Lösungen ist.

Die Lösung von metallischem Natrium in flüssigem Ammoniak leitet sehr gut. Während des Stromdurchganges findet, wie bereits erwähnt, weder eine Gasentwickelung noch irgend welche sonstige Reaktion an den Elektroden statt, woraus gefolgert werden kann, daß die Lösung nicht elektrolytisch, sondern metallisch leitet.

---

[1]) Nach FRENZELS Annahme wahrscheinlich in alten Quecksilbereinheiten.

Leitfähigkeit einiger Salzlösungen im:

Salze	flüssigen Ammoniak bei — 34°		Wasser		
	V	μ	V	μ	t^0
Chlorkalium	zu wenig löslich		—	—	—
Jodkalium	80	169	100	116	18
	100	178			
	110	179			
Bromkalium	100	169	128	117	18
	120	179			
	135	181			
Kaliumnitrat	80	123	100	114	18
	100	124			
	120	131			
Ammoniumchlorid	40	96,5	55,7	105	18
	50	98,5			
	55	99			
	61,5	103			
Ammoniumbromid	40	124	—	—	—
	50	132			
	57,5	143			
Bromnatrium	140	154	128	115,8	25
	150	158			
Jodnatrium	150	166	128	112,3	25
Silbernitrat	140	147	166	103,3	18
Quecksilberjodid HgJ_2	150	102	—	—	—
Quecksilbercyanid $Hg(Cy)_2$	130	39	—	—	—
Bleinitrat	105	77	—	—	—
	130	88			
Natrium	4,28	393	—	—	—
	3,8	448			

Die Versuche von Cady wurden von Goodwin und Kay Thompson (Physical Review 1899, Bd. 8 S. 38—48; Zeitschr. f. Elektrochemie Bd. 6 S. 338) mit zahlreichen Verbesserungen wiederholt, und kurz danach stellten einerseits Frenzel im Laboratorium von Nernst und andererseits Franklin und Kraus ähnliche, aber viel eingehendere Untersuchungen über die elektrische Leitfähigkeit des flüssigen Ammoniaks auf.

Frenzel weist (Zeitschr. f. Elektrochemie 1900, Bd. 6 S. 477 bis 480) darauf hin, daß die von Cady angestellten Versuche zwar nicht ganz einwandfrei und mehr qualitativer Natur sind, daß aber aus denselben ganz unzweifelhaft hervorgeht, daß dem verflüssigten Ammoniak eine sehr bedeutende dissoziierende Kraft zukommt. Auch die Versuche von KAY THOMPSON und GOODWIN haben dies bestätigt. Aus den von ihnen gefundenen Zahlen gibt FRENZEL die folgenden wieder:

Molekulares Leitvermögen von Silbernitrat:

Volumen in Litern	in verflüssigtem Ammoniak bei — 16° C.	im Wasser bei + 18° C.
110,0	180	109,0
94,0	176	108,3
78,9	171	107,4
64,0	163	106,4

und weist darauf hin, daß auf Grund des Zusammenhanges[1]) zwischen der Dielektrizitätskonstante und der dissoziierenden Kraft eines Mediums nun zu erwarten war, daß dem flüssigen Ammoniak eine ebenso große Dielektrizitätskonstante zukommen müsse als dem Wasser. GOODWIN und THOMPSON haben den Wert der Dielektrizitätskonstante des flüssigen Ammoniaks bestimmt und als zwischen 21 bis 23 bei — 34° C. liegend gefunden [für Wasser[2]) bei 18° beträgt die Dielektrizitätskonstante D 81]. Diesen scheinbaren Widerspruch deuteten GOODWIN und THOMPSON dahin, daß die großen Leitfähigkeitswerte in flüssigem Ammoniak nicht auf Rechnung einer weitgehenden Dissoziation, sondern einer sehr großen Wanderungsgeschwindigkeit der Jonen zu setzen seien.

Die daraufhin von FRENZEL unternommenen Versuche, die Wanderungsgeschwindigkeiten der Jonen in flüssigem Ammoniak zu bestimmen, konnten infolge der experimentellen Schwierigkeiten nicht zum Abschluß gebracht werden. Aus dem qualitativen Verlauf der Versuche und den Vergleichen mit wässerigen Lösungen glaubt FRENZEL, den Schluß ziehen zu dürfen, daß so hohe Wanderungsgeschwindigkeiten, wie sie sich aus dem Verhältnis der Dielektrizitätskonstanten (also ungefähr viermal größere als in wässerigen Lösungen) ergeben, sicher nicht vorhanden sein würden.

Nach FRENZEL ist übrigens die von GOODWIN und THOMPSON gemachte Annahme schon deshalb nicht zwingender Natur, weil die Dielektrizitäts-

---

[1]) NERNST, Zeitschr. f. physik. Chem. 1894, S. 531, und Gött. Nachrichten 1893. THOMPSON, Phil. Mag. Bd. 63 S. 320.

[2]) Aus KOHLRAUSCHS „Lehrbuch der Prakt. Physik“, 9. Aufl., 1901.

konstante, wie seitens NERNST,[1]) BRÜHL[2]) und anderer bereits hervorgehoben wurde, für die dissoziierende Kraft eines Lösungsmittels sicherlich nicht allein maßgebend ist. Außerdem haben schon GOODWIN und THOMPSON selbst darauf hingewiesen, daß ein Vergleich zwischen den Dielektrizitätskonstanten zweier Lösungsmittel nur dann zulässig ist, wenn die letzteren im vergleichbaren Zustande sich befinden.

Wie bereits erwähnt, können die von CADY gewonnenen Leitfähigkeitswerte des flüssigen Ammoniaks zur Lösung dieser Probleme nicht verwertet werden, da CADY zu seinen Versuchen gewöhnliches Handelsammoniak benutzte, welches mit Wasser und organischen Beimengungen verunreinigt war. GOODWIN und THOMPSON versuchten nun die Leitfähigkeit des reinen verflüssigten Ammoniaks zu bestimmen. Als Ausgangsprodukt wurde auch hier käufliches verflüssigtes Ammoniak benutzt, welches aus der Stahlflasche direkt in eine größere, zur Hälfte mit frisch gebranntem Kalk beschickte Flasche eingegossen wurde. Diese letztere wurde nun mit einem starkwandigen, mit Tauchelektroden versehenen Meßgefäß verbunden, wo sich das Ammoniak durch den eigenen Druck und Anwendung einer Eis-Kochsalzmischung kondensierte. Die erhaltenen Werte [wahrscheinlich in cm^{-1} ohm^{-1}] sind

bei $-29{,}5^0$ C. . . . $1{,}392 . 10^{-4}$,
„ $-13{,}0^0$ C. . . . $1{,}688 . 10^{-4}$.

Diese Zahlen sind ungefähr 500 mal kleiner als die von CADY, stehen aber trotzdem im Widerspruch mit der Regel von KOHLRAUSCH, daß es keine reine Substanz (mit einziger Ausnahme der geschmolzenen Salze) gibt, welche eine einigermaßen erhebliche Leitfähigkeit besitzt.

Da die von GOODWIN und THOMPSON gefundenen Leitfähigkeitswerte nur etwa zehnmal kleiner als die Leitfähigkeit der $^1/_{100}$ normal-Chlorkaliumlösung bei 24^0 C. waren, so erschienen sie FRENZEL zu hoch, und er vermutete, daß das von GOODWIN benutzte Ammoniak trotz der Destillation über Kalk noch immer erheblich verunreinigt gewesen sein mußte. Schon die in ganz primitiver Weise ausgeführten Versuche bestätigten FRENZEL die Richtigkeit seiner Vermutung. Er benutzte gewöhnliches Handelsammoniak, welches der Bombe im gasförmigen Zustande entnommen wurde, leitete es behufs Trocknung durch ein kurzes mit Ätzkali beschicktes Rohr und kondensierte es in einem mit Tauchelektroden versehenen Gefäßchen durch Eintauchen desselben in Äther-Kohlensäuregemisch. FRENZEL erhielt in dieser Weise eine Leitfähigkeit $1{,}1 . 10^{-5}$

[1]) Theoret. Chem. 2. Aufl. S. 365.
[2]) Z. f. physik. Chem. Bd. 30 Heft 1.

[cm^{-1} ohm^{-1}] bei etwa -70^{0} C., also einen etwa zwölfmal kleineren Wert im Vergleich zu dem von GOODWIN und THOMPSON Erhaltenen.

Bei diesen Versuchen gewann FRENZEL die Überzeugung, daß das Handelsprodukt für die Erzielung verläßlicher Resultate vollständig ungeeignet ist, da es stets reichlich Pyridinbasen enthält, die auch durch mehrmalige Destillation nicht entfernt werden können. Für seine definitive Leitfähigkeitsbestimmungen stellte sich FRENZEL sein Ammoniak (Zeitschr. f. Elektrochemie 1900, Bd. 6 S. 485—489) aus gebranntem Kalk (Marmor) und einem von pyridinartigen Verunreinigungen freien Chlorammonium pro analysi von MERK her. Das so dargestellte Ammoniakgas konnte nur Wasser, etwas mechanisch mitgerissenes Chlorammonium und vielleicht Kohlensäure enthalten. Das Gas wurde daher durch eine mit ganz konzentrierter Kalilauge beschickte Waschflasche geleitet und passierte dann eine etwa $1^1/_2$ m lange Trockenröhre, deren erste Hälfte mit Natronkalk gefüllt war, und die andere eine 30 cm lange Schicht festen Ätzkali und schließlich eine 40 cm lange Schicht von Kaliumkupferoxyd[1]) enthielt. An das Trockenrohr schlossen sich (gegen ein mechanisches Mitreißen der Trockenmittel durch eine 10 cm lange Schicht von Glaswolle geschützt) zwei Vorkühlgefäße und an diese erst das Meßgefäß. Kautschukverbindungen wurden, da sie durch Abgabe von Wasser an das vollständig trockene Gas schädlich wirken können, so weit als möglich vermieden und die einzelnen Teile des Apparates, wenn ausführbar, miteinander verschmolzen. Durch Eintauchen des ersten Vorkühlgefäßes in ein Gemisch von fester Kohlensäure und Äther wurde die Kondensation des Ammoniakgases bei gewöhnlichem Druck bewirkt. Das Meßgefäß (Fig. 14) hatte eine mit Elektroden versehene Höhlung, und das sich darin ansammelnde Ammoniak konnte durch Neigen in den größeren Behälter abgegossen werden, so daß auf diese Weise beliebig viele Fraktionen untersucht werden konnten. Allerdings war

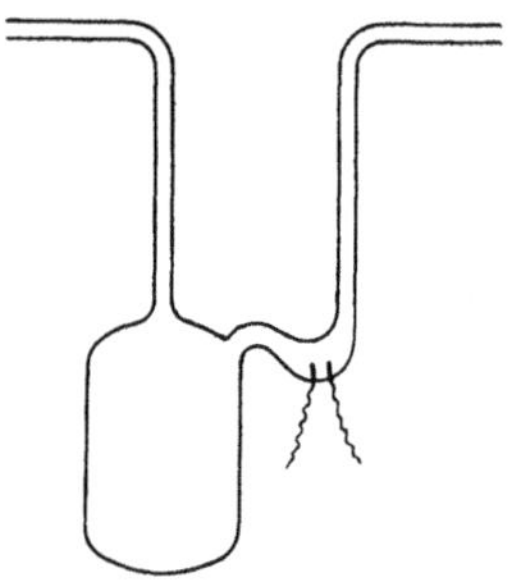

Fig. 14.

---

[1]) Dieses Trockenmittel rührt von STASS her. Es kann durch heftiges Glühen eines Gemenges von etwa 3 Teilen Kupferpulver und 1 Teil Kaliumnitrat in einem Eisentiegel erhalten werden. Nach STASSs Angaben bringt es rascher als Phosphorsäureanhydrid ein SAUSSUREsches Hygrometer zum Nullpunkte.

es notwendig, um die Beweglichkeit des Gefäßchens zu ermöglichen, dasselbe mit einem längeren Kautschukschlauch an den Apparat anzusetzen; um aber den schädlichen Einfluß des Schlauches auf ein Minimum zu reduzieren, wurde die Berührungsfläche zwischen Gas und Schlauch durch Einschieben von kleinen abgeschmolzenen Glasrohrendchen sehr klein gemacht.

Je öfter das Ammoniak überdestilliert wurde, desto kleiner wurden die gefundenen Leitfähigkeitswerte, von denen FRENZEL zwei anführt:

$1{,}33 \,.\, 10^{-7}$ [cm^{-1} ohm^{-1}] bei $-79{,}3^{0}$ C.

$1{,}47 \,.\, 10^{-7}$ [cm^{-1} ohm^{-1}] bei $-73{,}6^{0}$ C.

Auch diese Werte hält er nicht für die endgültigen, weist aber gleichzeitig darauf hin, daß unter Berücksichtigung des von GOODWIN und THOMPSON gefundenen Temperaturkoeffizienten für das untersuchte flüssige Ammoniak von 0,7 $^{0}/_{0}$ die zuletzt angegebenen Werte etwa 800 mal geringer als die von GOODWIN und THOMPSON ermittelten und nur etwa 4 mal größer als die von KOHLRAUSCH für reines Wasser [$0{,}3 \,.\, 10^{-7}$] gefundene Zahl sind.

Der Temperaturkoeffizient der Leitfähigkeit für das von ihm dargestellte flüssige Ammoniak beträgt nach FRENZELS Messungen zwischen den Temperaturen $-79{,}3$ und $-39{,}5^{0}$ C. 1,9 $^{0}/_{0}$.

Dieser Temperaturkoeffizient ist bei nicht ganz reinem Ammoniak kleiner. FRENZEL stellte mit Absicht einige Muster von nicht ganz reinem Ammoniak (durch geringen Wasserzusatz usw.) her und fand in einer Reihe von Versuchen, daß der Temperaturkoeffizient mit der infolge der Verunreinigungen steigenden Leitfähigkeit in analoger Weise, wie es bei Wasser der Fall ist, sinkt.

Leitfähigkeit bei — 60^{0} C.	Temperaturkoeffizient
$1{,}9 \,.\, 10^{-7}$	1,9 $^{0}/_{0}$
$2{,}8 \,.\, 10^{-7}$	1,67 „
$8{,}0 \,.\, 10^{-7}$	1,5 „
$20{,}0 \,.\, 10^{-7}$	1,4 „
und nach GOODWIN und KAY THOMPSON	
$1{,}59 \,.\, 10^{-4}$ bei -20^{0}.	0,7 $^{0}/_{0}$.

Bereits CADY machte darauf aufmerksam, daß der Zusatz geringer Wassermengen die Leitfähigkeit des flüssigen Ammoniaks nicht wesentlich ändert, was bei der Beschaffenheit des von ihm verwendeten Ammoniaks nicht auffallend ist. FRENZEL stellte nun mit dem von ihm gewonnenen reinen Ammoniak, dem er mittels einer Kapillarpipette kleine gewogene Wassermengen zufügte, Leitfähigkeitsbestimmungen an und fand:

		Leitfähigkeit bei — 60° C.
Ammoniak allein ca. 4 ccm = ca. 2,5 g	. .	3,549 . 10^{-7}
bei Wasserzusatz von 1,4 mg	. . . . .	6,051 . 10^{-7}
„ „ „ 1,4 „	. . . . .	9,666 . 10^{-7}
„ „ „ 2,8 „	. . . . .	19,96 . 10^{-7}.

Es zeigte sich also, daß der Einfluß des Wasserzusatzes, wenn auch ziemlich bedeutend, doch weit nicht so groß ist, um Frenzels ursprüngliche Annahme zu rechtfertigen, daß beim Zusatz von Wasser Ammoniumhydroxyd entstehe.

Frenzel wirft nun die Frage auf: „Welcher Art sind die Jonen des Ammoniaks, die den Durchgang des Stromes ermöglichen, und in welcher Weise vermag das Ammoniak für sich selbst zu dissoziieren?" und meint, daß neben der naheliegendsten Annahme, daß das Ammoniak imstande ist, seine Wasserstoffe abzudissoziieren, indem jedes derselben eine positive und der Stickstoff, vermöge seiner Dreiwertigkeit, drei negative Ladungen aufnimmt, daß das Ammoniak also als eine dreibasische Säure anzusehen ist, auch die Möglichkeit, das der Ammoniakzerfall im Sinne der Gleichung

$$N_2H_6 = \overset{+}{NH_4} + \overset{-}{NH_2}$$

vor sich gehe, nicht ausgeschlossen sei. Zur Entscheidung dieser Frage wurde eine lange Reihe von Messungen an verdünnten Lösungen verschiedener Salze in verflüssigtem Ammoniak (Frenzel, Zeitschr. f. Elektrochem. 1900, Bd. 6 S. 493—500) ausgeführt, um die Abhängigkeit der Stromstärke von der polarisierenden elektromotorischen Kraft möglichst weit zu verfolgen.

Auf Grund von zahlreichen Messungen an $^1/_1$ normalen Lösungen von Kaliumnitrat, Ammoniumnitrat und äthylschwefelsaurem Kalium schließt Frenzel, daß Ammoniak eine schwache dreibasische Säure ist, also in NH_2, NH, H und N dissoziieren kann[1]), und daß der geringe Einfluß, den ein Wasserzusatz auf die Leitfähigkeit des flüssigen Ammoniaks ausübt, darauf hinweist, daß das Wasser größtenteils als solches bestehen bleibt und nur zum geringen Teil mit dem Ammoniak Hydroxyd bildet.[2])

---

[1]) Walden und Centnerzwer schließen sich in ihrer Veröffentlichung über flüssiges Schwefeldioxyd (Bulletin de l'Académie de St. Pétersbourg 1901 [5], Bd. 15 S. 17—119, in deutscher Sprache) dieser Ansicht Frenzels an und schreiben der Dissoziation des SO_2 die Spaltungen $\overset{++}{SO} + \overset{--}{O}$ und $\overset{++}{S} + 2\overset{--}{O}$ zu.

[2]) Über das Verhalten der wässerigen Ammoniaklösung vergl. eine spätere Arbeit von Frenzel in der Zeitschr. f. anorgan. Chem. 1902, Bd. 32 S. 319—340.

Zu genau gleicher Zeit mit der Veröffentlichung dieser Versuche von FRENZEL in der Zeitschr. f. Elektrochem. (22. März bis 5. April 1900) brachte das Aprilheft 1900 des Americ. Chem. Journ. (Bd. 23 S. 277 bis 313) eine Abhandlung über die Leitfähigkeit des flüssigen Ammoniaks und der mit ihm hergestellten Lösungen von FRANKLIN und KRAUS.

Auch sie legten großen Wert darauf, daß das für ihre Versuche angewendete Ammoniak im höchsten Grade frei von Verunreinigungen ist, gingen aber im Gegensatz zu FRENZEL von dem käuflichen flüssigen Ammoniak aus. Der von ihnen angewandte Apparat (Fig. 15) zur Reinigung des Ammoniaks und zur Vornahme der Leitfähigkeitsbestimmungen ist, wie auch FRANKLIN und KRAUS bemerken, „ein wenig kompliziert, aber die Messungen lassen sich mit ihm bei einiger Übung präzis ausführen“.

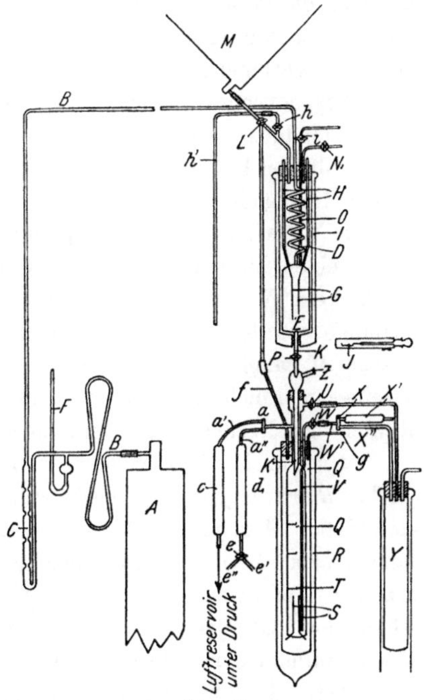

Fig. 15.

Das zu reinigende Ammoniakgas wurde dem mit Regulierventil versehenen Stahlzylinder *A* entnommen. Das Glasrohr *B* mit dem eingeschalteten Asbestfilter *C* führte nach der Kühlschlange *D* und dem Behälter für das kondensierte flüssige Ammoniak *E*. Das Rohr *B* war noch an den Quecksilberdruckregulator *F* angeschlossen.

Glasrohr *C* wurde mit sorgfältig ausgeglühtem Serpentinasbest gefüllt, da der nicht ausgeglühte Asbest viel Kristallisationswasser enthält. Über die Wichtigkeit der Anwendung eines Filters zwecks Zurückhaltung der vom Gas mitgerissenen festen und flüssigen Partikelchen überzeugten sich FRANKLIN und KRAUS durch folgenden Versuch: Der Zylinder *A* wurde vor dem Füllen mit flüssigem Ammoniak mit etwas metallischem Natrium beschickt; ließ man nun aus dem oberen Teil des Cylinders *A* Ammoniakgas unter Ausschaltung des Asbestfilters *C* entweichen, so zeigte die nun sich in *E* kondensierende Flüssigkeit eine deutliche blaue Färbung von mitgerissener Natriumammoniumlösung.

Die Leitfähigkeit des überdestillierenden, als rein angesehenen flüssigen Ammoniaks konnte fortwährend durch Strommessungen zwischen den Elektroden *GG*, welche mittels den mit Quecksilber gefüllten Glasröhren *HH* in den Behälter *E* eingeführt waren, bestimmt und kontrolliert werden. Das Ammoniak floß dann nach dem mit Teilmarken *T* und Elektroden *SS* versehenen Behälter *Q*, wo die Herstellung der Lösungen und die Leitfähigkeitsbestimmung derselben vorgenommen wurde. Die Beschickung des Behälters *Q* mit der zu lösenden Substanz geschah durch den Rohransatz *Z* mittels dem Löffelchen *J*; außerdem war *Q* noch mit einem unter Druck mit kohlensäurefreier Luft gefüllten Behälter verbunden; das dazwischengeschaltete breite Glasrohr *c* war mit Phosphorpentoxyd beschickt. Wurde durch Drehung eines Hahnes die Verbindung zwischen *Q* und dem Druckluftbehälter hergestellt, so konnte die im Behälter *Q* sich befindende Flüssigkeit durch das bis zum Boden reichende Rohr *V* nach dem Dewarschen Gefäß *Y* gedrückt werden. Das mit Natronkalk gefüllte Absorptionsrohr *d* kommunizierte durch einen Dreiweghahn *e* mit Luft (*e'*) und mit einer mit Wasser beschickten Wasserflasche (*e''*). Die Behälter *E* und *Q*, sowie die Kühlschlange wurden durch flüssiges Ammoniak, welches aus der Stahlflasche *M* zufloß, gekühlt. Auch das für die Leitfähigkeitsbestimmungen bereits gebrauchte, nach *Y* übergedrückte Ammoniak wurde zum Kühlen der Bechermantel verwendet.

Um gleichmäßiges Sieden des flüssigen Ammoniaks im Dewarschen Becher *R* hervorzubringen, beabsichtigten Franklin und Kraus eine kleine elektrische Heizspirale in der Ammoniakflüssigkeit anzubringen; sie fanden aber, daß eine gleichmäßige Erwärmung sich noch bequemer erzielen läßt, wenn man das Gefäß der Wärmestrahlung einer gewöhnlichen Glühlampe aussetzt und den Gefäßboden zur besseren Wärmeaufnahme mit geschwärztem Platin auslegt.

Das als Ausgangsmaterial für die Versuche benutzte flüssige Ammoniak war das gewöhnliche amerikanische Handelsprodukt, wie es für die Bedürfnisse der Kälteindustrie hergestellt wird, und welches so viel Verunreinigungen enthielt, daß beim Verdunsten der Kühlflüssigkeit sich oft ein undurchsichtiger Beschlag, der durch Waschen mit flüssigem Ammoniak entfernt werden mußte, an den Wandungen der Kühlmäntel im beschriebenen Apparate bildete. Durch bloßes ein- oder zweimaliges Überdestillieren des käuflichen Produktes erhält man kein genügend reines Ammoniak. Nach Franklin und Kraus kann es jedoch im reinen Zustande mit Leichtigkeit erhalten werden, wenn man eine mit etwas Natriummetall beschickte Stahlflasche mit flüssigem Ammoniak aus dem Hauptreservoir füllt. Das Natrium löst sich in der Flüssigkeit auf und gibt mit dem darin enthaltenen Wasser unlösliches Natriumhydroxyd; das nach der Zersetzung des Wassers noch übrigbleibende Natriummetall wirkt auf das Ammoniak unter Bildung von löslichem Natriumamid und Wasserstoffentwickelung langsam ein. Das Natriumamid ist ebenfalls ein vorzügliches wasserabsorbierendes Mittel, und das über Natriumamid abdestillierte Ammoniak erwies sich nach dem Passieren durch den Asbestfilter von gleichmäßigem, hohem Reinheitsgrade und so hohem spezifischen elektr. Widerstande, daß derselbe sich in dem hier beschriebenen Apparate gar nicht messen ließ, selbst nachdem die Ammoniakflüssigkeit stundenlang im Gefäße *E* gehalten wurde, was darauf hinweist, daß reines flüssiges Ammoniak, im Gegensatz zu Wasser, Glas nicht angreift. Trotz dem Umstande, daß es nicht schwierig war, flüssiges Ammoniak von spezifischer Leitfähigkeit $0{,}01 \cdot 10^{-6}$ im Behälter *E* zu erhalten, zeigte dieselbe Flüssigkeit, in das Gefäß *Q* hineingelangt, die spezifische Leitfähigkeit $0{,}10 \cdot 10^{-6}$ bis $0{,}15 \cdot 10^{-6}$. Eine Quelle dieser Verminderung des spezifischen Widerstandes war in dem Hahn *P* gegeben: die Glashähne müssen mit irgend welcher Substanz eingefettet werden, welche dann auf das flüssige Ammoniak verunreinigend wirkt, und außerdem dringt durch die Hähne stets etwas Feuchtigkeit in die Flüssigkeit ein. Franklin und Kraus zogen daher einen Quecksilberverschluß vor, erhielten aber auch bei Anwendung desselben Leitfähigkeitswerte nicht unter $0{,}10 \cdot 10^{-6}$, und sie benutzten als Basis für ihre weiteren Bestimmungen und Berechnungen die Zahl $0{,}13 \cdot 10^{-6}$.

Von den 25 Tabellen mit je ca. 20 Bestimmungen sollen hier nur einige Zahlen zur Orientierung wiedergegeben werden.

	1 Grammmolekül in *V* Litern gelöst	Molekulare Leitfähigkeit μ_v[1]
Kaliumbromid	301,9	210,6
	932,6	259,5
	4099,0	308,5
Kaliumnitrat	324,0	192,7
	1001,0	245,0
	4401,0	301,4

[1]) Berechnungen nach Formeln von Kohlrausch („Leitvermögen der Elektrolyte"), Atomgewichte nach der Tabelle der D. Chem. Ges. $O = 16$.

	1 Grammmolekül in V Litern gelöst	Molekulare Leitfähigkeit μ_v
m-nitrobenzolsulfosaures Kalium	144,8	135,5
	538,7	179,8
	3116,0	234,5
Natriumbromid	287,0	200,0
	1287,0	251,7
	3898,0	277,6
Bromsaures Natrium	323,4	177,6
	999,3	217,1
	4392,0	253,9
Ammoniumchlorid	298,9	159,0
	923,4	208,7
	4059,0	264,7
Ammoniumnitrat	105,1	169,7
	471,6	222,4
	4325,0	281,4
Silberjodid	212,1	71,06
	951,3	122,7
	2881,0	175,2
Silbercyanid	44,77	20,21
	383,4	20,64
	3219,	21,50
Quecksilbercyanid	6,92	1,44
	86,04	1,20
	244,9	1,19
Natriumamid ($Na\,NH_2$)	27,49	4,923
	116,5	12,09
	978,6	35,52
Acetamid	5,020	0,2841
	62,41	0,5266
Benzolsulfamid	42,0	18,03
	359,7	43,62
Nitromethan	8,99	9,01
	318,1	35,37
o-Nitrophenol	366,2	82,76
	3426,0	164,5
Benzaldehyd	15,53	1,695
	392,4	4,328

Franklin und Kraus bringen dann eine auf die früheren Arbeiten von Dutoit und Friderich[1]) und von Carrara[2]) basierende Zusammenstellung der maximalen molekularen Leitfähigkeitswerte für einige Salzlösungen in den fünf besten Lösungsmitteln.

Elektrolyte	Aceton $(CH_3)_2O$	Acetonitril CH_3CN	Methylalkohol CH_3OH	H_2O	NH_3
NaJ	140	160	90	121	—
$NaBr$	—	—	88	122	302
KJ	154	—	98	143	340?
KBr	—	—	97	144	340
KNO_3	—	—	—	133	338
NH_4J	153	—	105	143	—
NH_4Cl	—	—	100	144	304
NH_4NO_3	—	—	—	114	297
$AgNO_3$	—	160	—	121	280?
HCl	2,21	—	133	360	—

Trotz dem Umstande, daß die meisten Lösungen in flüssigem Ammoniak eine bessere Leitfähigkeit aufweisen als die entsprechenden wässerigen Salzlösungen derselben Konzentration, sind die aufgelösten Salze in flüssigem Ammoniak in weit geringerem Maße dissoziiert, als es im Wasser der Fall ist.

Die folgende Verdünnung ist nötig, um 50, 75 und 90 % des Salzes zu dissoziieren:

(Siehe die Tabelle Seite 202.)

Die Grenzen der molekularen Leitfähigkeit von wässerigen Lösungen werden im allgemeinen bei einer Verdünnung von 1000—5000 l erreicht, dagegen nähert man sich zur Grenze der maximalen molekularen Leitfähigkeit bei Lösungen in verflüssigtem Ammoniak erst bei Verdünnungen von 25000—50000 l. Die geringe Dissoziation der Lösungen in flüssigem Ammoniak konnte nach Franklin und Kraus Meinung schon auf Grund der Hypothese Thompson-Nernst aus den von Goodwin und Thompson bestimmten Dielektrizitätskonstanten vorausgesehen werden und steht auch mit den Messungen der molekularen Siedepunktserhöhung (vergl. S. 205) der Salzlösungen in verflüssigtem Ammoniak im Einklang.

Die große Leitfähigkeit der Lösungen in verflüssigtem Ammoniak erscheint ihnen daher als Folge der hohen Wanderungsgeschwindigkeit

[1]) Bull. Soc. Chim. 1898 3. Serie, Bd. 19 S. 336.

[2]) Journ. Chem. Soc. Abstracts 1897, Bd. 72_2 S. 471.

der Jonen,[1]) welche wiederum durch die geringe Viskosität des Lösungsmittels bedingt ist.

		Ein Molekül des Salzes muß in V l gelöst werden, damit 50 %	75 %	90 % des Salzes dissoziiert werden
Kaliumjodid	im Wasser . .	—	0,4	20
	im Ammoniak	80	400	2000
Kaliumbromid	im Wasser . .	—	—	20
	im Ammoniak	100	800	4000
Kaliumnitrat	im Wasser . .	0,5	5	25
	im Ammoniak	200	1200	5000
Natriumbromid	im Wasser . .	—	—	32
	im Ammoniak	125	500	2500
Natriumnitrat	im Wasser . .	0,5	5	33
	im Ammoniak	—	800	4000
Ammoniumchlorid	im Wasser . .	—	1	25
	im Ammoniak	250	1500	5000
Ammoniumbromid	im Wasser . .	—	—	—
	im Ammoniak	75	700	3500
Ammoniumnitrat	im Wasser . .	—	—	—
	im Ammoniak	100	500	4000
Silbernitrat	im Wasser . .	0,6	5	40
	im Ammoniak	125	350	1500

Franklin und Kraus nahmen sich vor, auch die Leitfähigkeit der Alkalimetalllösungen in flüssigem Ammoniak zu untersuchen. Die Erzielung genauer Resultate wurde aber durch die sehr rasch vor sich gehende Bildung von Alkaliamiden verhindert. So z. B. war die Zeitdauer von kaum 15 Minuten nötig, um 56 mg Natrium, das in 45 ccm Ammoniak eingeführt wurde, bei -38^0 vollständig in Amid überzuführen. Bei sehr schnellem Arbeiten gelang ihnen, bei der Verdünnung $V = 18{,}56$, den Wert μ_v 392,6 oder bei Annahme, daß ein Natriummolekül aus 2 Atomen besteht, $\mu_v = 785{,}2$ zu bestimmen.

Die hohe Leitfähigkeit der Alkalimetalllösungen in verflüssigtem Ammoniak sowie die Tatsache, daß an den Elektroden sich gar keine Abscheidungen bemerkbar machen, findet ein Analogon in der von Thompson[2]) beschriebenen Beobachtung, daß auch Natriumdampf blau

[1]) Wie bereits erwähnt, teilt Frenzel diese Meinung nicht.

[2]) Phil. Mag. 1890 (5), Bd. 29 S. 441. Nach Geisel (Ber. d. Chem. Ges. 1897, Bd. 30 S. 158) erhält Chlornatrium, welches in Natriumdämpfen erhitzt wird, eine dauernde blaue Färbung.

ist und den elektrischen Strom ohne die geringste Polarisation sehr gut leitet, woraus man schließen könnte, daß das Molekulargewicht des Natriums in Dampfform und in der Ammoniaklösung das gleiche sei.

Schließlich sei noch darauf hingewiesen, daß der Temperaturkoeffizient der Leitfähigkeit der Metalllösungen in flüssigem Ammoniak ein positiver ist.

Nähere Angaben darüber machten Franklin und Kraus in einer vorläufigen Mitteilung (Americ. Chem. Journ. 1900, Bd. 24 S. 83—93), über Versuche zur Bestimmung der Temperaturkoeffizienten für verschiedene in flüssigem Ammoniak gelöste Elektrolyte.

Hier seien nur einige der ermittelten Werte wiedergegeben, wobei mit T die absolute Temperatur und mit μ_t die molekulare Leitfähigkeit bei der betreffenden Temperatur bezeichnet werden:

0,0083 g NH_4J gelöst in 1,967 g NH_3; Verdünnung $(v) = 50,76$:

T . . .	235	268	299	308	335	364
μ_t . . .	162,9	204,2	223,1	227,3	207,7	158,9.

0,01365 g NH_4Br gelöst in 1,4965 g NH_3; $v = 15,79$:

T . . .	241	283	354	390	401	406
μ_t . . .	103,8	113,7	72,3	38,2	7,96	2,93.

0,01157 g NH_4Cl gelöst in 2,122 g NH_3; $v = 14,43$:

T . . .	235	257	277	298
μ_t . . .	70,9	75,1	77,5	68,8.

0,00121 g KJ gelöst in ca. 2,5 ccm NH_3; $v = 34,30$:

T . . .	205	240	298	347	373
μ_t . . .	104,9	159,1	196,8	156,3	82,6.

0,00571 g Paranitrophenol in 1,868 g NH_3; $v = 67,07$:

T . . .	252	290	312	333	363
μ_t . . .	160,2	192,2	194,7	174,4	109,7.

0,01068 g $Cu(NO_3)_2$ in 1,108 g NH_3; $v = 28,51$:

T . . .	211	237	277	298	359
μ_t . . .	72,2	91,9	106,8	103,2	70,0.

0,0028 g Schwefel in 1,987 g NH_3; $v = 53,5$:

T . . .	238	283	334	389	404	412
μ_t . . .	74,6	88,8	72,0	21,7	4,44	1,04.

0,0306 g Jodkalium in 1,9 ccm Methylamin; $v = 10,31$:

T . . .	210	258	293	343	383	423
μ_t . . .	14,10	20,22	15,99	7,33	3,02	0,12.

Wie schon aus diesen Zahlen ersichtlich ist, zeigen die untersuchten Elektrolyte, in verflüssigtem Ammoniak gelöst, bei einer gewissen Temperatur ein Maximum der Leitfähigkeit.

Der Übergangspunkt liegt allerdings bei sehr niedrigen Temperaturen. Bemerkenswert ist noch die Tatsache, daß, wie die Versuche mit Schwefel zeigten, die Lösungen in flüssigem Ammoniak auch oberhalb der kritischen Temperatur den Strom leiten.

Die Bestimmung der Leitfähigkeit einer Lösung von metallischem Natrium in verflüssigtem Ammoniak ist infolge gleichzeitiger chemischer Einwirkung des Lösungsmittels auf das Alkalimetall und Bildung von Metallamiden weniger präzis.

Bei 191^0 (absolut) zeigte eine solche Lösung 8,05 Ohm Widerstand, bei 220^0 = 7,63 Ohm und bei 232^0 = 5,92 Ohm.

Die Beobachtung von Franklin und Kraus, daß Lösungen auch oberhalb der kritischen Temperatur die Eigenschaft der Stromleitung besitzen, ist für die Lösung von Kupfernitrat in flüssigem Ammoniak von P. Eversheim (Ann. d. Phys. 1904, Bd. 13 S. 492—511) bestätigt worden.

Zurückgreifend auf die Ergebnisse der Untersuchungen von Franklin und Kraus, daß die hohe elektrische Leitfähigkeit der Lösungen in flüssigem Ammoniak, welches an und für sich ein viel schlechteres Dissoziationsmedium als Wasser ist, durch die viel größere Jonengeschwindigkeit verursacht wird, unternahmen Franklin und Cady (Journal of the Americ. chem. Soc. 1904, Bd. 26 S. 499—530) die Messung der absoluten Geschwindigkeit der Jonenwanderung in Lösungen in verflüssigtem Ammoniak. Auf die komplizierte Apparatur und das umfangreiche Zahlenmateriel mit dem Literaturnachweis kann hier nicht näher eingegangen werden. Sie benutzten bei ihren Messungen als Kationindikator vornehmlich Quecksilber und als Anionindikator Pikrinsäure. Die mit Nitraten von Ammonium, Kalium, Natrium und Silber, sowie mit Natriumchlorid aufgestellten Versuche ergaben, daß die absoluten Geschwindigkeiten einwertiger Jonen in flüssigem Ammoniak bei —33^0 C. 2,4—2,8mal so groß sind wie in wässerigen Lösungen bei +18^0, und daß sie mit den aus Leitfähigkeitsmessungen nach der Methode von Kohlrausch berechneten Geschwindigkeiten übereinstimmen.

Untersuchungen über elektrische Osmoseerscheinungen in verflüssigtem Ammoniak begann vor kurzem Ascoli (C. R. 1903, Bd. 137 S. 1253—1255), wozu er einen von Perrin (C. R. 1903, Bd. 136 S. 1388 u. 1441) beschriebenen Apparat benutzte. Derselbe besteht im wesentlichen aus einer U-Röhre, welche aus mehreren Teilen zusammengesetzt ist, und die im unteren Teile des einen der Schenkel einen Pfropfen aus poröser calcinierter Tonerde hat. Die beiden Schenkel sind mit Stromzuführungen versehen.

Bei Beschickung des Apparates mit reinem flüssigem Ammoniak zeigt die Flüssigkeit beim Schließen des Stromkreises eine der Stromrichtung entgegengesetzte, wenn auch recht schwache Strömung. Setzt man zu der Flüssigkeit in einem der Schenkel etwas Natriummetall hinzu, so daß die bekannte blaue Flüssigkeit entsteht, so läßt sich beim Schließen des Stromkreises eine merkliche Strömung bezw. Wanderung der Flüssigkeit in der Richtung des Stromes beobachten.

Die molekulare Siedepunktserhöhung in verflüssigtem Ammoniak wurde unter Anwendung eines entsprechend umgeänderten BECKMANNschen Siedepunktbestimmungsapparates für eine große Reihe von Substanzen bestimmt. Wie bei ihren Untersuchungen über das Lösungsvermögen des Ammoniaks, so zogen auch hier FRANKLIN und KRAUS vor (Americ. Chem. Journ. 1898, Bd. 20 S. 837—850), daß die Durchschnittszahlen auf einer möglichst breiten Basis beruhen, indem mit jeder der zu untersuchenden Substanzen recht zahlreiche Bestimmungen unternommen wurden, als daß nur wenige Bestimmungen dafür aber mit absoluter Genauigkeit ausgeführt werden. Das letztere ist um so schwieriger zu erreichen, als man bei 60° unterhalb der Laboratoriumstemperatur zu experimentieren hat.

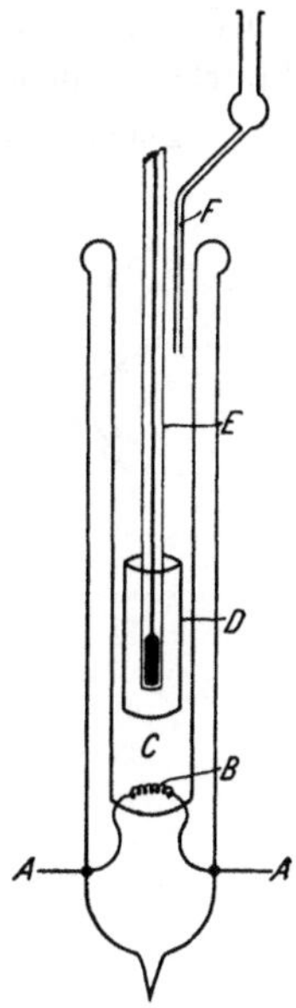

Fig. 16.

Bei dem hierzu verwendeten Apparate (Fig. 16) konnte ein Quecksilberthermometer angewendet werden, da der Siedepunkt des verflüssigten Ammoniaks doch höher als der Erstarrungspunkt des Quecksilbers ist. Der Apparat bestand aus einem 25—30 ccm fassenden DEWARschen Rohr, in welchem zwei Platindrähte *A*—*A*, die zu der Heizspirale *B* führen, mittels Mennige eingekittet waren. Oberhalb der Heizspirale, in dem mit *C* bezeichneten Raume, befanden sich eine Schicht Glasgranaten (-Kugeln) und darüber eine Lage der von BECKMANN[1]) empfohlenen Platintetraedern. Die Quecksilberkugel eines gewöhnlichen BECKMANNschen Thermometers *E* befand sich in einem Platinzylinder *D*, um den Thermometer durch Wärmestrahlung nicht zu be-

[1]) BECKMANN, Ztschr. physikal. Chem. Bd. 21 S. 284.

einflussen.[1]) Durch den Korkpfropfen des Apparates ging noch das Glasrohr *F* durch, welches zur Ableitung der Ammoniakdämpfe diente und mit einer mit Natronkalk gefüllten Kugel verbunden war, um das hygroskopische verflüssigte Ammoniak wasserfrei zu erhalten.

Die Bestimmungen wurden nun in der Weise vorgenommen, daß durch das Öffnen des Ventils *M* (Fig. 17) der mit verflüssigtem Ammoniak gefüllten Stahlflasche *L* ca. 20 ccm des Lösungsmittels in das Dewarsche Rohr abgezapft wurden; die hierbei entweichenden Ammoniakdämpfe wurden durch ein hineinragendes Rohr nach der mit Wasser gefüllten Flasche *O* abgeleitet.

Zuerst wurde durch Einschaltung der Heizspirale in den Stromkreis das verflüssigte Ammoniak für sich allein in starkes Kochen gebracht; nach Ablesung der Temperatur wurde der Pfropfen gelüftet und die aufzulösende, vorher abgewogene Substanz in den Apparat hineingebracht; bei flüssigen Substanzen wurde hierzu eine Beckmannsche Pipette angewandt, die festen Substanzen wurden in Form von komprimierten Plättchen oder Kristallsplittern eingeführt. Die Versuche wurden in der unmittelbaren Nähe einer Wage ausgeführt und nach jedesmaliger Bestimmung der ganze Apparat abgewogen. Die Differenz zwischen dem Gesamtgewicht des Apparates und dem Gewicht des leeren Apparates + Gewicht der eingeführten aufzulösenden Substanz ergab das Gewicht des benutzten Lösungsmittels. Der Wert der Konstante *K* für die molekulare Siedepunktserhöhung wurde dann aus der folgenden Formel berechnet:

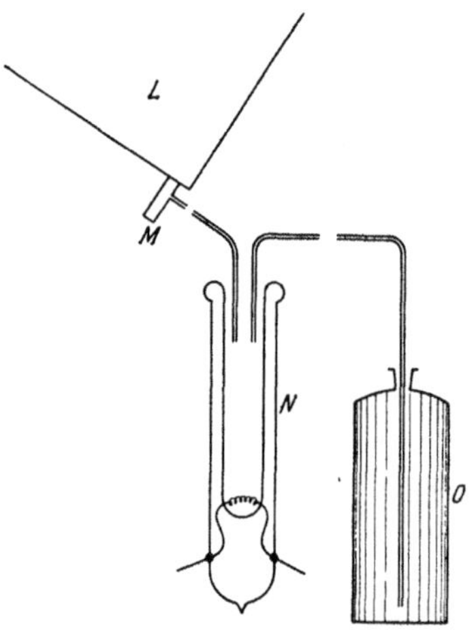

Fig. 17.

$$K = \frac{\text{Gramm des Lösungsmittels} \times \text{Temperaturerhöhung} \times \text{Molekulargewicht}}{\text{Gramm aufgelöster Substanz} \times 100.}$$

In dieser Weise wurden ca. 25 Substanzen untersucht und für jede Substanz bis zu 20 Bestimmungen ausgeführt. Um ein Urteil über die Ergebnisse zu gewähren, seien aus dem tabellarisch geordneten Zahlenmaterial die Resultate für drei Versuchsreihen entnommen und hier wiedergegeben.

---

[1]) Jones, American Chemical Journal Bd. 19 S. 582.

Flüssiges Ammoniak in Gramm	Gramm der aufgelösten Substanz	Gramm der gelösten Substanz pro 100 g des Lösungsmittels	Centigramm-Molekül der gelösten Substanz in 100 g des Lösungsmittels	Temperaturerhöhung des Siedepunktes	Wert der Konstante
Aufgelöste Substanz: Wasser.					
15,96	0,2399	1,51	8,39	0,254	3,04
14,65	0,4006	2,74	15,22	0,497	3,27
13,28	0,5346	4,03	22,39	0,736	3,29
11,93	0,7792	6,53	36,28	1,210	3,33
10,96	0,9342	8,52	47,32	1,604	3,39
10,00	1,0542	10,53	58,55	1,987	3,39
9,07	1,0542	11,63	64,55	2,199	3,42
19,79	1,0542	5,33	29,61	1,011	3,42
18,47	1,0542	5,71	31,72	1,078	3,40
16,97	1,0542	6,21	34,50	1,116	3,38
15,60	1,0542	6,76	37,55	1,272	3,39
14,07	1,0542	7,49	41,61	1,409	3,39
11,78	1,0542	8,95	49,72	1,663	3,29
10,84	1,3149	12,13	67,39	2,300	3,42
9,92	1,6473	16,60	92,22	3,447	3,74
8,71	1,6473	18,91	105,05	3,966	3,78
Aufgelöste Substanz: Ammoniumnitrat.					
15,51	0,2924	1,88	2,35	0,087	3,69
14,46	0,2924	2,02	2,52	0,101	4,00
13,31	0,4920	3,70	4,62	0,166	3,59
12,38	0,7228	5,84	7,30	0,263	3,60
11,62	0,9776	8,41	10,51	0,388	3,69
10,73	1,2694	11,83	14,80	0,557	3,77
10,00	1,6499	16,50	20,62	0,834	4,03
9,42	2,0304	21,55	26,74	1,192	4,43
8,47	2,0304	23,96	29,94	1,368	4,57
7,32	2,0304	27,73	34,66	1,675	4,83
6,32	2,0304	32,12	40,15	2,100	5,23
Aufgelöste Substanz: Metallisches Natrium.					
14,10	0,1189	0,84	3,65	0,074	2,04
12,52	0,1189	0,95	4,13	0,090	2,18
10,82	0,1189	1,10	4,78	0,117	2,45
9,65	0,1189	1,22	5,30	0,134	2,53
8,51	0,1189	1,40	6,08	0,146	2,40
7,63	0,1189	1,56	6,78	0,159	2,35

Die Ergebnisse dieser Versuche werden von Franklin und Kraus wie folgt zusammengefaßt:

Wasser. Zwei Reihen von Bestimmungen haben für die molekulare Siedepunktserhöhung bei allen Konzentrationsgraden die Zahl 3,4 gut übereinstimmend ergeben.

Äthylalkohol. Auch hier beträgt die gesuchte Zahl für die verschiedenen Konzentrationsgrade 3,4.

Propylalkohol. Bei verdünnten Lösungen (mit fünf und weniger Prozent Alkohol) ist die molekulare Siedepunktserhöhung ziemlich die gleiche wie beim Wasser. Für konzentriertere Lösungen verringert sich die Konstante und bei einer Lösung, die auf 100 Teile des Lösungsmittels 56,04 Teile Propylalkohol enthielt, beträgt die Konstante nur 2,75.

Phenol. Bei mäßig konzentrierten Lösungen beträgt die Konstante 3. Diese Zahl verringert sich bei konzentrierteren Lösungen.

Pyrocatechin. Bei mäßig konzentrierten Lösungen beträgt die Zahl 3,2, die für höhere Konzentrationen sich als niedriger erweist.

Resorcin hat eine für die verschiedenen Konzentrationen gut übereinstimmende Zahl 3,5 ergeben.

Hydrochinon. Vier Reihen von Bestimmungen wurden unternommen, ohne daß gut übereinstimmende Zahlen erhalten werden konnten. Die Durchschnittswerte aus jeder der vier Reihen sind:

3,8; 4,1; 3,5 und 3,7.

Zuckerarten. Rohrzucker zeigt mit zunehmender Konzentration ein ziemlich regelmäßiges Steigen der molekularen Siedepunktserhöhung. Die Konstante steigt von dem Werte 3 für stark verdünnte Lösungen bis zum Werte 4,7 für eine Lösung von 75,59 Teilen Zucker in 100 Teilen Ammoniak.

Harnstoff. Bei verdünnteren Lösungen ist die molekulare Siedepunktserhöhung derjenigen des Wassers ungefähr gleich; mit steigender Konzentration verringert sie sich und beträgt für eine Lösung von 26,53 Teilen Harnstoff in 100 Teilen verflüssigten Ammoniaks 2,26.

Pyridin. In verdünnten Lösungen beträgt die molekulare Siedepunktserhöhung ca. 3,2, welche sich bei steigender Konzentration verringert, so daß eine Lösung von 98,74 Teilen Pyridin in 100 Teilen des Lösungsmittels den Wert 1,79 ergeben hat.

Anilin. Auch hier scheint die molekulare Siedepunktserhöhung mit steigender Konzentration der Lösung sich etwas zu verringern. Für verdünntere Lösungen ist die Konstante etwas höher als diejenige für Wasser. Dagegen zeigte eine Lösung von 32,62 Teilen Anilin in 100 Teilen Lösungsmittel den Wert 3,12.

Essigsäure reagiert mit flüssigem Ammoniak ziemlich heftig, wahrscheinlich unter Bildung von Ammoniumacetat. Für mäßig verdünnte Lösungen wurde der Wert der molekularen Siedepunktserhöhung zu 2 gefunden, derselbe sinkt aber mit steigender Konzentration und beträgt 1,58 für eine Lösung von 15,40 Teilen Essigsäure in 100 Teilen Ammoniak.

Essigsaures Natrium ergab annähernd ähnliche Werte wie die Essigsäure.

o-Nitrophenol zeigt eine erheblich höhere molekulare Siedepunktserhöhung (ca. 3,4) als Phenol.

Benzol. Bei mäßig konzentrierten Lösungen beträgt der gesuchte Wert 2,5. Bei Verdünnung scheint die Konstante bis auf den Wert 3 zu wachsen. Lösungen mit mehr als 12 Teilen Benzol auf 100 Teile Ammoniak konnten infolge der begrenzten Löslichkeit des Benzols nicht untersucht werden.

Salze. Abgesehen von essigsaurem Natron und vielleicht dem bei der Prüfung entstandenen Ammoniumacetat sind nur mit 3 Salzen, Ammoniumnitrat, Natriumnitrat und Kaliumjodid, Messungen unternommen worden. In Anbetracht des Umstandes, daß die Lösungen dieser Salze den elektrischen Strom gut leiten, wurde versucht, die molekulare Siedepunktserhöhung auch für höchst verdünnte Lösungen zu bestimmen.

Diese letzteren durch eine besondere Versuchsreihe ermittelten Werte stimmen nicht gut überein, und Franklin und Kraus behalten sich noch vor, mit einem empfindlicheren Apparat Untersuchungen aufzustellen, ob die Dissoziation der Salze in verflüssigtem Ammoniak in der Wirklichkeit gering ist, und ob die hohe Leitfähigkeit nur durch die schnellere Wanderung einer verhältnismäßig geringen Zahl von Ionen herbeigeführt wird.

Nach Franklin und Kraus ist es durchaus nicht unwahrscheinlich, daß das rapide Steigen der molekularen Siedepunktserhöhung mit zunehmender Verdünnung der Bildung einer Verbindung[1]) zwischen dem Salz und Ammoniak verdankt. Nimmt man z. B. bei Jodkalium an, daß es beim Auflösen in verflüssigtem Ammoniak mit dem letzteren die Verbindung $KJ.7NH_3$ bildet, und berechnet man die Konstante für

[1]) Ostwald, Lehrbuch d. allgemein. Chem. S. 473.

das Molekulargewicht dieses Additionsproduktes, so erhält man folgende Werte:

a	b	c	d
Gramm *KJ* in 100 g NH_3	Temperaturerhöhung	Konstante berechnet für *KJ*	Konstante berechnet für $KJ . 7 NH_3$
1,60	0,016	1,59	1,59
5,71	0,109	3,20	3,08
11,01	0,248	3,78	3,49
13,32	0,306	3,87	3,49
16,94	0,408	4,05	3,56
17,86	0,433	4,08	3,56
19,34	0,471	4,09	3,53
20,51	0,507	4,15	3,55
25,22	0,650	4,33	3,55
11,34	0,255	3,41	3,46
13,34	0,306	3,85	3,49
14,84	0,346	3,92	3,51
16,87	0,412	4,10	3,61
17,79	0,441	4,17	3,64
19,74	0,480	4,09	4,51[1])
20,77	0,526	4,26	3,63
37,77	1,129	5,02	3,67
52,12	1,678	5,41	3,41
56,43	1,994	5,94	3,56

Metallisches Natrium und metallisches Lithium. Die sehr geringe molekulare Siedepunktserhöhung der Natrium- und Lithiumlösungen, die zwischen 1,50 für konzentriertere bis ca. 2,30 für verdünntere Lösungen schwankt, ist vielleicht darauf zurückzuführen, daß die Lösungen Metallmoleküle enthalten, welche aus zwei *Na*- bezw. *Li*-Atomen bestehen.[2])

[1]) Hier muß in der Originalabhandlung ein Druckfehler vorliegen: 19,74 g Kaliumjodid (Mol.-Gew. 166) in 100 g Ammoniak entsprechen 33,9 g $KJ . 7 NH_3$ (Mol.-Gew. 285) in 85,8 g Ammoniak; bei der Temperaturerhöhung des Siedepunktes um 0,48 beträgt die Konstante 3,47.

[2]) Vergl. Joannis (C. R. 1892, Bd. 115 S. 820) viertes Kapitel. S. 93 u. 94.

Anhang.

Versuche zur Isolierung des Ammoniums.

Um der Lösung der Frage über die Existenz von metallischem Ammonium näher zu kommen, versuchte RUFF (Ber. D. Chem. Ges. 1901, Bd. 34_2 S. 2604) Alkalisalze in verflüssigtem Ammoniak zu elektrolysieren, in der Erwartung, daß sich dabei Metallammonium- und Halogenammoniumverbindungen bilden und aufeinander einwirken werden.

Beim Durchgehen eines Stromes von 110 Volt und 0,4—0,7 Amp. durch eine solche Lösung von Jodkalium in einem zweischenkeligen Glasgefäß (Fig. 18), welches mit einem Kältegemisch von Alkohol und flüssiger Luft umgeben war, zeigten sich am negativen Pole metallisch glänzende Tropfen, die sich beim Aufsteigen mit blauer Farbe lösten. Das so gebildete Kaliumammonium, welches auch isoliert werden konnte, setzte sich mit dem an der Anode gebildeten Ammoniumjodid um, wobei die blaue Lösung unter Wasserstoffentwickelung entfärbt wurde.

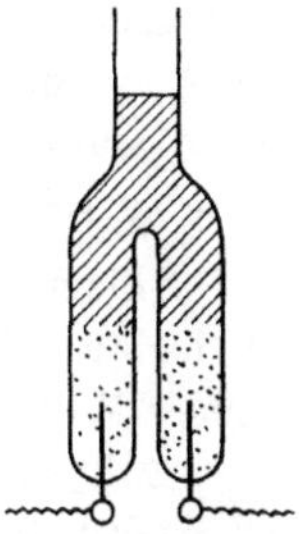

Fig. 18.

Als nun das Jodkalium beim obigen Versuche durch Jodammonium ersetzt wurde, so trat an der negativen Elektrode weder eine Färbung noch irgend welche Abscheidung auf, sondern es entwickelte sich nur Wasserstoff. Derselbe Versuch wurde auch unter einem Drucke von ca. 60 Atm. im zugeschmolzenen Rohr ausgeführt, auch hier konnte nur die Wasserstoffentwickelung wahrgenommen werden.

Da diese Versuche bei einer Temperatur von -95^0, dem Erstarrungspunkte einer gesättigten Lösung von Ammoniumjodid in verflüssigtem Ammoniak, ausgeführt wurden, so läßt sich daraus schließen, daß Ammonium selbst bei dieser tiefen Temperatur unter 60 Atm. Druck nicht existenzfähig ist. Auch bei Verwendung von Quecksilber als Kathode in flüssigem Ammoniak zeigte sich nach Unterbrechung des Stromes keinerlei Andeutung für etwa sich lösendes Ammonium.

Nach RUFF ist das Ammonium aus Analogie zu den leicht dissoziierbaren Alkaliammoniumverbindungen $K.NH_3$, $Na.NH_3$, $Li.NH_3$ als Wasserstoffammonium $H.NH_3$ anzusehen. Durch diese Beziehung zum Wasserstoff wäre das Existenzgebiet des Ammoniums in der Nähe des kritischen Punktes des Wasserstoffs zu suchen. Da man aber bei so tiefen Temperaturen mit flüssigem Ammoniak nicht mehr arbeiten kann und kein entsprechendes Lösungsmittel kennt, so kann diese Hypothese vorläufig wenigstens nicht nachgeprüft werden.

Durch die Veröffentlichung der soeben besprochenen Abhandlung von Ruff über die Elektrolyse von Jodammonium sah sich Moissan (C. R. 1901, Bd. 133 S. 713) veranlaßt, über seine eigenen Versuche auf diesem Gebiete zu berichten. Moissan wiederholte die Versuche von Frenzel[1]) über die elektrische Leitfähigkeit des verflüssigten Ammoniaks und fand dessen Angaben bestätigt, daß die Leitfähigkeit des flüssigen Ammoniaks mit dem Reinheitsgrade abnehme. Beim Einschalten von sorgfältig gereinigtem flüssigem Ammoniak in einen Stromkreis von 115 Volt und 30 Amp. konnte man gar keine Gasentwickelung wahrnehmen, und durch die Flüssigkeit ging höchstens 0,01 Amp. durch. Löste man aber in der Flüssigkeit Chlorammonium auf, so wurde dieselbe gut leitend, und an beiden Elektroden (aus Platin) fand eine reiche Gasentwickelung statt.

An der Anode entwickelte sich Chlor, welches die ganze Flüssigkeit gelb färbte. An der Kathode entwickelte sich Wasserstoff, von dessen Reinheit Moissan sich überzeugt hat. Diese Versuche wurden bei -60^0 bis -80^0 durchgeführt, ohne daß dabei eine Chlorstickstoffbildung oder Stickstoffentwickelung wahrgenommen wurde. Dagegen ruft Chlor in Gegenwart eines Überschusses von Ammoniak bei Zimmertemperatur die Reaktion $4\,NH_3 + 3\,Cl = N + 3\,NH_4Cl$ hervor. Die von Moissan erhaltenen Resultate stimmen mithin mit den Beobachtungen von Ruff, daß Jod bei diesen niedrigen Temperaturen auf Ammoniak nicht einwirkt, völlig überein.

Nach Hugot[2]) trifft dies erst bei -35^0 nicht mehr zu, bei welcher Temperatur die Verbindung $NJ_3 . 3\,NH_3$ entsteht.

Es war nicht schwer nachzuweisen, daß in der Tat hier nur die Temperaturhöhe maßgebend ist: verflüssigtes Ammoniak bei -70^0 mit Jod zusammengebracht, blieben bei dieser Temperatur einen ganzen Tag, ohne die geringste Einwirkung aufeinander auszuüben. Sobald aber das zugeschmolzene Rohr der Laboratoriumstemperatur ausgesetzt wurde, bildete sich eine tief gefärbte schwere Flüssigkeit.

Wie aus der Veröffentlichung von Palmaer (Ztschr. f. Elektrochemie 1902, Bd. 8 S. 729) hervorgeht, war er schon 1899 im Uni-

---

[1]) Zeitschr. f. Elektrochem. 1900, S. 477; vergl. dieses Kapitel S. 193.

[2]) Ann. de Chim. et de Physique 1900, 7. Serie, Bd. 21 S. 23; vergl. fünftes Kapitel S. 156.

versitätslaboratorium in Upsala mit Versuchen der Elektrolyse von Lösungen der Ammoniumsalze in flüssigem Ammoniak beschäftigt, erhielt aber keine anderen Resultate als die von Ruff und Moissan mitgeteilten.

Von dem Gedanken ausgehend, daß ein Ammonium, in welchem die Wasserstoffatome durch andere Radikale ersetzt sind, möglicherweise beständiger sei, stellte Palmaer Versuche zur Darstellung von Tetramethylammonium durch Elektrolyse des in flüssigem Ammoniak gelösten Hydrates des Tetramethylammoniums an.

Wie das Chlorid, so ist auch das Hydrat in flüssigem Ammoniak wenig löslich: 1 l flüssiges Ammoniak löst etwa 6 g (= 0,07 Grammäquivalent) des Hydrates auf.

Um bei der Elektrolyse die Bildung von Chlorammonium zu vermeiden, zog Palmaer vor, das Tetramethylammoniumchlorid durch Behandlung mit Silberoxyd umzusetzen. Das so hergestellte Tetramethylammoniumhydrat konnte nicht chlorfrei erhalten werden und enthielt ca. 2,4 $^0/_0$ vom Chlorid. Zur Lösung wurde das von Kuhnheim & Co. in Berlin bezogene „chemisch reine" flüssige Ammoniak benutzt.

Die Elektrolyse fand im Dewarschen Becherglase bei der Temperatur des Siedepunktes des Ammoniaks statt. Die Elektroden bestanden aus zwei Platinblechen von je 8 qcm Oberfläche mit 1,5 cm Abstand voneinander. Bei 30 Volt ging ein Strom von 0,6 Amp. über, was einer Leitfähigkeit von 0,004 entspricht. Während der Elektrolyse zeigten sich in der Nähe der Kathode tiefblaue Schlieren — genau von der Farbe der Natriumlösung im Ammoniak — und Palmaer neigt zur Meinung, daß diese Färbung auf die Entstehung von Tetramethylammonium hinweist.

In ähnlicher Weise führte Palmaer die Elektrolyse von Tetramethylammoniumchlorid in flüssigem Ammoniak aus, wobei die Bildung der blauen Schlieren ebenfalls beobachtet werden konnte, ohne daß es gelang, über deren Entstehung positive Unterlagen und Klarheit zu verschaffen.

Um sich zu überzeugen, ob Ammonium sich nicht erhalten läßt, falls es erst bei einer Temperatur von etwa — 100^0 in Freiheit gesetzt wird, ließ Moissan (C. R. 1901, Bd. 133 S. 715—717) eine Lösung von Calciumammonium in verflüssigtem Ammoniak auf eine Lösung von Chlorammonium in demselben Lösungsmittel einwirken.

Für den Versuch diente ein U-Rohr, dessen einer Schenkel in der Mittelhöhe etwas verjüngt war. Auf dem Boden des U-Rohrs lag

0,155 g Calcium und über der Verjüngung lag auf einem Baumwollpfropfen 0,421 g Chlorammonium. Die während der Reaktion sich entwickelnden Gase wurden unter Quecksilber aufgefangen. Durch das Rohr wurde trocknes Ammoniakgas geleitet; sobald der untere Teil des U-Rohres die Temperatur von —40° angenommen hatte, verflüssigte sich das Ammoniakgas und bildete mit dem Calcium Calciumammonium, welches sich in überschüssigem Ammoniak auflöste. Die Temperatur wurde bis auf —80° gebracht und dann auch der Schenkel gekühlt; sobald der letztere ebenfalls genügend abgekühlt wurde, begann das Ammoniakgas sich an den Wandungen zu kondensieren, Chlorammonium von dem Baumwollpfropfen aufzulösen und auf das Calciumammonium niederzurieseln; hierbei wurden 88,6 ccm Wasserstoff (auf 0° und 760 mm berechnet) erhalten. Durch Verbrennen im Eudiometer überzeugte man sich von der Reinheit des Gases. Theoretisch dürften beim Zerfall von Ammonium in Ammoniak und Wasserstoff bei dieser Reaktion 86 ccm Wasserstoff entstehen, entsprechend der Gleichung:

$$2\,NH_4Cl + Ca(NH_3)_4 = CaCl_2 + 4\,NH_3 + (2\,NH_3 + 2\,H).$$

Diese Versuche wurden auch mit Lithiumammonium wiederholt, wobei die Reaktion nach folgender Gleichung verläuft:

$$NH_4Cl + NH_3Li = LiCl + NH_3 + (NH_3 + H).$$

Beim Arbeiten mit 0,059 g Lithium und 0,454 g Ammoniumchlorid wurden 98 ccm Wasserstoff statt 94 ccm (theoretisch) erhalten.

Die Versuche mit Lithiumammonium wurden mit verschiedenen Veränderungen mehrmals wiederholt, sei es indem man Chlorammoniumlösung auf Lithiumammonium tropfen ließ oder auch umgekehrt, wobei aber die Temperatur stets zwischen —75° und —80° inne gehalten wurde; immer mußte aber der Zerfall der Ammoniumgruppe in Ammoniak und Wasserstoff konstatiert werden.

Die Versuche über den Verlauf von Reaktionen bei niedrigen Temperaturen fortsetzend, ließ MOISSAN[1]) (C. R. 1901, Bd. 123 S. 771 bis 774) verflüssigtes Schwefelwasserstoffgas auf festes Lithiumammonium bei —70° bis —75° einwirken und konnte folgende Reaktion nachweisen:

$$2\,NH_3Li + H_2S = Li_2S + 2\,NH_3 + H_2.$$

Die gefundene Wasserstoffmenge war ca. 3% geringer als die berechnete. Mit Calciumammonium erhielt MOISSAN bei der Temperatur des siedenden Schwefelwasserstoffs (ca. —62°) eine analoge Reaktion:

$$(NH_3)_4Ca\,.\,2\,NH_3 + H_2S = CaS + 6\,NH_3 + H_2.$$

[1]) Archives néerland. Sc. exact. et nat. (2) Bd. 6 S. 490—496.

Wie aus diesen Versuchen hervorgeht, ist Ammonium bei -73^0 nicht existenzfähig; bei noch tieferen Temperaturen mit Ammoniak zu arbeiten ist nicht möglich, da es bei -75^0 erstarrt.

Moissan wirft nun die Frage auf, ob wenigstens die Existenz des Ammoniumamalgams (C. R. 1901, Bd. 133 S. 803—808 und Bull. de Soc. Chim. de Paris 1902, Ser. 3, Bd. 27 S. 714—719) als mit Sicherheit nachgewiesen gelten kann.

Über diese Frage liegen bereits zahlreiche Arbeiten und Veröffentlichungen vor, die aber nach Moissans Meinung die Frage endgültig zu lösen nicht geeignet sind. In den älteren Veröffentlichungen (Seebeck, Tromsdorff, Berzelius, Pontin, Davy) wird auf die Existenz des Ammoniumamalgams geschlossen, ohne daß quantitative Bestimmungen des erhaltenen Körpers überhaupt oder in befriedigender Weise ausgeführt wurden.

So fanden Gay-Lussac und Thénard [1]) z. B., daß bei der Einwirkung von Natriumamalgam auf eine gesättigte wässerige Chlorammoniumlösung ein Ammoniumamalgam entsteht, welches auf 2 Volumina Wasserstoff 2,5 Volumina Ammoniakgas entwickelte. In der Wirklichkeit aber muß, wie aus der Gleichung $2\,NH_4 = 2\,NH_3 + H_2$ ersichtlich ist, auf 1 Volumina Wasserstoff 2 Volumina Ammoniakgas gefunden werden.

Das von Landolt [2]) durch Elektrolyse erhaltene Ammoniumamalgam entwickelte bei seiner Zersetzung auf 2 Volumina Wasserstoft 4,3—4,8 Volumina Ammoniakgas. Bemerkenswert ist noch, daß das Landoltsche Amalgam, welches wohl die NH_4-Gruppe enthielt, so stark abweichende Eigenschaften im Vergleich mit den Kalium- und Natriumamalgamen aufwies, daß es kaum als wahres Metallamalgam angesehen werden darf. Auch die bereits vorher kurz erwähnten Arbeiten von Le Blanc, von Goodwin und Kay Thompson, von Pocklington und von Coehn [3]) über Ammoniumamalgam sind nach Moissan schon deshalb nicht geeignet, die Frage definitiv zu entscheiden, weil die Versuche, das Amalgam herzustellen, in wässerigen Lösungen vorgenommen wurden.

Moissan versuchte nun Ammoniumamalgam durch doppelte Umsetzung zwischen Natriumamalgam und Jodammonium, beides in flüssigem Ammoniak gelöst, zu erhalten. Zuerst überzeugte er sich noch, daß das Natriumamalgam allein, selbst wenn es mehrere Stunden in Berührung

---

[1]) Vergl. Ann. de Chim. 1809, I. Ser., Bd. 73 S. 197.

[2]) Ann. d. Chem. und Pharm. Suppl. Bd. 6 S. 346.

[3]) Vergl. drittes Kapitel S. 77; über Alkylammonium-amalgame vergl. Crotogino, Zeitschr. f. Elektochem. 1901, Bd. 7 S. 648.

mit verflüssigtem Ammoniak bei Temperaturen von — 35° bis — 39° blieb, keine Wirkung auf dasselbe ausübte. Sobald das in flüssigem Ammoniak eingetragene pastenförmige Natriumamalgam mit dem vollständig entwässerten Ammoniumjodid in Berührung kam, verflüssigte es sich; eine Gasentwickelung fand dabei nicht statt. Die so entstandene Flüssigkeit wurde mehrmals mit flüssigem Ammoniak gewaschen und dekantiert, um das überschüssige Ammoniumjodid und das gebildete Natriumjodid zu entfernen. Daraufhin wurde das Ganze auf — 80° abgekühlt und man erhielt so einen sehr harten Metallklumpen. Dieser wurde mit auf — 80° abgekühltem und mit Wasserstoffgas gesättigtem Äther (bei einigen Versuchen mit Schwefeldioxyd) gewaschen und dann längere Zeit unter Vakuum bei — 80° bis — 90° gehalten. Eine eintretende Zersetzung des Amalgams wurde trotz des so gut wie absoluten Vakuums nicht konstatiert. Beim langsamen Anwärmen des Rohres erschienen bei — 40° glänzende Quecksilberkügelchen, bei — 30° begann die Masse aufzuquellen und bei + 15° füllte sie fast den ganzen Apparat aus, indem sie einen 25—30 fachen Raum im Vergleich mit dem ursprünglichen Volumen des Amalgams einnahm.

Während dieser Zersetzung wies die Masse eine um 5—6° höhere Temperatur als die der Umgebung auf. Im Vakuum dauerte bei gewöhnlicher Temperatur die Gasentwickelung 12—15 Stunden; 7 verschiedene Versuche haben folgende Gasgemische ergeben:

Versuch No.	1	2	3	4	5	6	7
				Volumina			
H in Proz. . . .	33,3	33,4	33,9	33,3	33,3	33,3	33,7
NH_3 in Proz. . .	66,7	66,6	66,1	66,7	66,7	66,7	66,3

Die Zusammensetzung des Gasgemisches entspricht also genau der Formel NH_4. Indessen meint Moissan, daß in Wirklichkeit man hier nicht mit einem Ammoniumamalgam, sondern mit einem ammoniakalischen Quecksilberhydrür zu tun hat. Als Begründung hierfür führt Moissan die Verschiedenheit im Verhalten von Natriumamalgam, welches, in Wasser geworfen, sich zwar langsam zersetzt, aber nicht aufquillt, und dem Körper $NH_4 . n\,Hg$ an, welches ähnlich dem nach dem Verfahren von Troost und Hautefeuille[1]) erhaltenen, im Natriumamalgam gelösten Natriumhydrür Na_2H im Wasser unter langsamer Zersetzung sehr stark aufquillt und schäumt.

[1]) Ann. de Chim. et de Phys. 1874, 5. Serie, Bd. 2 S. 273.

Das merkwürdige Verhalten der in flüssigem Ammoniak gelösten Metalle sowie die zahlreichen Widersprüche zwischen einwandsfreien Beobachtern in bezug auf die Farbe dieser Lösungen, lassen sich nach Verfassers Meinung (Ann. d. Physik 1905 Bd. 16) auf Grund der Beobachtungen von ZSIGMONDY (LIEBIGS Ann. 1898, Bd. 301 S. 29), daß auch bei roten kolloidalen Goldlösungen ein Zusatz von Chlornatrium oder von anderen Elektrolyten genügt, um den Farbenumschlag ins Blau zu bewirken, ungezwungen erklären. Die Metalle oder die Metallamoniumverbindungen, wie z. B. $(NaNH_3)_2$ oder $(NH_3)_4Ca$, deren Metallcharakter und Metalleigenschaften von keiner Seite in Zweifel gezogen werden, werden durch verflüssigtes Ammoniak in den kolloidalen Zustand übergeführt. Diese kolloidalen Lösungen sind, unabhängig von der Natur und Spektrum des aufgelösten Metalls, für sich allein undurchsichtig und rot und erleiden durch Zusatz von Elektrolyten eine Art Koagulation, wobei sie mehr oder weniger rasch ins Blau umschlagen. Auch das Verhalten dieser Lösungen dem elektrischen Strom gegenüber — die „metallische Leitfähigkeit" derselben — kann durch den kolloidalen Zustand erklärt werden.

Seit WEYLS Versuchen, „Wasserstoffammonium" zu erhalten, bis zu den ebenfalls nur negativen Ergebnissen der Arbeiten von RUFF und MOISSAN sind vierzig Jahre verflossen, während welcher Zeit das hier in Betracht kommende Gebiet von SEELY, GORE, JOANNIS, HUGOT, GUNTZ, MENTREL, CADY, GOODWIN und THOMPSON, FRENZEL, FRANKLIN und KRAUS und vielen anderen mit bewundernswerter Ausdauer bearbeitet wurde. Und wenn es noch eines Beweises mehr bedürfte, daß auch das Streben nach etwas scheinbar Unerreichbarem, vielleicht auch Imaginärem durchaus nicht fruchtlos zu verlaufen braucht, so könnte man einen solchen Beweis durch die hier aufgezählten Untersuchungen und durch die gelegentlich der Versuche, das Radikal NH_4 als solches kennen zu lernen, gewonnenen Resultate als erbracht zu betrachten. Möge nun das von so vielen Forschern geschaffene Tatsachenmaterial auch den Gewerben und Künsten zum Nutzen gereichen.

Verhalten verschiedener Substanzen in flüssigem Ammoniak.

A. Anorganische und metallorganische Substanzen.[1])

	In DIVERSscher Flüssigkeit $NH_4NO_3 + NH_3$	In verflüssigtem Ammoniak nach Beobachtungen von		
		GORE	FRANKLIN und KRAUS	anderen Forschern
Aluminium.				
Aluminium-metall	unl	unl	—	—
chlorid	swl	—	unl	vergl. BAUD.
oxyd	unl	—	—	—
[sulfat] alaun	qu, swl	—	—	—
acetat	—	—	unl	—
Ammonium.				
Ammonium-arseniat	—	—	unl	—
borat	—	—	wl	—
bromid	wl	—	ll	—
carbonat	l	unl	unl	—
chlorid	wl	ll	ll	—
chromat	unl, R	—	wl	—
hypophosphit	—	—	l	—
jodid	wl	—	sll	vergl. RUFF.
molybdat	—	—	unl	—
nitrat	sll	sll	sll	—
o-phosphat	swl, qu	—	unl	—
selensaures	—	—	unl	—
Sulfammonium	—	—	—	ll, MOISSAN.

[1]) Abkürzungen: sll = sehr leicht löslich, ll = leicht löslich, l = löslich, wl = wenig bezw. langsam löslich, swl = sehr wenig löslich, unl = unlöslich, R = Reaktion, qu = quillt auf.

	In DIVERS-scher Flüssigkeit $NH_4NO_3 + NH_3$	In verflüssigtem Ammoniak nach Beobachtungen von		
		GORE	FRANKLIN und KRAUS	anderen Forschern
Ammonium-sulfat	unl	—	unl	—
sulfid	—	—	ll	—
sulfocyanat	—	—	sll	—
vanadinsaures	—	unl	—	—
acetat	l	—	—	vergl. TROOST.
carbaminsaures	—	—	—	l, RENGADE.
oxalat	unl	—	unl	—
oxalurat	—	—	l	—
thionurat	—	—	l	—
Antimon.				
Antimon-metall	—	unl	—	JOANNIS, LEBEAU.
Pyroantimonsaures Kalium	—	unl	—	—
Antimon-bromid	—	ll	—	—
trichlorid	R, qu	qu, unl	—	—
pentachlorid	R, qu	—	—	—
fluorid	—	qu, unl	—	—
jodid	—	R	—	—
oxyd	—	unl	—	—
pentoxyd (hydrat)	—	wl	—	—
oxybromid	—	wl	—	—
oxychlorid	—	unveränd.	—	—
sulfid (rot)	—	unl	—	—
sulfid (orange)	—	l	—	—
sulfid (schwarz)	unl	unl	—	—
Brechsweinstein	—	—	unl	—
Arsen.				
Arsen-metall	—	unl	unl	vergl. HUGOT.
amid	—	—	—	unl, HUGOT.
Arsenige Säure	R	qu, unl	unl	—
Arsen-kalium	—	—	—	ll, HUGOT.
säure, kristall.	—	swl	—	—
tribromid	—	—	—	qu., HUGOT.
trichlorid	R	R	—	„
jodid	—	R	R	„
Auripiment	—	wl	wl	—
Realgar	—	l	—	—

	In Diversscher Flüssigkeit $NH_4NO_3 + NH_3$	In verflüssigtem Ammoniak nach Beobachtungen von		
		Gore	Franklin und Kraus	anderen Forschern
Baryum.				
Baryum-metall	—	unl	—	l, Guntz u. Mentrel.
amid	—	—	—	unl, Mentrel.
carbonyl	—	—	—	unl, Mentrel.
chlorid	l	qu, unl	unl	—
nitrat	w l	l l	l	—
nitrid Ba_3N_2	—	—	—	unl, Mentrel.
oxyd	—	unl	—	—
hydroxyd	—	unl	unl	—
sulfat	unl	unl	unl	—
acetat	—	—	s w l	—
Beryllium.				
Beryllium-carbonat	—	unl	—	—
chlorid	—	unl	—	—
oxyd	—	unl	—	—
sulfat	—	unl	—	—
Blei.				
Blei-metall	s w l	unl	—	vergl. Joannis.
bromid	—	—	l	—
carbonat	—	—	unl	—
chlorid	l l	qu, unl	w l	—
chromat	s w l, qu	unl	unl	—
bichromat	—	w l	w l	—
fluorid	—	unl	—	—
jodat	—	unl	—	—
jodid	l l	w l	s l l	—
nitrat	l l	l l	s l l	—
oxyd (Litharge)	l R	—	unl	—
oxyd (Mennige)	—	unl	unl	—
superoxyd	unl	—	unl	—
sulfat	R	—	—	—
sulfid (Bleiglanz)	unl	—	unl	—
acetat	—	—	l l	—
ameisensaures	—	—	l	—
tartrat	—	—	unl	—

	In DIVERSscher Flüssigkeit $NH_4NO_3 + NH_3$	In verflüssigtem Ammoniak nach Beobachtungen von		
		GORE	FRANKLIN und KRAUS	anderen Forschern
Bor.				
Bor	—	unl	—	—
amid	—	—	—	l, JOANNIS.
Borax	l	—	—	—
Bor-bromid	—	—	—	R, JOANNIS.
chlorid	—	—	—	R, JOANNIS.
imid	—	—	—	unl, STOCK und BLIX,[1] JOANNIS.
säureanhydrid	s w l	unl	—	—
säure	—	—	w l	—
sulfidsulfhydrat	—	—	—	R, STOCK und BLIX.
stickstoff	—	—	—	STOCK und BLIX.
Brom	R, Bildung NH_4Br	—	—	—
Cadmium.				
Cadmium-metall	w l R	—	—	vergl. MORIN (*Cd* in DIV. Fl.).
bromid	—	unl	unl	—
carbonat	—	unl	—	—
chlorid	—	qu, unl	unl	—
fluorid	—	unl	—	—
jodid	—	unl	w l	—
nitrat	—	—	l	—
oxyd	l	—	—	—
sulfat	—	—	unl	—
sulfid	unl	unl	unl	—
Caesium.				
Caesium-metall	—	—	ll	ll, MOISSAN.
alaun	—	—	unl	—
acetylenür	—	—	—	l, MOISSAN.
carbid	—	—	—	vergl. MOISSAN.
hydrür	—	—	—	R, MOISSAN.
Calcium.				
Calcium-metall	—	unl	—	w l, MOISSAN, GUNTZ.
amid	—	—	—	vergl. MOISSAN.
bromid	—	—	w l	—
carbonat	unl	—	unl	—
chlorid	ll	qu, unl	unl	—
fluorid (Flußspat)	unl	—	—	—

[1]) In Gegenwart von Schwefel löslich; vergl. S. 145.

	In DIVERSscher Flüssigkeit $NH_4NO_3 + NH_3$	In verflüssigtem Ammoniak nach Beobachtungen von		
		GORE	FRANKLIN und KRAUS	anderen Forschern
Calcium-nitrat	—	—	sll	—
oxyd (Kalk)	l, R	—	unl	—
o-phosphat	unl	—	unl	—
sulfat	swl	—	—	—
sulfid	—	—	unl	unl, MOISSAN.
polysulfid	—	—	—	l, MOISSAN.
sulfit	—	—	unl	—
acetat	—	—	swl	—
ameisensaures	—	—	unl	—
buttersaures	—	—	unl	—
Cer.				
Cer-chlorid	—	unl	—	—
fluorid	—	unl	—	—
nitrat	—	wl	wl	—
oxyd	—	unl	—	—
Chrom.				
Chrom-chlorid	R	qu, wl	—	vgl. LANG u. CARSON.
fluorid	—	unl	—	—
säure	R	qu, wl	wl	—
alaun	swl, R	unl	—	—
Didym.				
Didymnitrat	—	—	l	—
Eisen.				
Eisenmetall	unl	unl	—	—
Ferriverbindungen.				
Eisen-bromid	—	—	wl	—
chlorid	R	—	—	—
jodid	—	—	ll	—
kaliumcyanid	l, R	—	—	—
oxyd	swl	—	—	—
pyrophosphat	—	—	unl	—
sulfat	R	qu, unl	—	—
Ferroverbindungen.				
Eisen-chlorür	qu, swl	—	—	—
kaliumcyanür	qu, swl	unveränd.	unl	—
sulfat	qu	—	unl	—

	In DIVERS-scher Flüssigkeit $NH_4NO_3 + NH_3$	In verflüssigtem Ammoniak nach Beobachtungen von		
		GORE	FRANKLIN und KRAUS	anderen Forschern
Eisen-sulfid	R	—	unl	—
laktat	—	—	wl	—
valerinsaures	—	—	wl	—
Gold.				
Goldchlorid	R, wl	R, wl	—	—
Indium.				
Indium-metall	—	unl	—	—
oxyd (schwarz)	—	—	unl	—
Iridium.				
Kaliumchloriridat	—	unl	—	—
Osmiumiridium	—	unl	—	—
Iridiumoxyd	—	unl	—	—
Jod.				
Jod-metall	l, R	l	l	R, HUGOT, RUFF, MOISSAN.
säure	—	unl	unl	—
stickstoff	—	—	—	unl.[1]) HUGOT, RUFF.
Kalium.				
Kalium-metall	l	l	l	WEYL, JOANNIS.
amid	—	—	—	ll, JOANNIS, HUGOT, FRANKLIN u. STAFFORD.
pyroantimonsaures	—	—	unl	—
arsenid	—	—	—	l, HUGOT.
tetrarsenid	—	—	—	ll, HUGOT.
bromid	wl	wl	l	—
carbid	—	—	—	l, MOISSAN.
carbonat	ll, R	—	unl	—
carbonyl	—	—	—	vergl. JOANNIS.
chlorat	wl	—	l	—
chlorid	wl	swl	wl	vergl. JOANNIS.
chloriridat	—	unl	—	—
chromat	R	wl	unl	—
bichromat	R	wl	wl	—
cyansaures	—	—	sll	—
cyanid	swl	unl	l	—
eisencyanid	l, R	—	—	—
eisencyanür	qu, swl	unl	unl	—
fluorid	—	wl	—	—
fluosilicat	—	unl	—	—

[1]) In Gegenwart von Ammoniumjodid löslich; vergl. S. 157.

	In DIVERS-scher Flüssigkeit $NH_4NO_3 + NH_3$	In verflüssigtem Ammoniak nach Beobachtungen von		
		GORE	FRANKLIN und KRAUS	anderen Forschern
Kalium-fluozirkonat	—	unl	—	—
hydroxyd	R	—	unl	—
hydrür	—	—	—	vergl. MOISSAN.
hyponitrit	—	—	—	unl, JOANNIS.
hypophosphit	—	—	wl	—
iridiumsaures	—	unl	—	—
jodat	—	—	unl	—
jodid	wl	ll	sll	—
nitrat	wl	—	ll	—
trinitrid	—	—	—	vergl. JOANNIS.
nitrit	l	—	ll	—
oxyd	—	—	—	unl, JOANNIS.
dioxyd (superoxyd)	—	—	—	unl, JOANNIS.
tetroxyd	—	—	—	unl, JOANNIS.
permanganat	ll, R	sll	ll	—
m-phosphat	—	—	unl	—
Monokaliumpentaphosphid	—	—	—	ll, HUGOT.
Monokaliumphosphorwasserstoff	—	—	—	wl, JOANNIS.
Kalium-rhodanat	—	l	ll	—
selenid	—	—	—	unl, HUGOT.
tetraselenid	—	—	—	l, HUGOT.
Monokaliumsulfamid	—	—	—	sll, FRANKLIN und STAFFORD.
Dikaliumsulfamid	—	—	—	l, FRANKLIN und STAFFORD.
Kalium-sulfat	R	—	unl	—
sulfid	—	—	l	unl, HUGOT.
pentasulfid	—	—	—	l, HUGOT.
sulfit	swl	—	unl	—
tellurid	—	—	—	unl, HUGOT.
tritellurid	—	—	—	l, HUGOT.
acetat	—	—	wl	—
äthylschwefelsaures	—	—	ll	—
ameisensaures	—	—	—	vergl. RENGADE.
benzolsulfinsaures	—	—	l	—
o-nitrophenolsulphosaures	—	—	l	—
nitroprussid	—	—	ll	—

	In DIVERSscher Flüssigkeit $NH_4NO_3 + NH_3$	In verflüssigtem Ammoniak nach Beobachtungen von		
		GORE	FRANKLIN und KRAUS	anderen Forschern
Monokaliumacetamid . . .	—	—	—	ll, FRANKLIN u. STAFFORD.[1])
Dikaliumacetamid	—	—	—	ll, "
Monokaliumbenzamid . .	—	—	—	l, "
Dikaliumbenzamid	—	—	—	l, "
Monokaliumbenzolsulfamid	—	—	—	l, "
Dikaliumbenzolsulfamid .	—	—	—	w l, "
Monokaliumharnstoff . . .	—	—	—	l, "
Dikaliumharnstoff	—	—	—	l, "
Monokalium-m-methoxybenzolsulfamid . .	—	—	—	l, "
Dikalium-m-methoxybenzolsulfamid . .	—	—	—	w l, "
Monokalium-p-methoxybenzolsulfamid . .	—	—	—	l, "
Monokaliumphenylacetamid	—	—	—	ll, "
Kalium-saccharin	—	—	—	l, "
p-toluolsulfamid . . .	—	—	—	w l, "
Kobalt.				
Kobalt-carbonat	—	unl	—	—
chlorid	qu	qu, unl	unl	—
fluorid	—	unl	—	—
nitrat	—	—	l, gelbe Lösung	—
oxyd	w l	unl	unl[2])	—
sulfat	—	qu, unl	unl	—
Kohlenstoff.[3])				
Holzkohle	unl	unl	—	—
Graphit	—	unl	—	—
Kohlenoxyd	—	—	—	vergl. JOANNIS.
Kohlendioxyd	R	—	—	vergl. RENGADE.
Chlorkohlenoxyd (Phosgen)	—	—	R	—
Hexachlorkohlenstoff . . .	—	unl	—	—

[1]) Die Verbindungen von Kalium mit Allylsulfharnstoff, p-Chlorbenzamid, Cyanacetamid, m-Nitro-p-toluidin, Pikramid, Succinimid und Thioharnstoff sind in verflüssigtem Ammoniak löslich, aber kurze Zeit nach der Auflösung zeigen die Lösungen verschiedenartige Veränderungen (vergl. S. 185).

[2]) Löslich in Gegenwart von Ammoniumnitrat.

[3]) Vergl. außerdem die tabellarische Zusammenstellung organischer Verbindungen S. 235.

	In DIVERSscher Flüssigkeit $NH_4NO_3 + NH_3$	In verflüssigtem Ammoniak nach Beobachtungen von		
		GORE	FRANKLIN und KRASU	anderen Forschern
Tetrabromkohlenstoff . . .	unl	ll	—	—
Tetrachlorkohlenstoff . . .	unl	mischbar	mischbar	—
Schwefelkohlenstoff . . .	unl, R	R	R	—
Acetylen	—	—	—	vergl. MOISSAN.
Amylen	—	nicht mischbar	—	—
Diisoamylen	—	—	unl	—
Hexan	—	—	unl	—
Paraffin	—	unl	—	—
Benzol	unl	—	l	—
Naphtalin	—	swl	swl	—
Anthracen	—	unl	unl	vergl. WILTON.
Kupfer.				
Kupfer-metall	unl	schw. R	schw. R	—
ammoniumchlorid . .	—	—	wl	—
arsenigsaures	—	—	unl	—
arsensaures	—	—	unl	—
carbonat	—	unl	unl	—
chlorid	ll	qu, unl	—	unl, BOUZAT.
chlorür	wl	—	wl	—
chromat	—	unl	—	—
cyanid	—	l	—	—
cyanür	—	l	—	—
ferrocyanid	—	unl	—	—
fluorid	—	unl	—	—
jodür	—	unl	ll	—
nitrat	—	—	sll	—
oxyd	l	schw. R	schw. R	—
oxydul	—	schw. R	—	vergl. JOANNIS.
phosphat	—	unl	—	—
sulfat, kristallisiert . .	—	—	unl	—
sulfat, wasserfrei . . .	R	qu, unl	—	unl, BOUZAT.
sulfid	—	unl	unl	—
acetat	—	—	wl	—
ameisensaures	—	—	wl	l, JOANNIS.
benzoesaures	—	—	—	l, JOANNIS.
Lanthan.				
Lanthansulfat	—	unl	—	—

	In DIVERS-scher Flüssigkeit $NH_4NO_3 + NH_3$	In verflüssigtem Ammoniak nach Beobachtungen von		
		GORE	FRANKLIN und KRAUS	anderen Forschern
Lithium.				
Lithium-metall	—	l	l	l, MOISSAN, SEELY.
amid	—	—	—	wl, MOISSAN.
antimonid	—	—	—	l, LEBEAU.
bromid	—	—	l	—
carbonat	—	—	unl	—
chlorid	—	—	wl	—
jodid	—	—	ll	—
methylammonium	—	—	—	l, MOISSAN.
nitrat	—	—	sll	—
benzoesaures	—	—	ll	—
salicylsaures	—	—	ll	—
Magnesium.				
Magnesium-metall	wl	unl	—	—
bromid	—	—	wl	wl, FRANKLIN-STAFFORD
carbonat	—	—	unl	—
chlorid	l	—	—	—
oxychlorid	—	—	wl	—
cyanamid	—	—	—	l, FRANKLIN-STAFFORD.
jodid	—	—	ll	—
nitrat	—	—	sll	l, FRANKLIN-STAFFORD.
oxyd	l, R	—	unl	—
phosphat	—	—	unl	—
sulfat	R	—	unl	—
sulfid	—	—	unl	—
sulfit	—	—	unl	—
acetamid	—	—	—	l, FRANKL. u. STAFF.
benzolsulfamid	—	—	—	l, FRANKL. u. STAFF.
Mangan.				
Mangan-metall	—	unl	—	—
bromid	—	—	unl	—
carbonat	—	—	unl	—
chlorid	swl	unl	unl	—
fluorid	—	unl	—	—
jodid	—	—	l	—
nitrat	—	—	ll	—
dioxyd	unl	—	—	—
sulfat	qu	unl	unl	—
sulfid	qu, R	—	—	—

	In Diversscher Flüssigkeit $NH_4NO_3 + NH_3$	In verflüssigtem Ammoniak nach Beobachtungen von		
		Gore	Franklin und Kraus	anderen Forschern
Molybdän.				
Molybdän-metall	—	unl	unl	—
trioxyd	unl, qu, R	—	—	—
säure	—	unl	unl	—
sulfid	—	unl	—	—
Natrium.				
Natrium-metall	l	ll	l	Weyl, Joannis.
amid	—	—	—	wl, Joannis, Hugot.
antimonid	—	—	—	wl, Joannis.
arsenid	—	—	—	l, Hugot.
biborat	l	—	unl	—
blei	—	—	—	l, Joannis.
bromat	—	—	l	—
bromid	—	—	ll	—
carbid	—	—	—	l, Moissan.
carbonat	ll, R	—	unl	—
carbonyl	—	—	—	vergl. Joannis.
chlorat	—	—	ll	—
chlorid	wl	wl	l	l, Joannis.
bichromat	—	—	wl	—
hydroxyd	R	—	unl	—
hyponitrit	—	—	—	vergl. Joannis.
hypophosphit	—	—	wl	—
jodid	—	—	ll	—
nitrat	l	—	ll	—
trinitrid	—	—	—	vergl. Joannis.
nitrit	l	—	ll	—
oxyd	—	—	—	unl, Joannis.
superoxyd	—	—	—	unl, "
trioxyd	—	—	—	unl, "
permanganat	—	—	l	—
m-phosphat	swl	—	—	—
o-phosphat	unl	—	—	—
p-phosphat	unl	—	unl	—
Mononatriumtriphosphid	—	—	—	ll, Hugot.
Natriumphosphomolybdat	—	—	unl	—
Mononatriumphosphorwasserstoff	—	—	—	l, Joannis.

	In DIVERSscher Flüssigkeit $NH_4NO_3 + NH_3$	In verflüssigtem Ammoniak nach Beobachtungen von		
		GORE	FRANKLIN und KRAUS	anderen Forschern
Sesquinatriumphosphorwasserstoff $Na_3H_3P_2$	—	—	—	wl, HUGOT.
Natrium-selenid	—	—	—	unl, HUGOT.
tetraselenid	—	—	—	l, HUGOT.
sulfat	R	—	unl	—
bisulfat	—	—	unl	—
sulfid	R	—	—	unl, HUGOT.
pentasulfid	—	—	—	l, HUGOT.
sulfit	swl	—	unl	—
bisulfit	swl	—	—	—
tellurid	—	—	—	unl, HUGOT.
tritellurid	—	—	—	l, HUGOT.
thiosulfat	—	—	l	—
wismut	—	—	—	wl, JOANNIS.
wolframsaures	—	—	wl	—
acetat	—	—	wl	—
ameisensaures	—	—	swl	vergl. RENGADE.
äthylschwefelsaures	—	—	ll	—
benzolsulfinsaures	—	—	l	—
carbaminsaures	—	—	—	unl, RENGADE.
citronensaures	—	—	unl	—
propionsaures	—	—	swl	—
salicylsaures	—	—	ll	—
valeriansaures	—	—	unl	—
o-xylolsulfinsaures	—	—	l	—
Nickel.				
Nickel-metall	unl	unl	—	—
chlorid	qu	qu, unl	unl	—
fluorid	—	unl	—	—
hydroxyd	—	unl	—	—
nitrat	—	—	l, Purpurlösung	—
oxyd	—	unl	—	—
sulfat	—	—	unl	—
Niobium.				
Niobsäure	—	unl	—	—
Osmium.				
Osmium-metall	—	unl	—	—

	In DIVERS-scher Flüssigkeit $NH_4NO_3 + NH_3$	In verflüssigtem Ammoniak nach Beobachtungen von		
		GORE	FRANKLIN und KRAUS	anderen Forschern
Osmium-iridium	—	unl	—	—
säure	—	R	—	—
Palladium.				
Palladium-metall	—	unl	—	—
chlorid	—	wl	—	—
sulfid	—	unl	—	—
Phosphor.				
Phosphor-, rot	unl, R	unl	unl	unl, HUGOT.
weiß	—	l	l	l, HUGOT, STOCK.
amid	—	—	—	vergl. JOANNIS.
trichlorid	swl, R	R	R	vergl. JOANNIS.
pentachlorid	swl, qu, R	ll	R	—
pentoxyd	R	wl	unl	—
säure (glasige)	swl	unveränd.	—	—
stickstoff	—	—	—	STOCK u. HOFFMANN.
pentasulfid	—	—	—	l, STOCK u. HOFFMANN.
wasserstoff	—	—	—	vergl. JOANNIS.
Platin.				
Platin-metall	unl	unl	—	—
chlorür	R, l	wl	—	—
chlorid	swl	wl	—	—
jodid	—	ll	—	—
oxyd	—	unl	—	—
Quecksilber.				
Quecksilber-metall	unl	unl	—	—
bromid	—	wl, R	—	—
chlorid	wl	ll	l	—
chlorür	R	ll	—	—
cyanid	—	sll	sll	—
jodid	ll	ll	sll	—
jodür	—	—	sll	—
merkurinitrat	—	l, R	ll	—
merkuronitrat	—	ll	ll	—
oxyd, gelb	l	unl	unl [1])	—
oxyd, rot	—	unl	—	—

[1]) Löslich in Gegenwart von Ammoniumnitrat.

	In DIVERSscher Flüssigkeit $NH_4NO_3 + NH_3$	In verflüssigtem Ammoniak nach Beobachtungen von		
		GORE	FRANKLIN und KRAUS	anderen Forschern
Quecksilber-oxydul	—	—	unl	—
rhodanat	—	—	sll	—
sulfat	R	swl	unl	—
sulfid (Zinnober)	unl	unl	—	—
Knallquecksilber	—	—	sll	—
Merkuroacetat	—	ll	sll	—
Rubidium.				
Rubidium-metall	—	l	l	l, MOISSAN.
acetylenür	—	—	—	l, MOISSAN.
carbid	—	—	—	vergl. MOISSAN.
chlorid	—	—	swl	—
fluorid	—	unl	—	—
hydrür	—	—	—	R, MOISSAN.
Sauerstoff	—	—	—	vergl. JOANNIS.
Wasser		mischbar		vergl. FRENZEL.
Schwefel.				
Schwefel-	unl	l	l	FRANKLIN u. KRAUS, HUGOT, MOISSAN.
chlorid	R	l	l	—
chlorür	—	R	—	—
jodid	—	—	ll	—
kohlenstoff	R	R	R	—
stickstoff	—	—	—	ll, RUFF u. GEISEL.
Sulfamid	—	—	—	vgl. RUFF; ll, FRANKLIN u. STAFFORD.
Sulfurylchlorür	—	—	—	vergl. RUFF.
Selen.				
Selen	—	unveränd.	l	unl, HUGOT.
Selenige Säure	—	unl	—	—
Selensäure	—	—	unl	—
Silber.				
Silber-metall	unl	unl	—	—
arsensaures	—	unl	—	—
bromid	—	qu, wl	l	JARRY, JOANNIS u. CROIZIER.
carbonat	—	qu, unl	unl	—
chlorid	l	qu	wl	—

	In DIVERS-scher Flüssigkeit $NH_4NO_3 + NH_3$	In verflüssigtem Ammoniak nach Beobachtungen von		
		GORE	FRANKLIN und KRAUS	anderen Forschern
Silber-chromat	—	unl	—	—
cyanid	—	ll	l	sll, JOANNIS-CROIZIER.
fluorid	—	wl	—	—
jodat	—	unl	—	—
jodid	—	sll	ll	JOANNIS u. CROIZIER.
nitrat	l	ll	ll	sll, JOANNIS-CROIZIER.
nitrit	—	—	ll	—
oxyd	—	qu, unl	unl	—
peroxyd	—	unl	—	—
phosphat	—	unl	—	—
sulfat	R	qu, unl	unl	—
vanadat	—	unl	—	—
acetat	—	—	wl	—
thioäthylcarbaminsaures	—	—	unl	—
Silicium.				
Silicium-amid	—	—	—	unl, VIGOUROUX und HUGOT.
disulfid	—	—	—	R, BLIX u. WIRBELAUER.
imid	—	—	—	VIGOUROUX u. HUGOT, BLIX u. WIRBELAUER.
sulfobromid	—	—	—	vergl. BLIX.
sulfochlorid	—	—	—	R, BLIX u. WIRBELAUER.
sulfoharnstoff	—	—	—	unl, BLIX.
tetrachlorid	—	—	—	R, VIGOUROUX u. HUGOT, BLIX u. WIRBELAUER.
kieselsäure, krist.	unl	unl	—	—
kieselsäure, präzip.	unl	unl	—	—
Stickstoff.				
Stickstoff-	unl	—	—	keine R, JOANNIS.
jodid	—	—	—	unl,[1]) HUGOT, RUFF.
oxydul	—	—	—	vergl. JOANNIS.
oxyd	—	—	—	vergl. JOANNIS.
Strontium.				
Strontium-metall	—	unl	—	wl, GUNTZ.
carbonat	—	—	unl	—
chlorid	—	—	unl	—
nitrat	—	—	ll	—
sulfat	—	—	unl	—

[1]) In Gegenwart von Jodammonium löslich; vergl. S. 157.

	In DIVERS-scher Flüssigkeit $NH_4NO_3 + NH_3$	In verflüssigtem Ammoniak nach Beobachtungen von		
		GORE	FRANKLIN und KRAUS	anderen Forschern
Tellur.				
Tellur-	—	unl	unl	unl, HUGOT.
stickstoff	—	—	—	vergl. METZNER.
tetrachlorid	—	—	—	R, METZNER.
Thalium.				
Thalium-metall	—	unl	unl	—
chlorid	—	—	unl	—
fluorid	—	unl	—	—
nitrat	—	—	l	—
peroxyd	—	unl	—	—
Thorium.				
Thoriumsulfat	—	unl	—	—
Titan.				
Titan-nitrocyanid	—	unl	—	—
oxyd, schwarz	—	unl	—	—
säure	—	unl	—	—
tetrachlorid	—	—	—	vergl. BLIX.
Uran.				
Uran-fluorid	—	wl	—	—
nitrat	—	schw. R	—	—
oxyd	—	schw. R	—	—
Vanadium.				
Vanadin-säure	—	unl	—	—
stickstoff	—	unl	—	—
Wasserstoff . . .	unl	—	—	—
Wasser		mischbar		vergl. FRENZEL.
Wismut.				
Wismut-metall	swl	unl	—	JOANNIS.
carbonat	—	unl	—	—
chlorid	R, qu	l	—	—
oxychlorid	—	—	unl	—
fluorid	—	unl	—	—
hydroxyd	—	unl	—	—
jodid	—	—	wl	—
nitrat	—	—	— [1]	—
sulfid	—	unl	—	—

[1]) Löslich in Gegenwart von Ammoniumnitrat.

	In DIVERS-scher Flüssigkeit $NH_4NO_3 + NH_3$	In verflüssigtem Ammoniak nach Beobachtungen von		
		GORE	FRANKLIN und KRAUS	anderen Forschern
Wolfram.				
Wolfram-metall	—	unl	—	—
säure	unl	unl	—	—
Zink.				
Zink-metall	l	—	—	—
bromid	—	qu, unl	s w l	—
carbonat	—	—	unl	—
chlorid	l	qu, unl	unl	—
chromat	—	—	unl	—
cyanid	—	w l	l l	—
ferrocyanid	—	—	s w l	—
fluorid	—	unl	—	—
jodid	—	qu, unl	l	—
nitrat	—	—	s l l	—
oxyd	l	—	unl	—
phosphat	—	—	unl	—
sulfat	R	—	unl	—
sulfid (Blende)	unl	—	unl	—
acetat	—	—	l	—
laktat	—	—	l l	—
tartrat	unl	—	unl	—
Zinn.				
Zinn-metall	unl	unl	—	—
chlorid	R, w l	l l	—	—
chlorür	—	l	—	—
oxydul	—	unl	—	—
säure	unl	unl	—	—
Zirkonium.				
Zirkonium-metall	—	unl	—	—
oxyd	—	unl	—	—
tetrachlorid	—	—	—	vergl. BLIX.

B. Löslichkeit organischer Substanzen in flüssigem Ammoniak nach Franklin und Kraus.[1])

1. Aliphatische Verbindungen.

Halogenverbindungen.[2])	
Methyljodid[3])	mischbar
Chloroform[4])	(mischbar) u. reagiert*
Bromoform	mischbar
Jodoform	sll
Äthylbromid	l
Äthyljodid	l
Äthylenbromid	l
Äthylidenchlorid	mischbar
Isobutylbromid	l
Amylbromid	wl
Tribrommethan	ll
Nitrotrichlormethan	mischbar
Perchloräthan	(unl)
Perchloräthylen	(mischbar)
Dichloracetylen	(l)
Einwertige Alkohole.	
Methylalkohol	mischbar
Äthylalkohol	mischbar*
Propylalkohol	mischbar
Norm. Butylalkohol	„
Isobutylalkohol	„
Tertiärbutylalkohol	„
Amylalkohol	mischbar*
Heptylalkohol	mischbar
Octylalkohol	mischbar
Cetylalkohol	unl
Äther.	
Diäthyläther[3]) (Schwefeläther)	mischbar*
Diamyläther	wl
Dibutyläther[4])	—
Methylal	mischbar
Mehrwertige Alkohole.	
Äthylenglycol	mischbar
Propylenglycol	mischbar
Glycerin	mischbar*
Erythrit	swl
Dulcit	wl
Mannit	wl
Aldehyte.	
Acetaldehyd	mischbar*
Paraldehyd	mischbar*
Aldehydammoniak	l
Chloralhydrat	l
Bromalhydrat	ll
Chloralcyanhydrat	ll
Isobutylaldehyd	sll
Valeraldehyd	ll
Heptylaldehyd	l
Glyoxal	unl
Pinacon	ll
Oxymethylen	unl
Einwertige Säuren.	
Ameisensäure	mischbar
Essigsäure	l
Chloressigsäure	ll
Dichloressigsäure	ll
Trichloressigsäure	sll
Bromessigsäure	ll

[1]) Die von GORE allein herrührenden Angaben sind in Klammern eingeschlossen. Die von GORE stammenden und von FRANKLIN und KRAUS durch eigene Versuche bestätigten Angaben sind mit einem Stern * bezeichnet.

[2]) Einige derselben sind bereits unter „Kohlenstoff“ in der vorhergehenden Tabelle angeführt worden.

[3]) In DIVERSscher Flüssigkeit: unlöslich, Reaktion.

[4]) „ „ „ wenig löslich.

Dibromessigsäure	ll
Propionsäure	l
α-Brompropionsäure	ll
β-Brompropionsäure	l
Buttersäure, norm.	l
Buttersäure, iso	sll
Valeriansäure	l
Capronsäure	l
Önantholsäure	wl
Caprylsäure	wl
Caprinsäure	swl
Pelargonsäure	unl
Myristinsäure	unl
Palmitinsäure	unl
Margarinsäure	unl
Stearinsäure	unl

Zweiwertige Säuren.

Oxalsäure	unl
Malonsäure	unl
Bernsteinsäure	unl*
Brenzweinsäure	unl
Diacetylbernsteinsäure	ll
Dibrombernsteinsäure	wl

Ester.

Ameisensäure-äthylester[1]	mischbar
„ -amylester	mischbar
Acetessigester	mischbar
Propylessigester	mischbar
Isobutylessigester	mischbar
Amylessigester	sll
Caprylessigester	wl
Propionsäure-methylester	mischbar
„ -propylester	sll
„ -amylester	l
Buttersäure-methylester	mischbar
„ -äthylester	mischbar
„ -amylester	wl
„ -isobutylester	l
Valeriansäure-äthylester	sll
„ -amylester	wl
„ -isobutylest.	l
Caprylsäure-äthylester	wl
Pelargonsäure-äthylester	wl
Oxalsäure-äthylester	sll unter sofortiger Bildung von Oxamid
Malonsäure-äthylester[2]	mischbar
Bernsteinsäure-äthylester	mischbar
Milchsäure-äthylester	mischbar
Weinsäure-äthylester	mischbar
Zitronensäure-äthylester	mischbar
Äthylcarbonat	mischbar
Tributyrin	mischbar
Amylnitrit	l

Cyanverbindungen.

Methylcyanid	mischbar
Äthylcyanid	mischbar
Cyanursäure	l
Sulfocyansäure-äthylester	mischbar
Isosulfocyansäure-äthylester	sll
Paracyan	(unl)

Amine.

Methylamin	mischbar
Trimethylamin	mischbar
Diäthylamin	l
Dipropylamin	l
Amylamin	mischbar
Diamylamin	wl
Tetramethylammonium-chlorid[3]	wl
Tetramethylammonium-hydrat[3]	wl
Tetramethylammonium-jodid	wl
Salzsaures Hydroxylamin	ll

[1]) Auch „Ethylortoformate“ ist nach Franklin und Kraus löslich.
[2]) Über Malonsäureester vergl. Fischer und Dilthey, S. 175.
[3]) Vergl. Palmaer, S. 213.

Amidosäuren.

Glycocol	ll
Amidopropionsäure	ll
Leucin	ll
Sarkosin (Methylglycocol)	ll
Tyrosin	ll

Acetamide und Ureide.

Formamid	sll
Acetamid	sll
Dichloracetamid[1])	ll
Cyanacetamid[1])	ll
Thioacetamid[1])	ll
Phenylacetamid[1])	sll
Propionamid	sll
Oxamid	wl
Succinimid	ll
Asparagin	l
Kreatin	l
Harnstoff	l
Harnstoffnitrat	ll
Sulfoharnstoff[1])	ll
Allylsulfoharnstoff[1])	ll
Urethan	ll
Allythiourethan	ll
Sulfocarbanilid	ll
Harnsäure	(unl), l
Guanidinnitrat	sll
Theobromin	l
Alloxantin	l
Parabansäure (Oxallylharnstoff)	l
Dialursäure (Tartronylharnstoff)	l
Uramil (Murexan)	ll
Murexid	l
Alloxan	(ll)

Hydroxysäuren.

Glycolsäure (Oxyessigsäure)	ll
Milchsäure	ll
Malonsäure	wl
Weinsäure	wl
Zitronensäure	wl
Muconsäure	l
Oxyisobuttersäure	ll

Zuckerarten.

Rohrzucker[2])	(ll)
Arabinose	l
Glycose	ll
Fructose	ll
Galactose	l
Phenylglycosazon	ll
Sucrose	ll*
Lactose	ll
Maltose	ll
Raffinose	ll

Äthylenderivate.

Amylen	(nicht mischb.)
Allylalkohol	mischbar
Allylisosulfocyanid	mischbar
Oleinsäure	unl
Maleinsäure	unl
Fumarsäure	unl
Citraconsäure	wl
Itaconsäure	unl
Mesaconsäure	wl
Aconitsäure	l
Crotonsäure	l

Aromatische Kohlenwasserstoffe.

Benzol[3]) [4])	l
Toluol	wl
o-Xylol	swl
m-Xylol[4])	swl
p-Xylol	swl
Äthylbenzol	swl
Mesitilen	unl*
Cumol	unl

[1]) Vergl. Franklin und Stafford.

[2]) In Diversscher Flüssigkeit: löslich.

[3]) „ „ „ unlöslich.

[4]) In flüssigem Ammoniak bei $+25^0$ mischbar oder sehr leicht löslich.

Psendocumol	unl
Cymol	unl
Diphenyl	s w l
Diphenylmethan	unl
Triphenylmethan[1]	unl

Halogensubstituierte Verbindungen.

Chlorbenzol[1]	s w l
Brombenzol	s w l
Jodbenzol[1]	s w l
Hexachlorbenzol	s w l
Dibrombenzol[1]	s w l
p-Chlortoluol	s w l

Nitroverbindungen.

Nitrobenzol	l l
Dinitrobenzol	l
o-Nitrotoluol	l
p-Nitrotoluol	s w l
1-2-4 Dinitrotoluol	w l
Trinitrotoluol	l
m-Nitrochlorbenzol	w l
p-Nitrochlorbenzol	w l
m-Nitro-p-chlortoluol	l

Amidoverbindungen.

Anilin[2]	mischbar
o-Toluidin	mischbar
p-Toluidin	l l
m-Nitro-p-toluidin[3]	l l
m-Xylidin asym.	w l
Dimethylanilin	s w l
Diäthylanilin	s w l
Methyldiphenylamin	w l
m-Nitranilin	l l
p-Nitranilin	l l
Pikramid[3]	s l l

Phenole.

Phenol[2]	l l
o-Cresol	mischbar
m-Cresol	mischbar
p-Cresol	mischbar
Pyrocatechin	s l l
Resorcin	s l l
Hydrochinon	l l
Pyrogallol	s l l
Orcin	l l
Guajacol	mischbar
Anisol	mischbar
Phenetol	mischbar
Thymol	l l
Menthol	l

Substituierte Phenole.

o-Nitrophenol	s l l
p-Nitrophenol	l l
1-2-4. Dinitrophenol	l l
Trinitrophenol	l l
p-Nitroanisol	w l
Eugenol	l
Anethol (Phenethol)	w l
o-Amidophenol	l l
p-Amidophenol	l l

Alkohole, Äther, Aldehyde.

Benzylalkohol	mischbar
Zimmtalkohol	mischbar
Benzyläthyläther	w l
Benzaldehyd	l l
Anisaldehyd	mischbar
m-Nitrobenzaldehyd	s l l
Zimmtaldehyd	mischbar
Vanillin	l l
Heliotropin	l l

Einwertige Säuren.

Benzoesäure	l l
Benzoesäureanhydrid	l l
o-Toluolsäure	l l
m-Toluolsäure	l l
p-Toluolsäure	l
Zimmtsäure	l

[1]) Bei + 25° mischbar oder sehr leicht löslich.

[2]) In Diversscher Flüssigkeit löslich.

[3]) Franklin und Stafford.

m-Brombenzoesäure	sll
o-Nitrobenzoesäure	l
m-Nitrobenzoesäure	l
p-Nitrobenzoesäure	wl
o-Amidobenzoesäure	ll
m-Amidobenzoesäure	ll
p-Amidobenzoesäure	ll
o Oxybenzoesäure (Salicylsäure)	sll
m-Oxybenzoesäure	ll
p-Oxybenzoesäure[1]	swl
o-Nitrozimmtsäure	ll
Nitrophenylpropiolsäure	l
Gallussäure	l
Anissäure	l
Cumarin	l

Zweiwertige Säuren.

o-Phtalsäure	swl
p-Phtalsäure	swl
Phtalimid	sll

Ester.

Benzoesäure-methylester	mischbar
„ -äthylester	sll
„ -isobutylester	unl
„ -amylester	unl
Salicylsäure-methylester	l
Phenylcyanid	mischbar
Benzylcyanid	mischbar
p-Tolylcyanid	ll
Phenylessigsäureester	mischbar
Phenylsalicylsäureester	wl
Phenylisosulfocyansäureest.	l
Äthylphenylharnstoff	sll

Sulfosäuren.

Benzolsulfochlorid	reagiert
o-Amidobenzolsulfosäure	sll
m-Amidobenzolsulfosäure	ll
p-Amidobenzolsulfosäure	sll
Benzoesäuresulfinid (Saccharin)[2]	l

Säureamide und Säureanilide.

Formanilid	ll
Acetanilid	ll
p-Acettoluidin	wl
Benzamid	ll
p-Chlorbenzamid[2]	ll
Benzanilid	wl
Hippursäure	ll
Benzolsulfamid	sll
m-Methoxybenzolsulfamid[2]	ll
p-Methoxybenzolsulfamid[2]	ll
Toluolsulfamid[2]	sll
Carbazol	l

Naphtaline.

Naphtalin	swl
α-Naphtol	l
β-Naphtol	wl
α-Naphtylamin	ll
β-Naphtylamin	l
Nitrobo-β-naphtol	l
Acetnaphtylamin	wl

Pyridine und Chinoline.

Pyridin	mischbar
Picolin	„
Collidin	„
Nicotin	l
Chinolin	mischbar
Isochinolin	wl
Dihydrocollidindicarbonsäureester	wl

Terpene.

Tereben	unl
Carven	wl
Carvol (Kümmelöl)	wl
Pinen	unl
Sylvestren	unl
Terpentinöl[3]	unl
Borneokampfer	l
Kampfersäure	unl

[1]) Bei $+ 25^0$ sehr leicht löslich.

[2]) Vergl. auch Franklin und Stafford.

[3]) In Diversscher Flüssigkeit: unlöslich.

2. Verschiedenes.

Acetophenon	l	Hämaglobin	wl
Alizarin	l	Hämatoxylin	l
Amygdalin	ll	Indigo[4]	(wl)
Anthracen[1]	unl*	Kampfer	(ll)
Antrachinon	unl	Kopalharz	(wl)
Baumwollharz	(wl)	Lakmus[3]	—
Benzil	l	Meconin	unl
Benzoin	unl	Morphin	unl
Brucin	l	Narcotin	unl
Chinin-	unl	Olivenöl[4]	—
hypophosphit	l	Phenanthren	unl
jodid	unl	Phloridzin	sll
sulfat	unl*	β-Phtaldialdoxim[5]	sll
Chinon	l	Piperidin	wl
Chloranil	l	Piperin	unl
Cholesterin	unl	Salicin	ll
Cinchronidin	wl	Santonin	unl
Cinchonin	unl	Seide (Bengal-)	unl
Cocain	unl	Stärke	(quillt auf wie im Wasser)
Cocain, salzsaures	l	Strychnin-[4]	unl
Codein	l	acetat	unl
Codeinnitrat	unl	bromid	unl
Cubebin (?)	ll	chlorid	unl
Digitalin	sll	Tannin[3]	wl
Fischleim[2]	(wird sirupartig)	Terpentinöl[4]	—
Gelatine[2]	—	Thein	wl
Gummi arabicum[3]	l	Wachs[4]	—
Guttapercha	(R)		

[1] Vergl. Wilton.
[2] In Diversscher Flüssigkeit: flockig.
[3] „ „ „ löslich.
[4] „ „ „ unlöslich.
[5] „Benzyldioxime".
(?) Franklin und Kraus führen an: „Cubebina" . . ll,
„Cubebine" . . l;

außerdem erwähnen sie noch folgende Substanzen:

„Jodosobenzene"	wl,
„Jodoxybenzene"	l,
„Diphenyljodonium-jodide"	wl,
„ „ -chromate"	unl,
„Picrotoxine"	sll.
„Quinidia"	unl.

Namenregister.

Sachregister.

(Hier sind nur solche Substanzen aufgenommen, mit denen eingehendere Untersuchungen aufgestellt worden sind, alle übrigen sind in den Löslichkeitstabellen erwähnt.)

GPSR Compliance

The European Union's (EU) General Product Safety Regulation (GPSR) is a set of rules that requires consumer products to be safe and our obligations to ensure this.

If you have any concerns about our products, you can contact us on ProductSafety@springernature.com

In case Publisher is established outside the EU, the EU authorized representative is:

Springer Nature Customer Service Center GmbH
Europaplatz 3
69115 Heidelberg, Germany

Batch number: 10682427

Printed by Printforce, the Netherlands